普通高等院校机械类"十三五"规划系列教材

机械原理

（第 2 版）

主　编　金玉萍　黄建峰

副主编　张晓勇　孙付春　汪　历

主　审　卢存光　赵登峰

西南交通大学出版社
·成都·

图书在版编目（CIP）数据

机械原理 / 金玉萍，黄建峰主编. —2 版. 成都：
西南交通大学出版社，2018.2
普通高等院校机械类"十三五"规划系列教材
ISBN 978-7-5643-6088-7

Ⅰ．①机… Ⅱ．①金… ②黄… Ⅲ．①机械原理 – 高
等学校 – 教材 Ⅳ．①TH111

中国版本图书馆 CIP 数据核字（2018）第 032532 号

普通高等院校机械类"十三五"规划系列教材

机 械 原 理

（第 2 版）

主编　金玉萍　黄建峰

责任编辑　李芳芳
特邀编辑　李　娟
封面设计　何东琳设计工作室

出版发行　西南交通大学出版社
　　　　　（四川省成都市二环路北一段 111 号
　　　　　　西南交通大学创新大厦 21 楼）
邮政编码　610031
发行部电话　028-87600564　028-87600533
官网　　　http://www.xnjdcbs.com
印刷　　　四川煤田地质制图印刷厂

成品尺寸　185 mm×260 mm
印张　　　18.75
字数　　　465 千
版次　　　2018 年 2 月第 2 版
印次　　　2018 年 2 月第 4 次
定价　　　42.00 元
书号　　　ISBN 978-7-5643-6088-7

普通高等院校机械类"十三五"规划系列教材
编审委员会名单

（按姓氏音序排列）

总　序

  装备制造业是国民经济重要的支柱产业，随着国民经济的迅速发展，我国正由制造大国向制造强国转变。为了适应现代先进制造技术和现代设计理论和方法的发展，需要培养高素质复合型人才。近年来，各高校对机械类专业进行了卓有成效的教育教学改革，和过去相比，在教学理念、专业建设、课程设置、教学内容、教学手段和教学方法上，都发生了重大变化。

  为了反映目前的教育教学改革成果，切实为高校的教育教学服务，西南交通大学出版社联合众多西部高校，共同编写系列适用教材，推出了这套"普通高等院校机械类'十二五'规划系列教材"。

  本系列教材体现"夯实基础，拓宽前沿"的主导思想。要求重视基础知识，保持知识体系的必要完整性，同时，适度拓宽前沿，将反映行业进步的新理论、新技术融入其中。在编写上，体现三个鲜明特色：首先，要回归工程，从工程实际出发，培养学生的工程能力和创新能力；其次，具有实用性，所选取的内容在实际工作中学有所用；再次，教材要贴近学生，面向学生，在形式上有利于进行自主探究式学习。本系列教材，重视实践和实验在教学中的积极作用。

  本系列教材特色鲜明，主要针对应用型本科教学编写，同时也适用于其他类型的高校选用。希望本套教材所体现的思想和具有的特色能够得到广大教师和学生的认同。同时，也希望广大读者在使用中提出宝贵意见，对不足之处，不吝赐教，以便让本套教材不断完善。

  最后，衷心感谢西南地区机械设计教学研究会、四川省机械工程学会机械设计（传动）分会对本套教材编写提供的大力支持与帮助！感谢本套教材所有的编写者、主编、主审所付出的辛勤劳动！

首届国家级教学名师
西南交通大学教授　吴鹿鸣
2010 年 5 月

前　言

本教材根据教育部机械基础课程委员会制订的"机械原理教学基本要求"而编写，全书除绪论之外共 11 章：机构分析部分共计 4 章，综合设计部分共计 6 章，最后一章介绍计算机辅助分析与综合软件的应用。除绪论外各章均附有思考题和练习题，通过这些习题的练习以加深对内容的理解和掌握。

本教材是《机械原理》第 1 版的再版。对于再版的编写，除继续贯彻第 1 版的想法，编者还做了以下变动：

（1）再版教材在每章开头部分添加"本章要点"进行学习导入；在每章结束时加入"本章小结"进行总结、归纳，并对知识点、重要内容等做加黑的提示处理，这样便于学生明白本章主要讨论的知识点，学完以后有一个归纳和梳理。

（2）再版将"互联网＋"思维融入教材中，以二维码扫描形式将书中的大部分动画展现。读者只需扫二维码即可看到相关动画，可以动态理解相关知识，让学习活动起来。

全书由金玉萍、黄建峰两位同志担任主编，第 1、6 章由赵登峰同志编写，第 2 章由陈永强、张晓勇同志编写，第 3 章由龚建春、张晓勇同志编写，第 4 章由邓茂云、张晓勇同志编写，第 5 章由汪历、黄建峰同志编写，第 7 章由孙付春、黄建峰同志编写，第 8 章由金玉萍同志编写，第 9、10 章由王忠同志编写，第 11 章由武燕、赵登峰同志编写，第 12 章由臧鸿彬同志编写。第 2、3 章部分插图由蒋成荣同志完成。西南交通大学卢存光老师、西南科技大学赵登峰老师对本书做了细致的审阅，在此表示感谢。特别感谢西南科技大学岳大鑫同志提供本书的动画。

本书在编写过程中，参考了一些教材，汲取了同行的教研成果，并从中引用了一些例题、习题和图表，在此表示衷心的感谢！

由于编者水平有限，疏漏和欠缺之处在所难免，恳请广大读者批评指正。

编　者

2018 年 2 月

第 1 版前言

本教材根据教育部机械基础课程委员会制订的"机械原理教学基本要求"而编写，全书除绪论之外共 11 章：机构分析部分共计 4 章，综合设计部分共计 6 章，最后一章介绍计算机辅助分析与综合软件的应用。除绪论外各章均附有思考题和练习题，通过这些习题的练习以加深对内容的理解和掌握。

在编写过程中，编者力图贯彻以下想法：

（1）为便于学生复习和自学，内容叙述中尽量采用具有启发性的方式，并对关键性的知识点作明确的提示。

（2）强调分析、综合设计内容和步骤的完整性，使学生对指定问题的所有相关内容有充分完整的认识。

（3）加强了图解法与解析法之间的联系，借助两种求解方法使各自的优势相互促进，较好地克服了课程中的若干学习难点。

（4）机构分析方面的内容整理成机构的结构分析、运动分析、力分析和能量分析四章，教材内容的条理性更为清晰。

（5）鉴于商用计算机辅助机构动力学分析软件已普遍使用的现实，取消了部分分析综合程序设计的内容，在第 12 章结合整个课程内容介绍了使用较为普遍的 ADAMS 软件的操作和使用方法。

（6）考虑到本科学生的认知水平，有关机构学中的许多新内容，仅在绪论中给予充分的介绍，课程中原则上没有这些新内容。

全书由赵登峰、陈永强、邓茂云三位同志担任主编，第 1、6 章由赵登峰同志编写，第 2 章由陈永强同志编写，第 3 章由龚建春同志编写，第 4 章由邓茂云同志编写，第 5 章由汪历同志编写，第 7 章由孙付春同志编写，第 8 章由金玉萍同志编写，第 9、10 章由王忠同志编写，第 11 章由武燕同志编写，第 12 章由臧鸿彬同志编写。李玉萍和应琴同志参与了本书的校对工作。第 2、3 章部分插图由蒋成荣同志完成。西南交通大学卢存光老师对本书做了细致的审阅，在此表示感谢。

由于编者水平有限，疏漏之处在所难免，恳请广大读者批评指正。

编　者

2011 年 5 月

目　录

第1章 绪 论

☞【本章要点】

1. 学习机械原理的研究对象和内容，使大家对整个课程有初步而全面的了解。要求准确掌握课程中最核心的基本概念；了解课程的章节构成及其相互关系。

2. 了解机械原理在机械专业课程体系中的地位、作用和重要性；了解机械原理课程的特点和学习课程应采用的正确方法。

3. 了解机械原理的发展现状和主要前沿技术问题。

1.1 机械原理课程的研究对象

机械原理是专门**研究机器运动及受力**的学科。现代机械装备往往是机械、液压、电气、电子、光学、信息的综合体，涉及的学科范围也十分广泛。机械原理把机械设备中**最基本的运动和受力问题**作为其研究对象，因而是机械工程中最基础的学科。该课程不会论及机件的破坏失效，也不会讨论机器精度及制造，更不会讨论机器的市场开发和成本核算。

1.1.1 有关机器的若干概念

为了更深刻理解机械原理的研究对象，需要掌握以下几个重要概念。

1. 机 器

我们对机器都有一些直观的认识，知道汽车、拖拉机、各种机床、缝纫机、洗衣机等都是机器，而且知道机器的种类繁多，构造、用途和性能也各不相同，然而要给机器一个较准确的定义还真不容易。国家标准对机器的定义为：**机器是执行机械运动的装置，用来变换或传递能量、物料与信息。**

这样定义的机器必须具有**两方面的特征**：其一是必须有物体，且**物体之间存在相对的机械运动**；其二是**执行人们所要求的运动转换等功能**。房屋、桥梁、隧道不能成为机器，虽然它执行了人们所需要的功能，但它没有相对的机械运动；太阳系也不能算是机器，虽然它有相对机械运动，但它执行的不是人们所要求的功能，而是自然运动规律。

机器根据用途不同一般可以分为**动力机器**、**工作机器**和**信息机器**等。动力机器是机械能与其他形式能量相互转化的机器，如内燃机、涡轮机、电动机、发电机等都属于动力机器；工作机器是完成各种有用工作的机器，如缝纫机、起重机、洗衣机等都属于工作机器；信息机器是完成信息的传递和变换，如照相机、复印机等属于信息机器。

2. 零　件

零件是机器的最小装配和制造单元。我们拆卸一台机器，要求不准用切、锯、割等破坏性方法，把机器彻底分解，这时摆在我们周围的每件东西就都是"零件"了。制造机器时先把每一个"零件"制造出来，然后按一定的过程装配起来就成了机器。

3. 构　件

构件是机器的最小运动单元。几个零件连接装配在一起，机器运动时这些零件没有相对运动，可以看做是一个刚性的整体，这就是"构件"。当然有些"构件"也可能是一个单独的零件，但大部分"构件"是由若干零件组装而成的。机械原理主要研究机器运动与受力，显然"构件"也是机械原理研究的最小单元。

在一个机器中，人们一般把固定不动的构件称为**机架**；把驱动力输入的构件称为**主动构件**；把运动或力输出的构件称为**从动构件**；其他构件称为**传动构件**。

4. 运动副

运动副是构件之间的可动连接。有些构件之间没有直接联系，也有些构件之间保持着接触联系，且允许有一定的运动，这种允许相对运动的接触连接就是"运动副"。"副"有一对的含义，两个构件保持接触联系，接触点、接触线或是接触面总是成对出现的，同时接触处又有相对运动，所以称为"运动副"。

运动副只对两个有直接运动联系的构件才有定义。要是两个构件之间的连接是不可动的，此两个构件其实就是同一个构件了，如此看来定义中的"可动"两字也是多余的。机器所需要的运动依赖运动副的约束限制来实现，机器的动力只能通过运动副来传递。

5. 基本机构

基本机构是机器的最小传动单元。由运动副连接起来的若干构件，组成一个最基本的运动传递或转换单元，就是"基本机构"。这里的"最基本"或"最小"的意思是强调其传动的功能不可再分。人们把完成的传动功能不是"最基本"或"最小"的构件-运动副组合体称为"组合机构"。基本机构和组合机构又统称为机构。

机器的种类繁多、功能各异，但都能分解为若干基本功能，并通过不同的"基本机构"组合来实现。因此，**机械原理重点是学习种类不多的各种基本机构的设计方法**，也可以说基本机构是教材组织和我们学习的基本单元。

由于机械原理是研究机器运动的学科，以上 5 个概念中，构件、运动副、基本机构三个概念与机器运动密不可分，是机械原理最核心的概念，课程中的全部内容都围绕这三个概念展开。机器的概念并不重要，对机器的直观认识就足以帮助我们理解课程内容。因为构件是机器的最小运动单元，所以在机械原理中将不会再提到零件。从机械原理的观点来看：

$$机器 = 构件 + 运动副；机构 = 构件 + 运动副$$

1.1.2　机器举例

为了更准确地理解以上概念，我们以内燃机为例，对以上概念作进一步说明。图 1.1 所示为单缸四冲程内燃机结构示意图，首先它有着复杂的相对机械运动，满足机器的第一特征；其次它将燃油的化学能转化为机械能，是汽车、飞机、轮船等机器最常用的动力装置，满足机器的第二特征。它为工业社会提供基本的动力来源，几乎成为现代工业文明的基础和象征。

单缸四冲程内燃机的工作循环如图 1.2 所示，工作过程分为吸气、压缩、做功、排气四个工作冲程，周期循环实现燃油的化学能向转动机械能的转化。

（1）**吸气冲程**：在进气凸轮和排气凸轮的控制下，排气阀门关闭，进气阀门打开，气缸中的活塞向下移动，将可燃气体吸入气缸。

（2）**压缩冲程**：进、排气阀门均关闭，活塞向上移动，可燃气体受到压缩并升温。

（3）**做功冲程**：火花塞利用高压放电，使燃气在气缸中燃烧、膨胀，产生压力推动活塞向下移动，同时，通过连杆推动曲轴转动，向外输出动力。

（4）**排气冲程**：当活塞再次向上移时，进气阀门关闭，排气阀门在排气凸轮的控制下打开，废气排出。

曲轴每转两圈，完成一次动力的循环。一个循环中，进气阀门和排气阀门各进行一次开、闭运动，所以曲轴上的小齿轮转两圈，两个大齿轮转一圈。

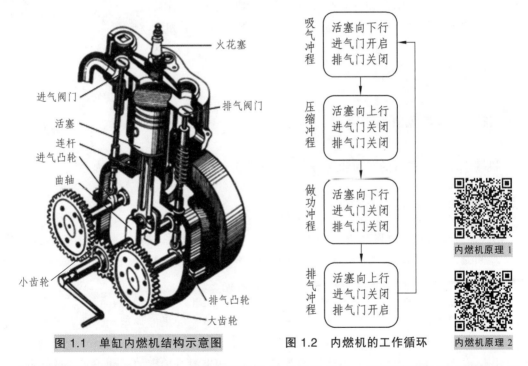

图 1.1   单缸内燃机结构示意图   图 1.2   内燃机的工作循环

该内燃机的构件有：曲轴、小齿轮等零件组成的构件Ⅰ；连杆等零件组成的构件Ⅱ；活塞等零件组成的构件Ⅲ；进气凸轮轴、大齿轮等组成的构件Ⅳ；排气凸轮轴、大齿轮组成的构件Ⅳ′；进气阀门等零件组成的构件Ⅴ；排气阀门组成的构件Ⅴ′；众多辅助零件和外壳一起组成的机架Ⅵ。

各构件在运动过程中保持整体，可以看做是刚体。这些构件中机架的组成零件最多，内燃机的各辅助系统都安装在机架上。图 1.3 所示连杆构件Ⅱ最为典型，由于曲轴的结构限制,连杆下端和曲轴之间的转动运动副必须从圆孔的中间剖分,成为连杆头和连杆体两部分才能装配。相应地也必须有连接螺栓等零件。此外,两个运动副中需要有减少摩擦的轴套,并且下端轴套也必须剖分成两半的轴瓦。在研究机器运动的机械原理课程中,只分析到构件为止,不必考虑构件的组成零件。

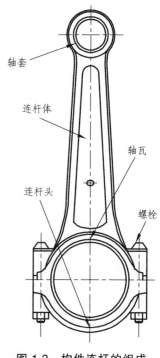

　　该内燃机中的运动副有:构件Ⅰ、构件Ⅳ、构件Ⅳ′和机架之间的圆柱面接触约束,使其只能相对于机架转动;构件Ⅲ、构件Ⅴ、构件Ⅴ′和机架之间的面接触约束,使其只能相对于机架上下移动;构件Ⅲ、构件Ⅰ和构件Ⅱ之间也是圆柱面接触约束,只能进行相对转动;构件Ⅳ与构件Ⅴ′之间、构件Ⅳ′与构件Ⅴ之间、两对齿轮啮合都形成线接触,约束要求不能脱离接触,在接触线上可以相对滑动,还可以相对滚动。在该内燃机中不存在其他的运动副。

　　该内燃机中的机构有三种:构件Ⅰ、构件Ⅱ、构件Ⅲ、机架Ⅵ组成一曲柄滑块机构,完成活塞的上下运动和曲轴转动之间的相互转化;两对齿轮啮合和机架组成两个完全相同的齿轮机构,完成曲轴和两凸轮轴之间转动运动的传递;两个凸轮轴分别和进气阀门、排气阀门,再加上机架组成了两个相同的凸轮机构。这三种机构十分常用,其他许多机器中都常常用到。

图 1.3　构件连杆的组成

1.2　机械原理课程的主要内容

　　机械原理研究机器的运动和受力,一般包含分析和综合两方面研究内容。

1.2.1　机构分析问题

　　所谓分析问题是指机构已经确定的前提下,求机构各构件的运动和受力及其随时间变化的运动和受力。人们也常常把分析问题称作正方向问题。各种教科书中一般都将不同的机构放在一起分别从以下三方面进行内容组织。

　　（1）**机构结构分析。**结构分析中机构的构件数目已知,构件之间的运动副连接关系已知,分析结果要回答两个问题:其一是机构能否运动;其二是如果能够运动,那有没有确定性的运动。这两个问题是机构分析中最基本的问题,如果构件用运动副连接后不能运动,那么设计工作再也不能继续下去;但固然机器能够运动,如果没有确定的运动,机器的运动是不可预期和不可控制的,同样也必须修改后才能继续其后续工作。在结构分析中一般不要求知道机构的构件尺寸,因为在正常连接条件下构件的尺寸与结构分析的两个结果无关。

　　（2）**机构运动分析。**机构运动分析中,机构构件数目已知,运动副连接关系已知,主动构件运动参数也已知,要求出除主动件之外的其他构件的运动参数。由于构件的运动可以分解为移动和转动,因而这里构件的运动参数包含构件的移动和转动的位置、速度和加速度等,还包括在任一构件上指定任意一点的位置、位移和加速度等。所分析的时间也应是任意时刻都包括在内。

（3）**机构力分析**。机构受力分析有两种提法：第一种提法是机构构件数目已知，运动副连接关系已知，主动构件运动参数已知，从动件工作阻力已知，要求出主动件的驱动力和各个运动副之间的约束力；第二种提法是机构构件数目已知，运动副连接关系已知，从动件工作阻力已知，主动件的驱动力已知，要求出各构件的运动参数和各运动副的约束力。第二种提法也常常被称为求解机器的真实运动规律。此外，机构的运动平衡问题也归入机构的受力分析中，平衡问题要求机器在高速运动中各构件的惯性力尽可能相互抵消，以减少机器运动过程的振动。

1.2.2 机构综合问题

与分析问题相反，综合问题的已知条件是客户对机器提出运动要求，要求设计者最终设计出满足客户要求的机器。**综合问题也称为设计问题，或称作反方向问题**。机器的种类虽然极其繁多，客户的要求也是千差万别，但构成各种机器的机构类型却是有限的。熟悉了不同机构的设计方法，就可以通过合理的机构组合得到满足要求的机器。一般教科书都是按照不同的机构类型进行内容的组织。

机构综合首先要确定机构的类型，称为**机构的类型综合**；然后确定机构的尺寸，称为**机构的尺寸综合**。机构的综合是从无到有的过程，极富有创造性，当然难度相对也较大。

本书第 2、3、9、10 章属于机构分析部分的内容，讨论机构的结构分析、运动分析和受力分析问题；第 4~8 章分别是连杆机构设计、凸轮机构设计、齿轮机构设计、轮系设计、间歇运动机构等，又统称为常用机构的设计；第 11 章可以认为是机器的整体运动设计，属于机构综合问题。鉴于目前计算机辅助机构分析仿真技术已经相当成熟，本书最后一章对应用比较普遍的 ADAMS 机器仿真软件的基本应用方法作简要介绍。

总体而言，机构的分析方法和技术是相对成熟的。如果在机构的类型和尺寸已定的条件下，求解机构的运动和受力问题是不存在任何困难的；如果机构的类型已定，求解机构尺寸变化时，机构整体运动性能随机构尺寸演变的问题尚未完全得到解决。在机构综合问题中，由于所提出的综合问题本身千差万别，要想得到比较理想的分类都十分困难，更谈不上寻求比较统一的处理方法了。最优化技术可能成为解决综合问题的统一求解方法，但根据对机器的实际要求提出合理的最优化目标，仍然不是容易的事情。

1.3 机械原理课程的地位和学习方法

1.3.1 机械原理课程的地位

现代机械工程学科涉及的范围相当广泛，如设计、材料、制造、测量、控制、信息等，各方面的内容往往相互交织。显然，机械原理应当属于机械设计方面的内容。一般来说，设计方面最少应当包括机械原理和机械零件两门课程，**机械原理解决机器的整体运动设计**，机械零件课程保证每一个机械零件正常工作而不产生失效。**机械原理通过运动综合和受力分析获得构件的基本尺寸和受力**，为机械零件的失效分析提供基本数据，再综合考虑材料、工作环境、制造要求等因素完成机械零件的设计工作。这两门课程一起解决机械设备通用零部件的设计问题，一般来说机械设计中的通用零部件设计都占有较大的比例。由此可以看出机械原理课程在机械设计中的基础地位和作用。

完成机器设计以后，要通过合理的工艺方案，在测量等技术的配合下，经济地完成机器制造之后才能投入使用。在机器的制造、测量、控制等环节也会涉及相应的制造、测量、控制等设备，这些设备同样也要通过设计、制造等环节才能完成，也需要进行运动综合与分析。此外，**机构的创新是机械工程中最基础的创新**，其影响必然也极其深远。

机械原理课程是机械专业承上启下的第一门专业基础课程，以高等数学、普通物理、工程图学和理论力学等课程为基础，又是机械专业许多后续专业课程的理论基础。因此，机械原理是一门重要的技术基础课程，是高等院校机械类各专业的必修课程。此外，本课程的许多内容也都直接应用于生产实际中。

1.3.2 本课程的学习方法

机械原理课程是机械设计方面的专业基础课程，是基础课程向专业课程过渡的环节，兼有基础课程和专业课程的特点。基础课程重在道理的理解，涉及的练习题也大都有着确定的答案；而专业课程重在实际应用，强调以清晰规范的步骤获得问题解答，问题的前提条件和答案涉及的参数众多，往往有若干解答方案可供择优选择。机械原理的分析类问题大都具有基础课程的特点，而综合类问题大都具有专业课程的性质，学习时应当区别对待。

1. 机构分析的学习方法

机械原理的分析类问题中的机构运动分析和力分析也都归结为刚体的受力和运动分析，基本原理没有超出理论力学的范围，但问题的复杂程度大大增加了，因而引入了一些新的处理方法。显然，理论力学课程学好的同学在学习分析类问题的时候将会有明显的优势。同时学好机械原理的分析类问题也会大大提高我们的运动、力学分析水平。这对于将来有志于考研究生继续深造的同学就更重要了。**其方法如下：**

（1）将分析问题整理归类（其实类型也真的不多），每一类问题总结出一个统一的分析步骤，弄清楚每一步骤的分析内容，求解不同的问题尽可能按照整理好的步骤进行；

（2）分析各类问题之间的联系，比较相同点和不同点，做到这一点您就会更牢固地掌握学习的内容了。

当然也必须弄清分析的基本原理，不过这些基本原理主要是理论力学课程的学习任务。理论力学没有学好的同学，借学习机械原理的机会也可弥补一下。

2. 机构综合的学习方法

机械原理的综合类问题涉及各种机构及机器整体综合，不同的问题往往采用不同处理方法，其原理也各不相同。内容虽然很杂，但是大体上各个机构都要求大家要掌握机构的分类、机构的特性、机构参数和确定这些参数的设计方法。**其方法如下：**

（1）**重视机构的分类**：对于复杂问题分类的重要性一般都要超过公式、原理等内容，因为公式、原理等细节性内容往往是从属于类型的。分类是处理复杂事物的最有效手段，良好的分类有如大海航行的指南针，使我们不止于迷失方向。另一方面属于同一大类机构中的不同类型机构一定存在着某种转变演化关系，这种关系更为重要，会深刻地影响到机构的参数、机构的分析和设计方法。因此，掌握机构的分类及其不同类型机构间的关系不论是学习还是实际应用都十分重要。

（2）**机构的特性学习**：机构的特性既是不同类型机构得以区分的依据，也是不同机构实际应用选择的依据。学习机构的特性时不要孤立地死记硬背，机构的特性与机构的类型肯定有着密切联系，掌握了这种联系，往往不用记忆也忘不了。

（3）**机构设计方法学习**：机构综合问题千差万别，有限的篇幅只能就一些典型问题给出解决方法。对于教材中给出的这些方法也建议大家总结出明晰的分析步骤，并按照这样的步骤进行综合。每一类问题最起码完成一道练习题。要足够重视这些问题的求解原理，以便在解决其他教材中没有提到的问题时借鉴使用。

学完整个课程之后，自己将课程的学习内容按照组织结构图的形式画出来，并在图上尽可能详细地标出知识要点，对学习者大有益处。

1.4　机械原理的发展现状

机械原理的研究内容大体上与机构学的内容重合，学科划分将其归入机械工程（一级学科）中的机械设计理论与方法（二级学科）。现代机构学研究的基本任务是揭示自然和人造机械机构的组成原理，创造新机构，研究基于特定性能的机构分析与设计理论，为现代机械与机器的设计、创新和发明提供系统的基础理论和有效实用的方法。随着科学技术的进步，机构学也获得了迅速发展。在此仅就新型机构及其分析方面的新进展作初步介绍。

1.4.1　新型机构的研究进展

现代机构的定义仍然是构件及其连接关系的组合。然而，传统机构中的构件仅限于刚体，现代机构的构件也包括了变形体，如弹性体、柔性体（如绳索、布等）、压电晶体，甚至间隙；构件的连接方式除运动副之外还有柔性连接、固结等，连接关系在机构运动过程中甚至是可变的。传统机构主动构件大多只有一个，具有主动构件-传动构件-从动构件的典型线型结构，现代机构的结构形式更加多样，研究内容更加丰富。

1. 并联机构

并联机构的主动构件数目都大于 1，从动构件的运动在多个主动构件的驱动下，可以实现更自由灵活也更复杂的运动。图 1.4 所示是著名的 Stewart 平台，下平台固定，上平台可随意活动，

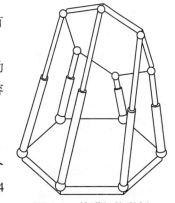

图 1.4　并联机构举例

有 6 套能够精确控制伸缩长度的油缸，通过球面接触的运动副连接上平台和下平台。精确地调整 6 个油缸的伸缩长度，可以使上平台处于所要求的位置和方位姿态，或者按照所需路径或方式运动。这个机构结构简单，功能强大，且具有很好的刚性。上平台如果安装金属切削工具，则它就是一台通用性很好的机床；如果安装焊接工具，它就是一个焊接机器人；也能作提升载物平台使用，不过显然大材小用了。

并联机构在机器人方面使用得很多，机器人一般都需要完成复杂的任务，传统的一个主动构件的机构难以胜任。

2. 柔顺机构

柔顺机构突破了传统机构中构件都是刚体的限制，是一种利用构件自身的弹性变形来完成运动和力的传递与转换的新型机构。图 1.5（a）为柔性铰链的示意图，依靠局部微小尺寸产生的变形，代替传统机构中转动连接的运动副，应用于运动副难于加工制造的精密机械或微型机械中。图 1.5（b）是柔顺机构分析举例的典型，上下两构件刚性很大，可以认为是刚体，左右两个直立的构件刚性很弱，机构的运动依靠容易变形的两个直立构件实现。图 1.5（c）使用压电晶体材料制作的微型夹持器，电极上施加电压使材料变形，即可完成夹持动作。

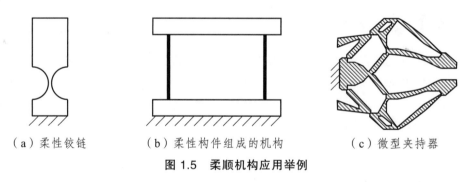

（a）柔性铰链　　　　（b）柔性构件组成的机构　　　　（c）微型夹持器

图 1.5　柔顺机构应用举例

柔顺机构由于具有结构简单、容易制造、无摩擦磨损、容易装配、高精度、高可靠性、轻质量及实现微型化等优点，故在微机电系统领域内有着广泛的应用。

3. 变胞机构

变胞机构属于变拓扑机构，机构中构件间的连接关系能够根据环境和工况的变化和任务需求，进行重组和重构，因而具有更强的适应性。变胞机构是受包装纸盒的启发而发明出来的。如图 1.6（a）所示，是一个常见的长方形的纸盒，每一个面代表一个构件，每一条棱代表两个构件之间可以转动的运动副。所不同的是变胞机构中的运动副有两种状态，其一是正常连接状态，其二是连接失效状态。在图 1.6（a）中每一个运动副处于正常连接状态，纸盒中的 6 个面构成一个不能变形的刚体，只有和顶面相连的小折边可以转动；在图 1.6（b）中有四个运动副处于失效状态，纸盒的前面、后面、底面和右侧面构成不能变形的刚体，相当于有四个构件、三个运动副的机构。不要以为这个例子简单，要想回答这个例子共有多少种变化，还真不是容易的事情！再想想它可能的用处你应该感到吃惊。

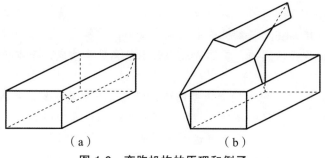

（a） （b）

图 1.6 变胞机构的原理和例子

当然，变胞机构已摆脱了这种直观朴素的启发，进入更普遍的变胞规律的研究。变胞机构有着广泛的应用前景，在机器人机构研究中，已经开发研制出十分灵巧的变胞机械手，还有火星变胞探测车、变胞水下车以及旅游帐篷等。

4. 广义机构

广义机构是联合普通机构、液压或气动、电机驱动、逻辑控制等单元，共同构成完整的机械运动装置。广义机构理论对传统机构学内容进行了很大扩展，广义机构的分析理论建立包含机构、电器、液（气）流、逻辑等要素的机器运动模型，通过计算机仿真的手段能更详尽的反映机构、电器、液（气）流、逻辑等参数的真实变换历程。广义机构的分析理论能从整体上处理整个机械运动装置的设计问题，有望实现机构、电器、液（气）流等所有环节整体优化设计。

1.4.2 现代机构分析的内容

对类型与尺寸已定的机构进行运动和受力分析的技术已经相当成熟，即便是需要考虑构件的变形、运动副的摩擦等，原则上都可以正常分析。已有许多功能相当完善的商用计算机软件可以进行机构的仿真和分析，这一技术常被称为虚拟样机技术，其实际应用越来越普遍。本书第 12 章介绍的 ADAMS 软件就是应用相当普遍的商用虚拟样机软件之一，功能强大且容易学习操作。

现代机构的发展提出了许多新的分析内容，用来评价机构性能，如工作空间、奇异位形、条件数、解耦性、性能各向异性、综合条件数、速度极值、承载极值、刚度极值和误差极值等。机器人的工作空间是机器人操作器的工作区域，还要包括方位姿态运动范围，即所谓的全工作空间，是衡量机器人性能的重要指标；奇异位形是机构固有的性质，当机构处于某些特定的位形时，机构的输入构件失去了对输出构件的控制能力，因此在设计和应用机构时应该避开奇异位形。限于绪论的篇幅，其他分析指标这里就不一一介绍了。

尽管这些现代机构学的研究内容，本书后面不会再讨论了，但仍希望这里简要的介绍能够起到扩展大家思路的作用。

✍【本章小结】

1. 机械原理的研究对象是机器的运动分析和综合。机器的运动分析是在机器已经确定的条件下分析机器及其性能参数的变化过程和特点；机器的综合（也称设计）是根据机器的功能和性能要求，构造机器运动构件及其连接方式的创造过程。

2. 机械原理最核心的基本概念有三个：（1）构件：机器的最小运动单元；（2）运动副：构件之间的可运动连接；（3）基本机构：机器的最小传动单元。机器、机构、基本机构都是由运动副相互连接的构件构成的，机器一般由若干基本机构构成，基本机构也是课程学习的基本单元。

3. 机械原理是机械专业第一门专业基础课，研究对象也是机器的最基本问题——运动，故它是许多后续机械专业课程的基础。机械原理课程的理论性较强，学习中要弄清基本问题及其求解方法，并通过较多的习题练习达到巩固基本知识点的目的。另一方面，作为专业基础课，也具有一定的专业课特点，要结合实际工程问题学习，逐步树立工程意识。

4. 了解机构学方面的一些最新进展，对并联机构、柔顺机构、变胞机构、广义机构、计算机辅助机构分析等有初步认识。

练 习 题

1-1　分析题图 1-1 所示的刨床滑枕驱动部分的运动，指出该机构有哪些构件、运动副和机构，并指出主动构件和从动构件。

1-2　分析题图 1-2 所示的破碎机的运动，指出该机器中有哪些构件、运动副，并指出主动构件和从动构件。

1-3　指出汽车、车床、自行车中的动力部分、传动部分、控制部分、执行部分。

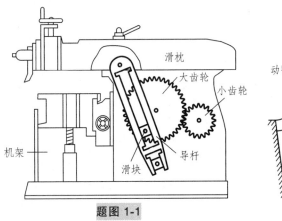

题图 1-1

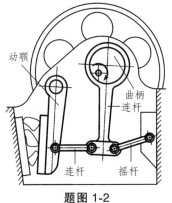

题图 1-2

牛头刨床动作原理

第 2 章　平面机构的结构分析

☞【本章要点】

1. 识记自由度、平面低副、平面高副、运动简图、复合铰链、虚约束、局部自由度，高副低代、杆组。

2. 领会机构运动简图的绘制方法和步骤；机构有确定运动的条件；平面机构自由度的计算方法；平面机构的组成原理。

3. 重点掌握绘制机器机构运动简图并计算自由度；分析较简单机器的传动顺序。

机构的结构分析就是分析机构由哪些构件组成，构件之间是由哪些运动副如何连接起来的，以及相互连接在一起的这些构件如何才能具有确定的运动。具体研究内容有：① 自由度和运动副的分类；② 机构运动简图的绘制；③ 平面机构自由度的计算；④ 机构的组成原理及其分类。

2.1　自由度和运动副的分类

如绪论所言，机器和机构的最基本特征是运动副连接的一系列构件之间具有人们所期望的机械运动，衡量机构运动特征的最基本的参数是自由度，它也是机构结构分析的核心。

2.1.1　自由度

一组由运动副相互连接的运动构件，描述其**运动所需要的独立参数的数目称为自由度**。

图 2.1（a）所示为一自由平面运动的构件，要确定构件的位置需要 3 个参数，通常用 2 个参数描述该构件在平面上的位置，还有 1 个参数描述构件的方位，故 1 个平面运动构件的自由度为 3。当三个参数都确定时，构件位置才完全确定。如果给定这三个参数随时间变化的函数，该构件的运动过程也就完全确定了。同样的道理，图 2.1（b）所示为一个在三维空间自由运动的构件，其自由度为 6，一般用 3 个参数描述构件的空间位置，其余 3 个参数描述构件的姿态方位。

图 2.1（c）是一个很简单的机构，两个可运动构件之间由可转动的铰链连接，其中一个构件与机架之间也由铰链连接，另一个构件的轮廓不能脱离机架上的水平直线。可直观判断该简单机构的自由度为 1，因为只要给定图中所示的角度 φ，两个构件的位置也就确定了，如果给定时间 t 的函数 $\varphi(t)$，整个机构的运动就完全确定了。

应当注意，自由度是描述运动参数的数目，与具体采用哪些参数来描述完全不是一回事。比如描述构件的位置既可以用直角坐标参数，也可以用极坐标参数或者其他参数，但需要参数的数目是不变的。图 2.1（c）所示的例子中也可以采用其他角度或者位移参数来描述机构的运动，不论采用哪一个参数都可以确定机构的运动，且只需要一个参数，自由度为 1。

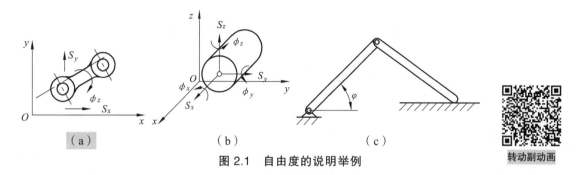

（a）　　　　　　　　（b）　　　　　　　　（c）

图 2.1　自由度的说明举例

转动副动画

2.1.2　运动副的分类

绪论中已经学过，运动副是构件之间的可动连接。机构中每一个构件都是以固定的方式与其他构件相互连接，如内燃机中连杆与曲轴，连杆与活塞，活塞与活塞缸等。

运动副的特征之一：**构件之间存在确定的相对运动**，如内燃机中连杆相对曲轴转动，活塞相对缸体直线往复运动；运动副的特征之二：**构件之间存在不可分离的直接接触**。运动副中构件上直接参加接触的部分称为**运动副元素**。图 2.2（a）中轴承 1 与轴 2 配合，圆柱面接触；图 2.2（b）中滑块 1 与导轨 2 相对滑动，多平面接触；图 2.2（c）中齿轮 1 与齿轮 2 啮合，线接触；图 2.2（d）中凸轮 1 与推杆 2，点接触等。因此，**运动副元素有点、线、面三种形式**。

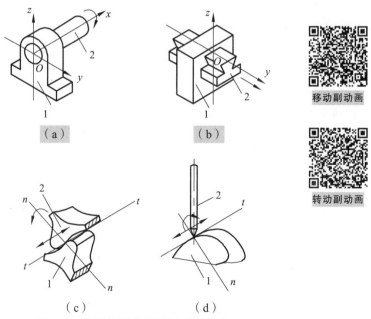

（a）　　　　　　　　　　　　　（b）

移动副动画

转动副动画

（c）　　　　　　　　　　　　　（d）

图 2.2　典型的运动副及运动副元素

为使构件之间不分离，**保持构件的接触方式有力封闭与形封闭两种形式**。图 2.3 所示机构中，（a）图采用力封闭，靠弹簧力使构件保持相互接触；（b）图中的构件接触靠形封闭来实现。

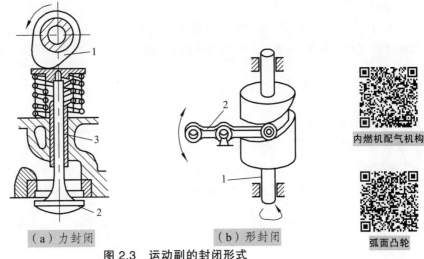

（a）力封闭　　　　　　　　（b）形封闭

图 2.3　运动副的封闭形式

1—原动件；2—从动杆；3—机架

两构件在未构成运动副之前称为自由构件，空间自由构件有 6 个自由度，平面自由构件有 3 个自由度。当两构件构成运动副后，构件的相对运动自由度（或相对运动参数的数目）减少了，内燃机中曲轴与连杆的相对运动只有转动，可见运动副限制了构件的相对自由度，**这种对构件相对自由度的限制称为约束**。为了保证构件之间必须存在某些相对运动，作平面或空间运动的构件其约束不能超过 2 或 5，否则将合并成为同一个构件。

运动副给构件带来的约束数量取决于运动副的形式。在机构中，面接触带来的约束多，点、线接触带来的约束少。为了便于分析机构的运动，需对运动副进行分类。

① 按构成运动副的构件之间相对运动是平面运动还是空间运动分：

构件运动被限制在同一平面或彼此平行的平面的运动副，叫**平面运动副**，否则，叫**空间运动副**。

② 按运动副元素形式分（两构件间的接触形式）：

构件之间点或线接触构成的运动副称为 高副 ，如图 2.2（c）、2.2（d）所示；构件之间以面的形式接触而构成的运动副称为**低副**，如图 2.2（a）、2.2（b）所示。

纯运动高副

③ 按运动副的约束数目分：

引入一个约束的运动副称 Ⅰ 级副，引入两个约束的运动副称 Ⅱ 级副，依此类推，还有 Ⅲ 级副、Ⅳ 级副和 Ⅴ 级副。平面运动副中，面接触属于 Ⅴ 级副，而点、线接触属于 Ⅳ 级副，参见表 2.1。

④ 按两构件之间相对运动的形式分：

两构件之间作相对转动的运动副称**转动副**，也称**铰链**，如图 2.2（a）所示；两构件之间做相对移动的运动副称**移动副**，如图 2.2（b）所示。此外，还有**球面副**、**螺旋副**等，如表 2.1 所示，也可根据机构名称来称谓运动副，如齿轮副、凸轮副等。

组成机构的各构件之间的相对运动被限定在一个平面上或彼此平行的平面上时，该机构称为**平面机构**，否则称为**空间机构**。考虑到实际中机器大多为平面机构，所以本章重点进行平面机构的结构分析。众多的运动副中属于平面运动副的仅有转动副、移动副和平面高副三种，也就是说，全部平面机构中的各构件仅有这三种连接方式。

为了便于表达运动副，以及后续绘制机构运动简图的需要，**运动副常用简单的符号来表达**（国家已制定相应标准）。表 2.1 所列为常用运动副的符号，图中有阴影线的构件表示机架。

2.1.3 运动链

构件通过运动副的连接而构成的可相对运动的系统称为**运动链**。运动链首尾封闭的称**封闭式运动链**，如图 2.4（a）、（b）所示。如果组成可动系统首尾不封闭的，则称为**开链**，如图 2.4（c）、（d）所示。普通机械中的机构一般均以封闭链的形式出现，而机械手等一般采用开式链。一般认为如果运动链中有一个构件固定为机架，就可称为**机构**。

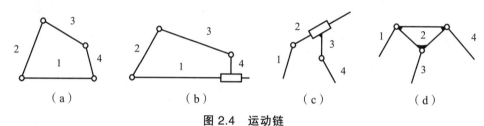

（a）　　　　　（b）　　　　　（c）　　　　　（d）

图 2.4　运动链

表 2.1　常用运动副的模型、符号及约束度

运动副名称及代号		运动副模型	运动副元素	运动副级别及封闭方式	自由度 f	约束度 u	运动副符号	
							两运动构件构成的运动副	两构件之一为机架时的运动副
平面运动副	转动副（R）		柱面	V 级副 几何封闭	1	2		
	移动副（P）		平面	V 级副 几何封闭	1	2		
	平面高副(RP)		线	IV 级副 力封闭	2	1		
空间运动副	点高副		点	I 级副 力封闭	5	1		
	线高副		线	III 级副 力封闭	4	2		

续表 2.1

运动副名称及代号		运动副模型	运动副元素	运动副级别及封闭方式	自由度 f	约束度 u	运动副符号	
							两运动构件构成的运动副	两构件之一为机架时的运动副
空间运动副	平面副(F)	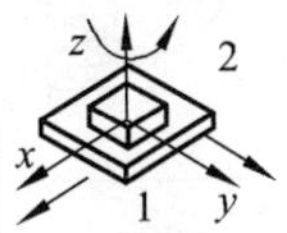	平面	Ⅲ级副力封闭	3	3	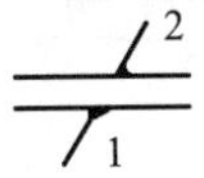	
	球面副(S)	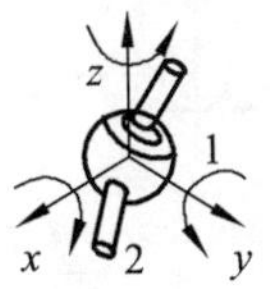	球面	Ⅲ级副几何封闭	3	3	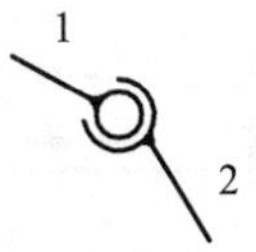	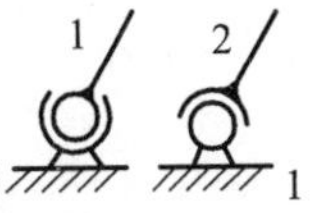
	球销副	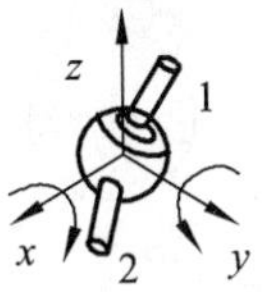	球面	Ⅳ级副力封闭	2	4	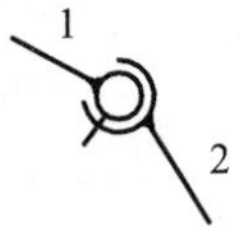	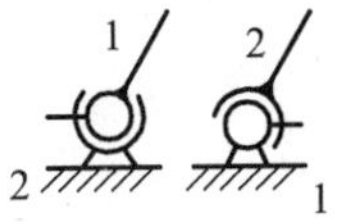
	圆柱副(C)	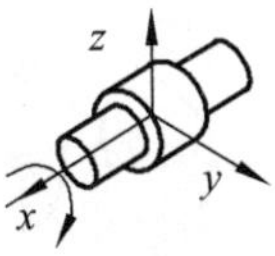	圆柱面	Ⅳ级副力封闭	2	4	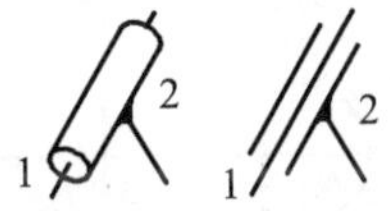	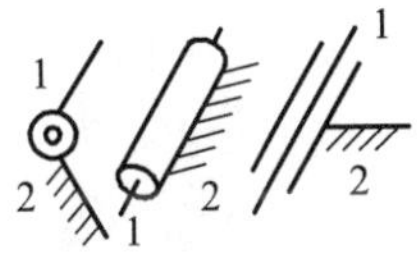
	螺旋副(B)	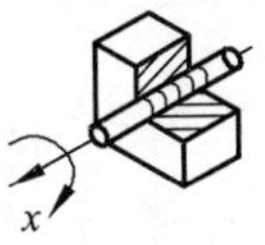	螺旋面	Ⅴ级副几何封闭	1	5	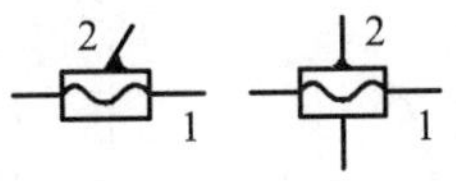	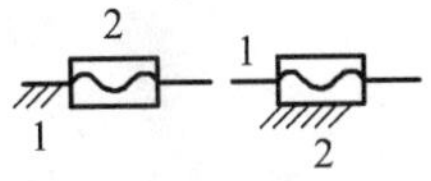

2.2　平面机构的运动简图

螺旋副

2.2.1　机构运动简图

　　研究机器的运动和受力问题时，最方便的做法是绘制出表明机械运动情况的机构运动简图。在机构运动简图中，用最简明清晰的图形符号表示机构的三项内容：① **机构由哪些构件组成**；② **构件之间由哪些运动副相连接**；③ **构件上各运动副的相对位置尺寸**。而构件的实际外形（高副机构的运动副元素除外，如凸轮轮廓）、断面尺寸、组成构件的零件数目及刚性连接方式等内容则应全部略去。绘制运动简图时，先按一定比例定出机构中各运动副的位置，再用国家标准规定的运动副符号（见表 2.1）、常用机构运动简图符号（见表 2.2）、一般构件和运动副的表示方法（见表 2.3）将机构的运动传递情况表示出来。

　　机构运动简图撇开那些与运动无关的构件外形和具体构造，便于机构结构分析、运动分析以及动力分析。机械原理课程中的各种分析和综合问题都是围绕运动简图展开的。

表 2.2　常用机构运动简图符号

项　目	图　示	项　目	图　示
机架上的电机	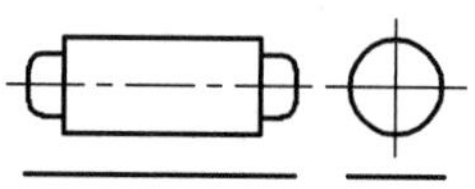	齿轮齿条传动	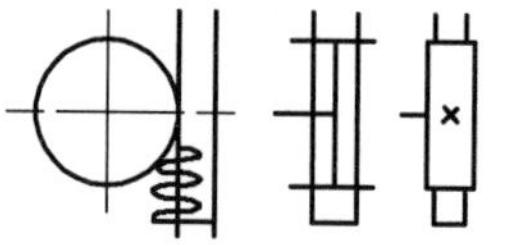
带传动	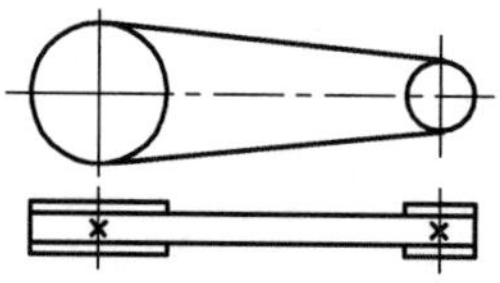	圆锥齿轮传动	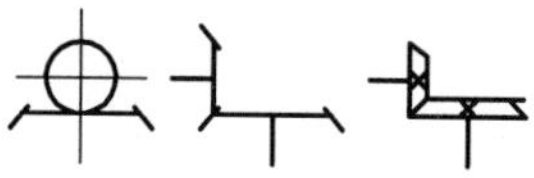
链传动	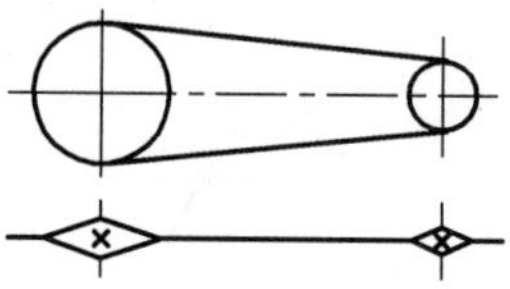	圆柱蜗杆蜗轮传动	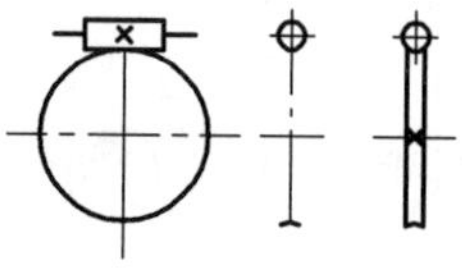
外啮合圆柱齿轮传动	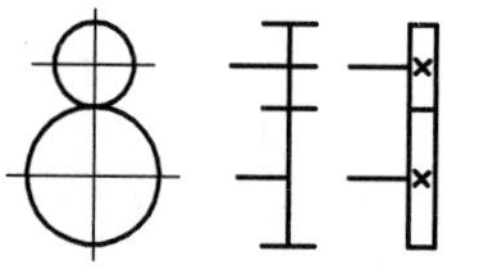	凸轮传动	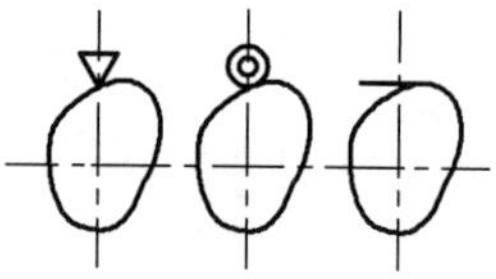
内啮合圆柱齿轮传动	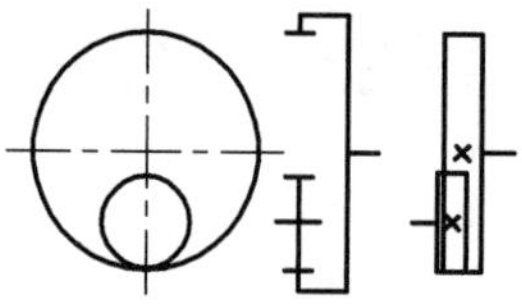	棘轮传动	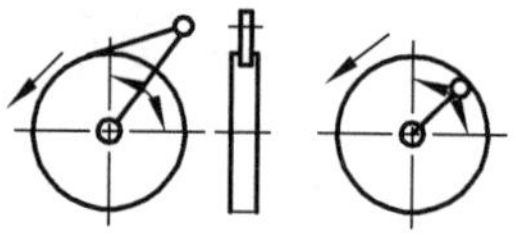

表 2.3　一般构件和运动副的常用表达法

项　目	图　示
杆轴类构件	
固定构件	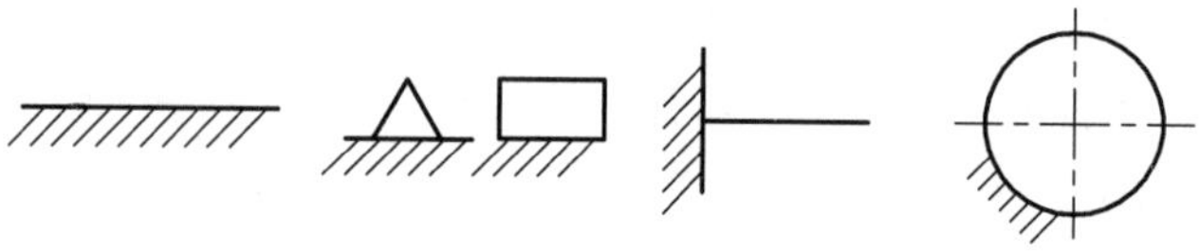
同一构件	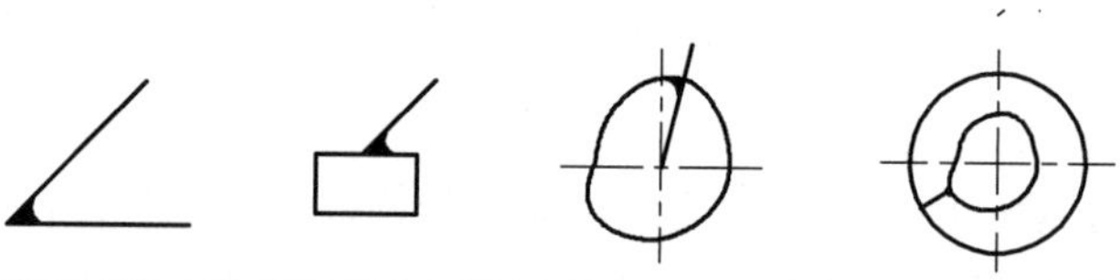

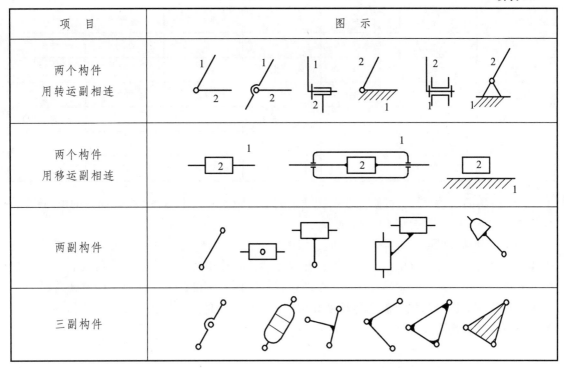

项　目	图　示
两个构件 用转运副相连	
两个构件 用移运副相连	
两副构件	
三副构件	

2.2.2　机构运动简图的绘制

绘制机构运动简图的步骤：

（1）弄清机构的工作原理。

（2）分析机构的构件和运动副组成，确定机构中构件和运动副的类型、数量及其连接关系。搞清机构中的原动件、机架和从动件。

（3）确定机构中与运动有关系的尺寸，也就是构件上各运动副的相对位置尺寸。

（4）选择适当的绘图比例 μ_l（实物尺寸∶绘图尺寸），根据构件上各运动副的相对位置尺寸，确定图上各运动副的具体位置。

（5）用标准符号与代号画出构件和运动副。建议先画出机架，再由原动件开始，按运动传递路线绘出机构中的其他构件和运动副。

应特别强调，机构运动简图表明机构瞬时工作状态，故机构的工作位置不同，运动简图的具体形状是不同的，但构件和运动副的连接关系相同。若只是为了**表明机构的组成和结构特征而不按比例绘制简图，则这种简图称为机构示意图。**

2.2.3　机构运动简图示例

【例 2.1】　图 2.5（a）所示为颚式破碎机。当曲轴 2 绕固定轴心 O_1 连续回转时，动颚板 6 绕固定轴心 O_3 往复摆动，从而将矿石轧碎。试绘制此破碎机的机构运动简图。

【解】　（1）机构组成分析：破碎机共有 6 个构件和 7 个转动副，连接关系如表 2.4 所示。

表 2.4 例 2.1 中机构连接关系

	机架 1	曲轴 2	连杆 3	连杆 4	摇臂 5	颚板 6
机架 1		转动副 O_1			转动副 O_3	转动副 O_2
曲轴 2	转动副 O_1		转动副 A			
连杆 3		转动副 A		转动副 C	转动副 B	
连杆 4			转动副 C			转动副 D
摇臂 5	转动副 O_3		转动副 B			
颚板 6	转动副 O_2			转动副 D		

（2）机构的运动尺寸：机架上 3 个转动副的中心距离、构件 3 上 3 个转动副的中心距离、构件 2、4、5、6 上两转动副的中心距离。

（3）运动简图绘制：选定视图平面，根据构件的运动尺寸，选择适当的绘图比例；确定机架上三个转动副 O_1、O_2、O_3 的位置；任取原动件的转动角度，确定转动副 A 的位置；根据 AB 和 BO_3 的距离，确定转动副 B、C 的位置；根据 CD 和 DO_2 的距离，确定转动副 D 的位置；用规定的符号与代号表达运动副和构件，绘出机构的运动简图，如图 2.5（b）所示，并在原动件上标出运动方向。

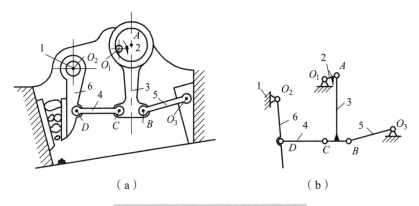

（a） （b）

图 2.5 颚式破碎机的运动简图绘制

颚式破碎机

【例 2.2】 图 2.6（a）为一转子泵，原动件曲柄 1 绕固定转轴 O 转动，带动其他构件运动，套杆 2 与转子 3 之间的相对移动实现吸油与压油的工作，转子 3 往复摆动实现吸油与压油的转换。试绘制其机构运动简图。

【解】 （1）机构组成分析：转子泵由 4 个构件、3 个转动副和 1 个移动副组成，连接关系如表 2.5 所示。

表 2.5 例 2.2 中机构连接关系

	曲柄 1	套杆 2	转子 3	机架 4
曲柄 1		转动副 A		转动副 O
套杆 2	转动副 A		移动副	
转子 3		移动副		转动副 B
机架 4	转动副 O		转动副 B	

（2）机构的运动尺寸：机架 4 上两个转动副的中心距离和构件 1 上两个转动副的中心距离。

（3）绘图步骤：选定合适的绘图比例；确定机架两转动副 *O*、*B* 的位置；任取原动件 1 的转动角度，确定转动副 *A*；用符号和代号画出各构件和运动副。（一般情况下，构件用阿拉伯数字表示，运动副用大写英文字母表示。）

如图 2.6（b）和图 2.6（c）都是该泵正确的运动简图，区别仅在于移动副所连接的构件 2、3 表示符号调换而已，对机构的运动分析和设计来说是没有差别的。本例的关键是要抛开构件 3、4 结构的具体形状，用符号正确表达转子 3 与套杆 2 的移动副、转子 3 与机架 4 的转动副。在运动简图上可以清晰地看到△*AOB*，有关该机构运动分析及设计问题就转化为三角形的尺寸和角度的计算，这在实物图中是很难看清的，这也正是运动简图的重要性之所在。

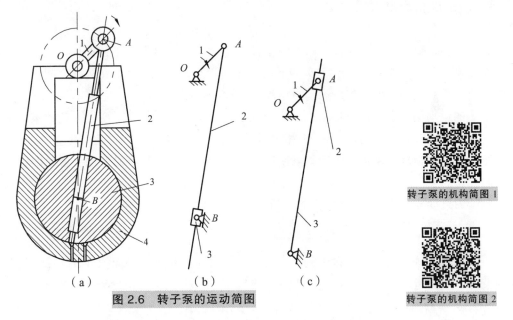

（a）　　　　　　　　（b）　　　　　　（c）

图 2.6　转子泵的运动简图

转子泵的机构简图 1

转子泵的机构简图 2

【例 2.3】　　试绘制图 2.3（a）所示的凸轮机构的运动简图。

该机构主动件为凸轮 1，作转动，输出件为从动杆 2，作上下移动，构件 3 为机架，弹簧为机构中力封闭的器件而非构件，简图中可不绘出。构件 1 与构件 2 构成高副，构件 1 与构件 3 形成转动副，构件 2 与构件 3 形成移动副，机构运动简图如图 2.7 所示。

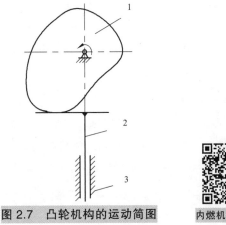

图 2.7　凸轮机构的运动简图

内燃机配气机构

在平面机构的运动简图中，与机构运动有关的是构件上运动副的相对位置，对于转动副来说是转动副中心的位置；对移动副来说是相对移动方向；对于高副来说是两高副接触元素的曲线形状，这些因素都需要在机构运动简图中明确地表示出来，同时这也是机构分析和综合的关键。

2.3　平面机构的自由度计算及运动确定条件

2.3.1　运动副自由度和约束度

如前所述，确定一个空间自由构件的位置需要 6 个独立参数，自由度 $b = 6$，确定平面自由构件需要 3 个独立参数，自由度 $b = 3$。构件之间用运动副连接后，在构件之间引入了几何约束，使得相对运动受限，相对运动自由度将减少。如图 2.2（a）所示转动副，由于构件 1 与构件 2 的运动副元素在相对运动过程中必须始终保持接触，引入了两个几何约束，使得构件 2、1 只能绕转动副中心转动，一个相对转动角度，就能确定两构件相对位置。

运动副的自由度，是描述该运动副所连接的两构件相对位置所需的独立参数的数目。运动副的几何约束反映在数学方程上，就是运动参数要符合特定的约束方程，独立的约束方程数目称为约束度 u。则运动副自由度的计算公式为

$$f = b - u \tag{2.1}$$

式中，f 为运动副自由度；b 为自由构件自由度，空间构件 $b = 6$，平面构件 $b = 3$；u 为运动副的约束度，平面运动副中，高副元素为点（或线），约束度 1，自由度为 2；平面低副元素为面，约束度为 2，自由度为 1；空间运动副中，约束度为 1 ~ 5（见表 2.1）。

2.3.2　平面机构自由度的计算

在平面机构中，各构件只能在平面上运动，自由构件的自由度 $b = 3$，而每个平面低副的约束度 $u = 2$，平面高副的约束度 $u = 1$。若某机构中共有 N 个构件，其中一个构件为机架，其余 $n = N - 1$ 个构件为运动构件，各构件未用运动副连接时，它们的自由度 $f = 3n$。用运动副连接后，若引入 p_1 个低副和 p_h 个高副，则共引入约束度为 $2p_1 + p_h$，所以**机构自由度 F** 为

$$F = 3n - 2p_1 - p_h \tag{2.2}$$

【例 2.4】　试计算图 2.5（a）所示的颚式破碎机的自由度。

【解】　由机构运动简图 2.5（b）可知，该机构可动构件数目 $n = 5$，低副（仅有转动副）数目 $p_1 = 7$，高副数目 $p_h = 0$，机构的自由度为

$$F = 3n - 2p_1 - p_h = 3 \times 5 - 2 \times 7 - 0 = 1$$

2.3.3　空间机构自由度的计算

空间机构中各自由构件的自由度为 6，而空间运动副的级别由 I 级到 V 级，其约束度 u 也从 1 到 5。设一个空间机构有 n 个动件，p_1 个 I 级副，p_2 个 II 级副，p_3 个 III 级副，p_4 个 IV 级副，p_5 个 V 级副，故该空间机构的自由度为

$$F = 6n - (p_1 + 2p_2 + 3p_3 + 4p_4 + 5p_5) \qquad (2.3)$$

【例 2.5】　图 2.8 为仿生机械臂运动简图，试计算该机械臂的自由度。

【解】　该机构为空间机构，可动构件数目 $n = 3$，A、C 处为 III 级副，B 处为 IV 级副，机构的自由度为

$$F = 6 \times 3 - (3 \times 2 + 4 \times 1) = 8$$

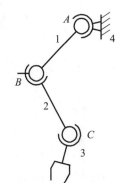

2.3.4　平面机构自由度计算的注意事项

计算机构自由度时，会遇到以下几个特别需要注意的问题，如果处理不当常常会得到错误的计算结果。

图 2.8　仿生机械臂

1. 复合铰链

机构运动简图上，**两个以上的构件连接在同一个转动副符号上**，形成所谓的**复合铰链**。实质上此处重叠了多个转动副。在图 2.9 所示的机构中，A、C、E、F 等处均出现了由三个构件构成的复合铰链，这几个复合铰链实际上都是三个构件所形成的两个转动副重叠在一起，故自由度计算时，由三个构件所连接的复合铰链应当按两个转动副计数。同理，由 m 个构件组成的复合铰链，是 $m - 1$ 个重叠的转动副，应当按 $m - 1$ 个转动副计数。

【例 2.6】　试计算图 2.9 所示机构的自由度。

此机构可动构件数目 $n = 7$，转动副符号 6 个，其中 A、C、E、F 为复合铰链，有 8 个转动副，再加上 B、D 两个转动副，共计 10 个转动副，故机构自由度为

$$F = 3n - (2p_1 + p_h) = 3 \times 7 - 2 \times 10 = 1$$

2. 局部自由度

在有些机构中，一些构件的运动不具有运动传递功能。如图 2.10（a）所示凸轮机构，构件 1 为主动件，构件 2 为从动件。主动件的转动通过构件 3 使从动件 2 上下移动，但构件 3 相对构件 2 的转动对运动传递未起作用，只是为了减少构件 1 与构件 3 之间的摩擦。**这种对机构运动传递不起作用的局部构件的独立运动称为局部自由度**。在机构自由度计算时，应扣除局部自由度。采取的方法有，直接将产生局部自由度的运动副所连接的两个构件刚性连接后再计算机构的自由度，如图 2.10（b）所示。另一种方法是在计算机构自由度时减去局部自由度数，设机构局部自由度数为 F'，则机构自由度为

$$F = 3n - (2p_1 + p_h) - F' \qquad (2.4)$$

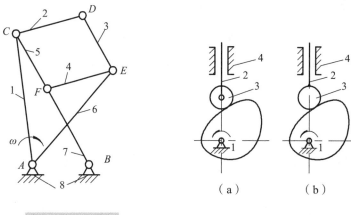

图 2.9　复合铰链　　　　　图 2.10　局部自由度　　　　直线机构

【例 2.7】　试计算图 2.10（a）所示机构的自由度。

【解】　该机构有 3 个运动构件，3 个低副，1 个高副，其中，构件 3 与 2 之间的转动副产生局部运动自由度，故将图 2.10（a）所示机构转化成图 2.10（b）所示机构，将局部自由度去掉后，机构有 2 个运动构件，2 个低副，1 个高副，机构自由度为

$$F = 3n - (2p_1 + p_h) = 3 \times 2 - (2 \times 2 + 1) = 1$$

3. 虚约束

有些运动副带来的约束是重复约束，这些**重复约束对构件之间的相对运动起不到独立的限制作用**，称这种约束为**虚约束**。在计算机构自由度时，应将虚约束去除不计。**虚约束存在的形式有：**

（1）**两构件之间形成作用相同的运动副。**

① 两构件之间形成多个轴线重合的转动副。如图 2.11（a）所示，曲轴 1 与轴承 2 有三处构成转动副。三个同轴转动副对曲轴受力是有益的，但对曲轴的运动约束重复，计算自由度时应该按一个转动副计数。

② 两构件之间形成多个运动方向平行的移动副。如图 2.11（b）所示，从动杆与机架在两处构成移动副 E, E'，其中一个是重复约束。

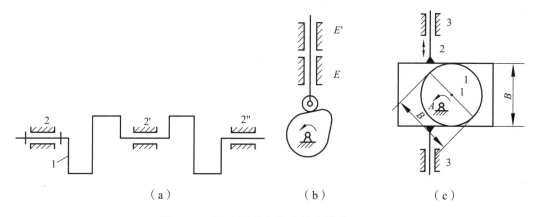

（a）　　　　　　　　（b）　　　　　　（c）

图 2.11　运动副重复约束的虚约束

③ 平面机构中两构件之间存在多处高副连接，如果对构件运动约束关系相同，属于约束重复的虚约束，则只能算一个高副。图 2.11（c）所示为一形封闭的凸轮机构，两处高副的作用是保证构件 1 与构件 2 始终接触，故其中有一处是虚约束。如果运动约束关系不同，则是两个高副。

（2）轨迹重合的虚约束。

用转动副连接的是两构件上等距的两点或者是连接前后运动轨迹相重合的点，则该连接带入了 1 个虚约束，如图 2.12（b）所示。

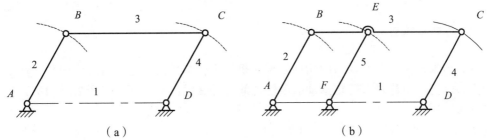

图 2.12　轨迹重合的虚约束

（3）**功能相同的传动支链。**

在输入件与输出件之间用多路完全相同的运动链来传递运动时，只计算一路运动链的传递作用，其余均为虚约束。图 2.13 所示的行星轮系中，其行星轮 2、2′、2″均布，目的是为了传力均匀，而 3 个行星轮的运动传递目标、作用是相同的，故只能算一路，其余为虚约束。

计算机构自由度时同样**应将产生虚约束的构件及其形成的运动副去除，然后再计算机构自由度**。当然，也可以在计算机构自由度时，从机构的约束数中减去虚约束，设虚约束数的约束度为 p'，同时考虑局部自由度时，机构自由度为

$$F = 3n - (2p_1 + p_h - p') - F' \tag{2.5}$$

图 2.12（b）机构增加了一个构件（构件 5），带来两个转动副，$3n - 2p_1 = -1$，增加了虚约束，故有

$$F = 3n - (2p_1 + p_h - p') - F' = 3 \times 4 - (2 \times 6 + 1 \times 0 - 1) - 0 = 1$$

【例 2.8】　试计算图 2.14 所示凸轮-连杆组合机构的自由度。

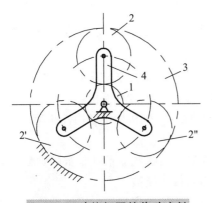

图 2.13　功能相同的传动支链

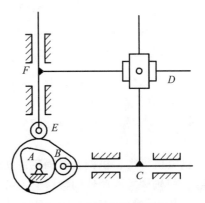

图 2.14　自由度计算实例

周转轮系

【解】　该机构构件数目 $n = 7$，在 C、F 两处虚约束，B、E 两处局部自由度，D 处 4 个构件构成 2 个移动副和 1 个转动副。$p_1 = 10$，$p_h = 2$（C、F 两处未增构件，但各增加一个移动副，带来四个虚约束），$p' = 4$，$F' = 2$，机构自由度为

$$F = 3n - (2p_1 + p_h - p') - F' = 3 \times 7 - (2 \times 10 + 1 \times 2 - 4) - 2 = 1$$

较复杂的空间机构，运动副的约束之间存在更复杂的重叠关系，式（2.3）仅适用于简单空间机构的自由度计算。

2.3.5　机构具有确定运动的条件

机构是用来传递运动和动力的构件系统，机构中各构件之间应具有确定的相对运动，那么机构的自由度与机构具有确定运动的条件之间有什么关系呢？下面以图 2.15 为例讨论平面机构具有确定运动的条件。

图 2.15（a）为铰链四杆机构，构件 4 为机架，故 $n = 3$，$p_1 = 4$，该机构自由度为

$$F = 3 \times 3 - (2 \times 4 + 0) = 1$$

若在构件 1 上给定 1 个独立的运动参数 $\varphi_1(t)$，则机构中所有运动构件的运动都确定了。如果该机构给定 2 个独立的运动参数，假定为构件 1、构件 3 的转动角度，构件 1 和构件 3 都按各自运动规律运动，则机构的构件将损坏。

机构中提供独立运动参数的构件称为**主动件**，可见自由度等于 1 的机构，只要有 1 个主动件，机构就有确定的运动。

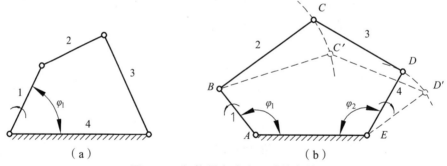

图 2.15　机构具有确定运动的条件

图 2.15（b）为铰链五杆机构，构件 5 为机架，故 $n = 4$，$p_1 = 5$，该机构自由度为

$$F = 3 \times 4 - (2 \times 5 + 0) = 2$$

若在构件 1 上给定一个独立的运动参数 $\varphi_1(t)$，则机构中构件 2、3、4 运动不确定。构件 2、3、4 的位置即可在实线所示的位置，也可在虚线所示的位置或其他位置。当给该机构 2 个独立的运动参数 $\varphi_1(t)$、$\varphi_4(t)$（或其他两个独立运动参数），则机构中各构件的运动便完全确定下来。

由上述两例分析可得，**机构具有确定运动的条件是：机构独立运动参数的数目应等于机构的自由度数，即机构的原动件的数目必须等于机构的自由度数。**

如果原动件数大于机构自由度数，则机构中较薄弱的构件将损坏。当原动件数小于机构自由度数时，机构的运动不确定。

此外，自由度 $F > 0$ 是机构运动的基本条件。如果自由度 $F = 0$，则称为不能产生相对运动的刚性桁架；而当 $F < 0$，构件的组合是超静定桁架。研究这些失去相对运动能力的结构，属于结构学的研究范围，在工程结构中也有重要应用。

2.4 平面机构的组成原理

正确计算机构的自由度，提供相适应的原动件数目，可解决机构运动确定的问题。而机构组成原理的分析，可解决机构结构的分类与分析，或设计新机构的原理等问题。

2.4.1 基本杆组及其分类

由机构具有确定运动的条件可知，机构原动件数等于机构自由度数，而机构由原动件、机架和从动构件组（也称从动件系统）组成，如将原动件和机架从机构中拆分开来，则由其余构件构成的构件组必然是一个自由度为零的构件组。而这个自由度为零的构件组还可拆分成更简单的自由度依然为零的构件组。我们把**这种具有自由度为零且不可再拆分的构件组叫作基本杆组**。

图 2.5 所示颚式破碎机，机构自由度为 1，有 6 个构件，构件 1 为机架，构件 2 为原动件。现将原动件与机架拆分开来，如图 2.16（a）所示，此时，原动件与机架的自由度应等于机构的自由度。其余构件组是构件 3、5 和构件 4、6 所组成的两个基本杆组，如图 2.16（b）所示，它们的自由度均为零。

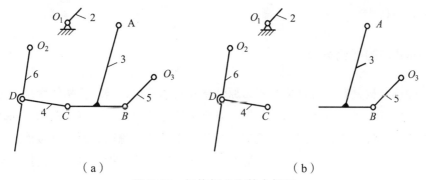

（a） （b）

图 2.16 机构拆分为基本杆组

在只含有低副的平面机构中，**基本杆组具有两个特征：一是其自由度为零，二是杆组不可再拆分**。根据其第一个特征，构件数目 n 与低副数目应符合 $3n - 2p_1 = 0$。

由于构件数和运动副数均为整数，故 n 应是 2 的整数倍，而 p_1 应是 3 的整数倍。满足上述条件的最简单的杆组 $n = 2$，$p_1 = 3$。基本形式如图 2.17 所示，这样的杆组单个构件上最多有两个低副，称为 II 级杆组。II 级杆组是平面机构中运用最多的杆组，杆组中构件可实现常见的转动、移动和平面复合运动。

如果杆组中，$n = 4$，$p_1 = 6$，这样的杆组称为 III 级杆组，III 级杆组的特征是其中有一个构件带有三个低副，常见的 III 级杆组见图 2.18。III 级杆组是较复杂的杆组，对其运动与动力分析较 II 级杆组困难。依此类推，还有 IV 级杆组及以上级别的杆组，只是实际机构中很少运用，此处不再列举。

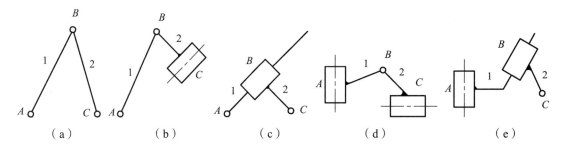

图 2.17　二级杆组的基本形式

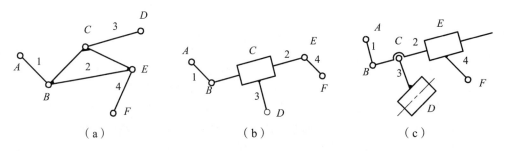

图 2.18　三级杆组的几种形式

在同一机构中可见包含不同级别的基本杆组，**机构的级别由机构中杆组的最高级别决定**。如果机构中杆组级别最高的为Ⅱ级，则机构称为Ⅱ级机构。同理，如果杆组最高的为Ⅲ级，则机构称为Ⅲ级机构。

2.4.2　平面机构的结构分解

平面机构的结构分解是将机构**分解为原动件和基本杆组，确定机构的级别**，可以实现以基本杆组为单位进行机构运动和动力分析。对机构进行结构分解时应注意以下问题。

（1）**对机构进行结构分析需拆分机构，拆分顺序是**：首先选定原动件，然后从远离原动件的构件组开始拆基本杆组，并且先试拆Ⅱ级，Ⅱ级拆不动再拆Ⅲ级。所谓拆不动是指拆Ⅱ级会使其余构件分离，不能构成杆组。

（2）同一机构原动件选择不同时，机构拆分的杆组组成和级别一般是不同的。

【例 2.9】　图 2.19（a）所示某内燃机的机构运动简图，试分别以构件 *AB* 和构件 *EG* 为主动件将此机构拆分为基本杆组，并分析拆分杆组的数目和级别的变化。

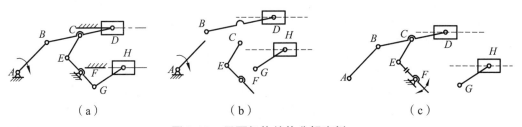

图 2.19　平面机构结构分解实例

【解】　机构以 AB 为原动件时，基本杆组如图 2.19（b）所示，机构中有三个 Ⅱ 级杆组，机构是 Ⅱ 级机构。当机构选择 EG 为原理件时，机构中有一个 Ⅱ 级杆组和一个 Ⅲ 级杆组，机构属于 Ⅲ 级机构，如图 2.19（c）所示。

2.4.3　平面机构的高副低代

当平面机构中含有高副时，可以将**平面高副用平面低副代替**，以便对机构进行结构分析。**进行高副低代必须满足以下条件：**

（1）进行结构分析时，代替前后机构的自由度保持一致。

（2）进行运动分析时，代替前后机构的瞬时速度、加速度关系必须一致。

在平面机构中，一个高副带来 1 个约束，而一个低副会带来 2 个约束，增加一个有 2 个低副的构件来替代一个高副，其约束数前后一致，机构的自由度自然保持不变。下面举例说明这个问题。

图 2.20（a）所示为一特殊高副机构，构件 1、2 分别与机架在 A、B 两处构成转动副，构件 1、2 在 C 处构成高副。由于高副两运动副元素均为圆弧，O_1、O_2 为构件 1、2 在接触点 C 处的曲率中心，两圆连心线即过 C 点的公法线。机构运动时，构件 1、2 分别绕点 A、B 转动，连心线的长度将保持不变，同时 AO_1 和 BO_2 的长度也不变。因此，高副低代可以用图 2.20（b）所示的铰链四杆机构来代替，满足自由度前后一致，又满足运动前后相同。

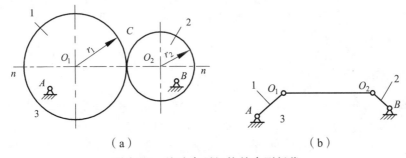

图 2.20　特殊高副机构的高副低代

对图 2.21（a）所示的一般平面高副机构，**高副低替关键问题是找出两高副构件在接触点处各自轮廓的曲率中心**。图 2.21（b）中构件 2 在 C 点轮廓的曲率中心在无穷远处，故低代的结果如图中虚线所示。图 2.21（c）中构件 2 在 C 点轮廓的曲率半径为零，故低代的结果如图中虚线所示。

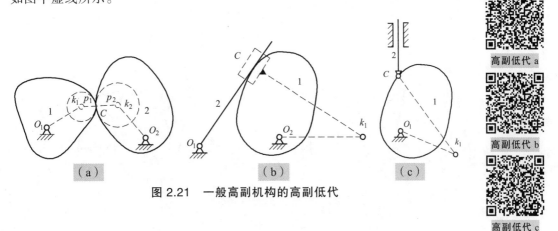

图 2.21　一般高副机构的高副低代

【例 2.10】 试将图 2.22（a）所示平面高副机构低代，并分析机构的结构组成。

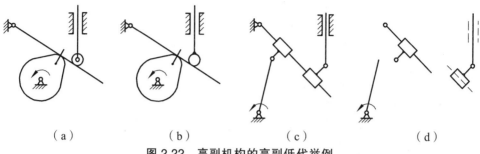

（a） （b） （c） （d）

图 2.22 高副机构的高副低代举例

【解】 该机构有 4 个运动构件，4 个低副，2 个高副；存在一个局部自由度，当高副低代前需去除局部自由度后的机构如图 2.22（b）所示；两高副低代后的机构如图 2.22（c）所示；取凸轮为主动件，分解机构为两个二级杆组如图 2.22（d）所示。

高副低代的基本结论为：① 在平面机构高副低代时，只要用一个具有两个低副的虚拟构件代替原来的高副连接，可以保持机构自由度不变；如果低副中心连线与原高副轮廓接触点法线重合就能保证瞬时速度关系不变；② 如果低副中心与原高副轮廓接触点的曲率中心重合还能保证瞬时加速度关系不变。对于结构分析高副低代只需要保证自由度相等即可；对于速度分析只需代替的转动副位于接触点的公法线上即可；对于加速度分析要求转动副位于曲率中心。一般来说是不存在能保证瞬时加速度变化率不变的高副低代机构，更不存在能保证机构运动过程不变的高副低代机构。

2.4.4 平面机构的组成原理

由机械的结构分解知道，任何机构都是由若干基本杆组连接于原动件和机架上而构成的，并使机构自由度数与原动件数相等，这就是**机构的组成原理**。

根据这个原理，当需要对已有机器进行运动和动力分析时，可以将**机构拆分为机架、原动件和若干杆组**。当需要进行新机械方案设计时，可选定一机架，并将数目等于机构自由度数的原动件用运动副与机架连接，再将不同需求的基本杆组依次连接在机架和原动件上。

图 2.23 所示为某典型机构的组成过程，该机构为了实现转动和平面复合运动在原动件和机架的基础上依次叠加了一个Ⅱ级杆组和一个Ⅲ级杆组。此外，在满足相同的工作要求的前提下，机构的结构越简单，杆组的级别越低，构件数和运动副数就越少。简单的机构不仅经济，往往工作也更为可靠。

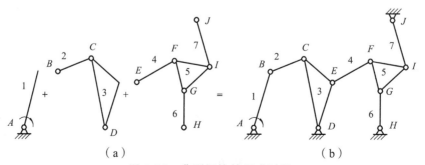

（a） （b）

图 2.23 典型机构的组成过程

2.4.5　机构结构的型综合

平面机构的型综合就是按给定的机构自由度要求，把给定数量的构件和运动副所能组成的所有机构型式全部罗列出来，为设计新机器时对机构的型式提供选择的条件，它是机构结构分析的逆过程。

型综合的过程是，首先按机构自由度要求定出原动件数和机架，然后再按预期实现的运动规律和机构构件数的要求选取基本杆组类型，最后以排列组合的方式将它们依次连接到原动件和机架上，从而获得各种机构型式。如前所述机构是具有固定构件的运动链，故机构结构的型综合实际上是运动链的型综合。由于平面高副机构可以高副低代，而平面移动副又可看成是转动副的演化形式，故机构型综合仅仅需要对转动副的低副机构进行研究。下面以含有多个封闭环的单自由度机构的型综合为例说明型综合的基本原理。

对单自由度全转动副运动链来说，由于组成运动链的构件全部都是运动构件，其自由度为 4，构件数目 N 和运动副数目 p 满足：

$$F = 3N - 2p = 4 \qquad\qquad (2.6)$$

如果运动链中封闭环的数目为 L，图论中著名的欧拉公式告诉我们，封闭环、构件和运动副的数目应满足：

$$L = p - N + 1 \qquad\qquad (2.7)$$

下面列出了 $L = 1 \sim 4$ 时，由式（2.6）和（2.7）求出的 p 和 N 的组合关系：

$$L = 1 \qquad p = 4 \qquad N = 4$$
$$L = 2 \qquad p = 7 \qquad N = 6$$
$$L = 3 \qquad p = 10 \qquad N = 8$$
$$L = 4 \qquad p = 13 \qquad N = 10$$

组成闭式运动链的 N 个构件中，各构件上运动副的数目可以不相同，存在有 k 个运动副的构件数目 n_k（n_k 必须是大于或等于 0 的整数），n_k 和 N、p 又必须符合：

$$n_2 + n_3 + n_4 + \cdots + n_k = N \qquad\qquad (2.8)$$

$$2n_2 + 3n_3 + 4n_4 + \cdots + kn_k = 2p \qquad\qquad (2.9)$$

闭式运动链存在单封闭环和多封闭环，在式（2.6）~（2.9）共同限制下，四杆机构只有一个封闭环，构件均为双副构件，仅有这一种基本型式。六杆机构有两个封闭环，有两种基本型式，如图 2.24 所示。而八杆机构和十杆机构分别有三个封闭环和四个封闭环，它们的基本型式分别有 16 种和 230 种。机构杆件数越多，组合的型式也就越多。一般机构杆件数 4、6、8 已能满足绝大部分的运动需求。

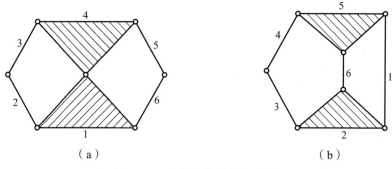

（a）   （b）

图 2.24   六杆机构的基本形式

✍【本章小结】

1. 注意自由度、运动副及其分类，运动链、基本杆组等概念，熟悉常见运动副、机构运动简图符号。

2. 机构运动简图绘制关键在于确定各运动副之间的尺寸。

3. 平面机构自由度的计算，计算自由度的三个注意事项（虚约束、复合铰链和局部自由度）。局部自由度处理办法通常采用刚化法；复合铰链较为简单，即 $m-1$；虚约束通常采用去除带来虚约束的构件和相应运动副。

4. 机构具有确定运动的条件、即机构的原动件数等于自由度数。

5. 明确基本杆组条件以及机构杆组分类和拆解方法、高副低代方法。

思 考 题

2-1   机构的自由度如何定义？

2-2   机构运动简图的作用是什么？

2-3   如何绘制机构运动简图？

2-4   机构具有确定运动的条件是什么？若主动件数与机构自由度数不相等会出现什么问题？

2-5   在平面机构中高副低代的条件是什么？

2-6   机构结构分析的目的是什么？

2-7   杆组的定义和作用是什么？

练 习 题

2-1   题图 2-1（a）、（b）所示分别为简易冲床和手动压力机初拟的错误设计方案。题图 2.1（a）中动力由齿轮 1 输入，使固定于齿轮 1 轴上的凸轮 2 绕轴线 A 转动，带动推杆 3 使冲头 4 上下运动。题图 2-1（b）中依靠手动使手柄 1 绕 A 点摆动，通过连杆 2 和摇杆 3 带动冲头 4 上下运动，以完成冲压工艺。（1）试分析两个设计方案不能正常工作的原因；（2）请在保证主动件运动形式不变的情况下修改初拟方案中的错误；（3）画出修改后的机构运动简图。

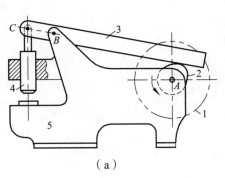
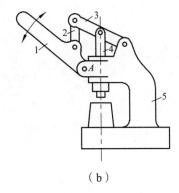

（a）　　　　　　　　　　　　　　　　（b）

题图 2-1

2-2　题图 2-2 为某偏心轮滑阀式真空泵。其偏心轮 1 绕固定轴心 *A* 转动，与外环 2 固连在一起的滑阀 3 在可绕固定轴心转动的圆柱 4 中滑动。当偏心轮 1 按图示方向连续回转时，可将设备中的空气吸入，并将空气从阀 5 中排出，从而形成真空。试绘制其运动简图，并计算其自由度。

2-3　题图 2-3 为一小型压力机。齿轮 1 与偏心轮 1′为同一构件，绕轴心 *O* 连续转动。齿轮 5 上开有凸轮凹槽，摆动杆 4 上的滚子 6 嵌在凹槽中，从而使摆杆 4 绕 *C* 轴上下摆动；同时又通过偏心轮 1′、连杆 2、滑杆 3 使 *C* 轴上下移动；最后，通过在摆杆 4 的叉槽中的滑块 7 和铰链 *G* 使冲头 8 实现冲压运动。试绘制其机构运动简图，并计算机构的自由度。

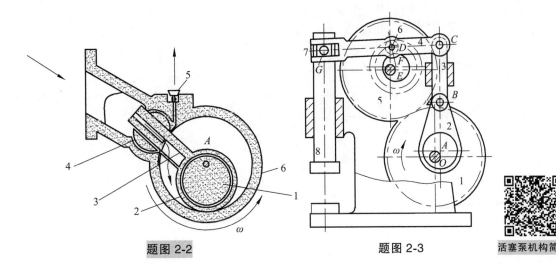

题图 2-2　　　　　　　　　　　题图 2-3　　　　　　　活塞泵机构简图

2-4　指出题图 2-4 各机构中复合铰链、局部自由度和虚约束，并计算各机构的自由度。

2-5　将题图 2-4（a）、（b）所示的机构拆分为基本杆组，并指出组成机构各杆组的级别。

2-6　将题图 2-6 所示三个机构中的高副用低副代替，将代替后的机构拆分为基本杆组，并指出各基本杆组的级别。

2-7　试设计一单自由度的平面低副机构，原动件运动形式为转动，要求有两个输出构件能分别实现摆动和直线往复运动。

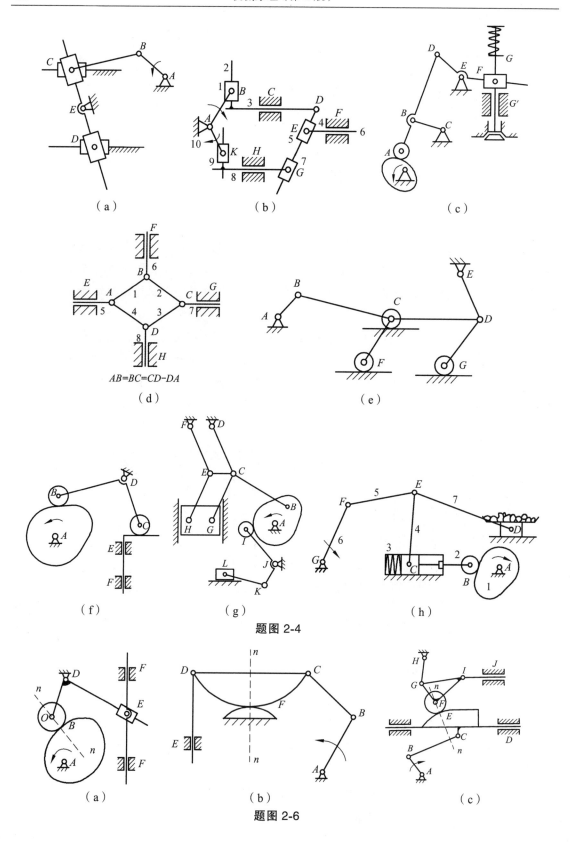

（a）　　　　　　　（b）　　　　　　　（c）

$AB=BC=CD-DA$

（d）　　　　　　　　　　　（e）

（f）　　　　　（g）　　　　　（h）

题图 2-4

（a）　　　　　　　（b）　　　　　　　（c）

题图 2-6

第 3 章　平面机构的运动分析

☞【本章要点】

1. 识记速度瞬心，速度影像原理、加速度影像原理，机构位置、速度、加速度分析方程。
2. 领会：速度瞬心的意义、数目与应用方法；同一构件上不同点之间的速度和加速度关系及应用方法、不同构件上瞬时重合点之间的速度和加速度关系及应用方法；机构位置、速度、加速度分析方程的获得和求解方法。
3. 重点掌握应用瞬心法完成简单平面机构给的位置的速度分析；应用图解法或解析法完成简单平面机构给定位置的速度和加速度分析。

机构的运动分析，就是在机构的组成构件、运动副连接关系、构件关键几何尺寸已知，以及主动构件的运动规律也已知的条件下，求出任意时刻其他构件上指定点的位移、速度和加速度，以及这些构件的角位移、角速度和角加速度。本章学习三种机构运动分析的基本方法：① 速度瞬心法分析机构的速度；② 图解法分析机构的速度和加速度；③ 解析法分析机构的速度和加速度。本章学习**重点是用图解法进行机构的速度和加速度分析**。

3.1 概　述

3.1.1　机构运动分析的目的

某 V 形发动机运动简图如图 3.1 所示，如何才能确定活塞 E 的冲程，并确定机壳的轮廓呢？要想解决这类问题，都必须对机构各构件上各点进行运动轨迹分析。机构的运动分析，无论是对于设计新的机械，还是了解现有机械的运动性能，都是十分必要的。通过对机构进行位移或轨迹的分析，可以确定某些构件在运动时所需的空间；判断当构件运动时各构件之间是否会互相干涉；确定机构从动件的行程，考察某构件或构件上某些点能否实现预定的位置或轨迹要求等。

通过对机构进行速度分析，可以了解从动件的速度变化规律能否满足工作要求。例如，就牛头刨床来说，要求刨刀在工作行程中应接近于等速运动，而空回行程的速度则应高于工作行程时的速度，以提高工效。

高速机械和重型机械，构件的惯性力往往很大，对机

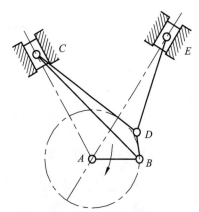

图 3.1　V 形发动机

器的工作有着很大的影响，有时甚至是决定性的影响，要想确定惯性力，就必须先进行机构的加速度分析。

3.1.2　机构运动分析的方法

平面机构运动分析理论就是**理论力学中刚体运动分析理论**，具体求解方法有**图解法**、**解析法**。图解法只需要必要的作图工具，其特点是形象直观，但精度不高。解析法是把机构中已知的尺寸参数、运动参数与未知的运动参数之间的关系用数学方程式表达出来，然后求解，因此可得到足够高的精度。

机构速度分析的图解法，又可分为速度瞬心法和矢量方程图解法等。对简单平面机构应用瞬心法分析速度，往往非常简单清晰。

机构运动分析总是要遵照位置分析、速度分析、加速度分析的顺序来进行。这是因为机构的速度、加速度一般来说是随位置而变化的，故要先指定机构所处的位置；其次是加速度分析时，常常要涉及法向加速度，它要先进行速度分析才能获得。

完整的机构运动分析需要对机构的每一个运动位置进行分析，这是一个相同的分析方法不断重复的过程，工作量极大，最好利用计算机完成，第 12 章介绍的 ADAMS 虚拟样机软件就具有很强的机构运动分析能力。

3.2　机构速度分析的瞬心法

3.2.1　速度瞬心

如图 3.2 所示，当两构件 1、2 作平面运动时，在任一瞬时，相对运动可看作绕某一重合点的相对转动，而该重合点则称为**瞬时速度中心**，简称**瞬心**。因此，**瞬心是这两个刚体上瞬时相对速度为零的重合点，也是瞬时绝对速度相同的重合点（也称同速点）**。如果这两个构件都是运动的，则其瞬心称为**相对瞬心**；如果两个构件之一是静止的，则其瞬心称为**绝对瞬心**。用符号 P_{ij} 表示构件 i 和构件 j 的瞬心。

由于任何两个构件都存在一个瞬心，所以根据组合原理，由 K 个构件组成的机构，其总的瞬心数目 N 为

$$N = C_K^2 = \frac{K(K-1)}{2} \qquad (3.1)$$

若某机构由构件 1、2、3 组成，则机构应有 P_{12}、P_{23} 和 P_{13} 三个瞬心；若某机构由构件 1、2、3、4 组成，该机构应当有 P_{12}、P_{13}、P_{14}、P_{23}、P_{24} 和 P_{34} 六个瞬心。

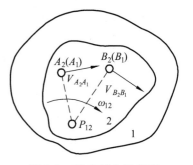

图 3.2　速度瞬心示意图

3.2.2　瞬心位置的确定

如上所述，机构中每两个构件就形成一个瞬心。如果两个构件是通过运动副直接连接在一起的，那么其瞬心位置可以直接确定；如果两个构件不直接接触，则它们的瞬心位置需要用"三瞬心定理"来确定，下面分别介绍。

1. 通过运动副连接的两构件的瞬心

（1）转动副连接构件的瞬心。

如图 3.3（a）、（b）所示，当两构件由转动副连接时，转动副的回转中心永远连接在一起，总是具有相同的速度，故**回转中心即为其速度瞬心**。图（a）中的转动副是相对瞬心，图（b）中的转动副为绝对瞬心。

（2）移动副连接构件的瞬心。

如图 3.3（c）、（d）所示，两构件以移动副连接，构件 1 相对构件 2 移动的速度平行于导路方向，直线导路相当于圆心在无限远处的圆，因此**瞬心 P_{12} 应位于移动副导路方向的垂线上的无穷远处**。图（c）为绝对瞬心，图（d）为相对瞬心。

（3）平面高副连接构件的瞬心。

如图 3.3（e）、（f）所示，两构件以平面高副连接，一般来说高副两构件之间既有相对滚动，又有相对滑动，如图 3.3（f）所示，不能完全定出瞬心的具体位置，但因为高副连接的两构件必须保持接触，故两构件在接触点的相对滑动速度必定沿着接触点处的公切线方向，由此可知，**两构件的瞬心必定位于接触点的公法线 n—n 上**；当高副连接的两构件之间为纯滚动时，如图 3.3（e）所示，则接触点的相对速度为零，接触点即为两构件的瞬心 P_{12}。

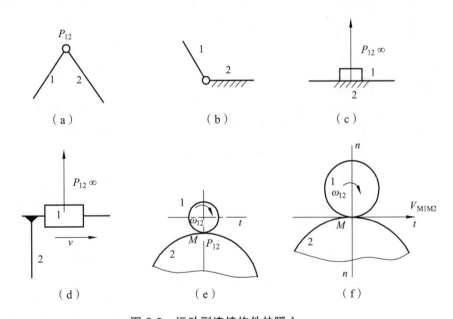

图 3.3　运动副连接构件的瞬心

综上所述，平面低副连接的构件瞬心位置完全确定，而平面高副连接的构件瞬心位置虽然未能完全确定，但被限定在接触点的法线上。请思考对于移动副的瞬心位置，应怎样理解给定了方向的无穷远处，其位置是完全确定的？还有方向相反的两个无穷远是一样的吗？

2. 无运动副连接构件的瞬心

无运动副连接两构件的瞬心的确定需要用到三瞬心定理。**三瞬心定理**也称为格**朗浩特–肯尼迪（Aronhold–Kennedy）定理**，该定理指出作平面运动的三个构件共有三个速度瞬心，它们一定位于同一条直线上。

用反证法证明如下：如图 3.4 所示，构件
1、2、3 彼此作相对平面运动，它们应有三个
瞬心 P_{12}，P_{13}，P_{23}。其中 P_{12}、P_{13} 分别处于构
件 2、1 和构件 3、1 直接构成的转动副的中心，
故可直接求出。现只需证明 P_{23} 必定位于 P_{12}、
P_{13} 的连线上。

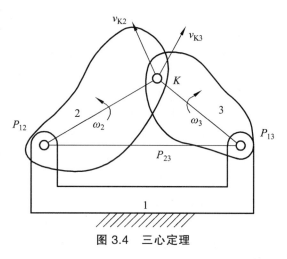

图 3.4　三心定理

不失一般性，假定构件 1 不动。因瞬心为
两构件上绝对速度大小和方向都相等的重合
点，如果 P_{23} 不在 P_{12} 和 P_{13} 的连线上，而在如
图示的 K 点上，则其绝对速度 v_{K2} 和 v_{K3} 在方
向上就不可能相同，显然，其绝对速度就不可
能相等。只有 P_{23} 在 P_{12} 和 P_{13} 的连线上，构件
2 和构件 3 的重合点的绝对速度的方向才能一
致，其绝对速度才有相等的可能。故知 P_{23} 在 P_{12} 和 P_{13} 的连线上。三瞬心定理尽管不能直接
确定瞬心的位置，但它把瞬心的可能位置限定在一条直线上。

3.2.3　速度瞬心在速度分析中的应用

利用瞬心法进行速度分析，可求出两构件的角速度比、构件的角速度及构件上任意点的
速度。现举例说明。

【例 3.1】　图 3.5 所示的平面四杆机构中，已知各个构件的长度分别为 l_1、l_2、l_3、l_4，
当主动件 2 的运动到 $\angle A = \varphi_2$ 时，角速度为 ω_2。试求：（1）转动副 C 的位置；（2）在该位置
时机构的全部 6 个瞬心；（3）此时的 ω_4 与 ω_3；（4）构件 3 上点 E 的速度 v_E。

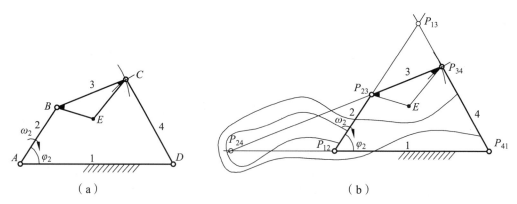

（a）　　　　　　　　　　　　　　　　　　　　　（b）

图 3.5　铰链四杆机构的速度分析

【解】

（1）求转动副 C 的位置。

任意定一点为点 A，水平量取 l_1 得点 D，量取 l_2 和 φ_2 得点 B；点 B 为圆心，量取 l_3 为半
径作圆弧，点 D 为圆心，量取 l_4 为半径作圆弧，两圆弧交点为转动副 C。机构各构件的位置
都确定了，请思考满足所给条件的 C 点位置有几个。

（2）求机构的瞬心。

转动副 A、B、C、D 分别为瞬心 P_{12}、P_{23}、P_{34} 和 P_{14}。

由三瞬心定理求 P_{13}：对构件 1、2、3 来说，P_{13} 应位于连接 P_{12}、P_{23} 的直线上；对构件 1、3、4 来说，P_{13} 应位于连接 P_{14}、P_{34} 的直线上。故这两直线交点就是 P_{13}。

由三瞬心定理求 P_{24}：对构件 1、2、4 来说 P_{24} 应位于连接 P_{12}、P_{14} 的直线上；对构件 2、3、4 来说，P_{24} 应位于连接 P_{23}、P_{34} 的直线上。故这两直线交点就是 P_{34}。

构件 1 为机架，所以 P_{12}、P_{13} 和 P_{14} 是绝对瞬心。构件 2 和构件 4 分别绕 P_{12}、P_{14} 转动是显然的；构件 3 瞬时的绝对运动是绕 P_{13} 转动，这一点一定要清楚。

（3）求瞬时的 ω_3 和 ω_4。

因为构件 2 和 3 在 P_{23} 点有相同的速度，又因为构件 2 绕 P_{12} 转动，构件 3 绕 P_{13} 转动，所以存在关系：

$$v_{P_{23}} = \omega_2 l_{P_{12}P_{23}} = \omega_3 l_{P_{23}P_{13}} \Rightarrow \omega_3 = \omega_2 \frac{l_{P_{12}P_{23}}}{l_{P_{23}P_{13}}} \text{（方向为逆时针转动）}$$

因为构件 2 和 4 在 P_{24} 点有相同的速度，又因为构件 2 绕 P_{12} 转动，构件 4 绕 P_{14} 转动，所以存在关系：

$$v_{P_{24}} = \omega_2 l_{P_{12}P_{24}} = \omega_4 l_{P_{24}P_{14}} \Rightarrow \omega_4 = \omega_2 \frac{l_{P_{12}P_{24}}}{l_{P_{24}P_{14}}} \text{（方向为顺时针转动）}$$

（4）求构件 3 上点 E 的绝对速度 v_E。

因为构件 3 瞬时绕 P_{13} 转动，所以存在关系：

$$v_E = \omega_3 l_{EP_{13}} \text{（方向垂直于点 } E \text{ 和 } P_{13} \text{ 的连线，请在图中标出实际速度方向）}$$

至此，该机构中共有三个构件，每一个构件的角速度全部求出，三个构件上任意一点速度的大小和方向也都能确定出来了，对该机构的速度分析是充分和完备的。改变角度 φ_2 的数值重复以上作图过程，可以获得机构位置和速度的详尽解答。

图解法求解中所有的长度、角度尺寸直接在图中量取。应当注意求速度的数值时，与角速度相乘的长度尺寸应当是实际长度尺寸，而不是作图的尺寸。

【例 3.2】　图 3.6 所示为凸轮机构运动过程中的某一位置，已知长度比例尺为 μ_1，凸轮的转动角速度为 ω_2，试完成：（1）求作机构此时的全部 3 个瞬心；（2）求此时从动件的移动速度 v_3。

【解】

（1）求机构的瞬心 P_{12} 和 P_{13}。

机架 1 与凸轮 2 由转动副连接，故瞬心 P_{12} 为转动副中心；机架 1 与从动件 3 由移动副连接，瞬心 P_{13} 在水平无限远处。

求瞬心 P_{23}：凸轮 2 与从动件 3 由高副连接，瞬心 P_{23} 应在接触点的公法线上；由三瞬心定理可知瞬心 P_{23} 应在 P_{12} 和 P_{13} 的连线上，也就是 P_{12} 到水平无限远连线；两直线的交点就是瞬心 P_{23}。

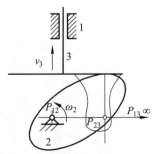

图 3.6　平底凸轮机构速度分析

（2）求从动件的移动速度。

凸轮绕 P_{12} 转动，从动件3作平动各点的速度相等，凸轮和从动件在 P_{23} 处具有相同的速度，即

$$v_3 = \omega_2 l_{P_{12}P_{23}} \mu_l$$

这里的 $l_{P_{12}P_{23}}$ 长度尺寸直接由图中量出。平底凸轮机构中两个运动构件该瞬时的运动速度情况已经完全清楚了。请思考如果从动件的接触平底倾斜时，瞬心 P_{13} 和 P_{23} 如何确定。

利用瞬心法对机构进行速度分析虽较简便，但当某些瞬心位于图纸之外时，将给求解造成困难。同时，**速度瞬心法不能用于机构的加速度分析**。

3.3 机构运动分析的图解法

机构运动分析所依据的基本原理是理论力学中的运动合成原理。在对机构进行速度和加速度分析时，首先要根据运动合成原理列出机构中点与点之间的速度和加速度矢量合成方程，然后用作图的方法求出矢量方程中的未知量。矢量的加减运算对应于多边形作图，**按比例绘出机构的速度多边形和加速度多边形**，即可求得机构未知的运动参数。在机构运动分析中涉及两种运动合成关系：① 同一构件上不同点之间速度及加速度关系；② 两构件上重合点间的速度及加速度关系。

3.3.1 同一构件上不同点之间速度及加速度关系

如图3.7所示任一作平面运动的构件，其上任意两点 A 和 B，构件瞬时的运动可视为随 A 点的牵连平动及绕 A 点的相对转动的合成，A 和 B 点间速度及加速度的矢量合成关系为

$$\left.\begin{aligned} \boldsymbol{v}_B &= \boldsymbol{v}_A + \boldsymbol{v}_{BA} \\ \boldsymbol{a}_B &= \boldsymbol{a}_A + \boldsymbol{a}_{BA} = \boldsymbol{a}_A + \boldsymbol{a}_{BA}^n + \boldsymbol{a}_{BA}^\tau \end{aligned}\right\} \tag{3.2}$$

式中，$\boldsymbol{v}_{BA}$ 是 B 点绕 A 点的相对转动速度，方向垂直于 A、B 两点的连线，大小为 A、B 两点的距离与构件瞬时绝对角速度的乘积；$\boldsymbol{a}_{BA}^n$ 是 B 点绕 A 点的相对转动法向加速度，方向由 B 指向 A，大小为 A、B 两点的距离与构件瞬时绝对角速度平方的乘积；$\boldsymbol{a}_{BA}^\tau$ 是 B 点绕 A 点的相对切向转动加速度，方向垂直于 A、B 两点的连线，大小为 A、B 两点的距离与构件瞬时绝对角加速度的乘积。

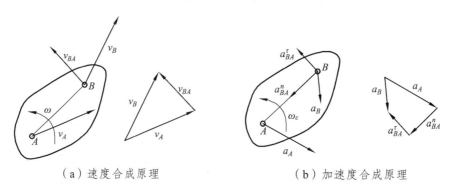

（a）速度合成原理   （b）加速度合成原理

图3.7   同一构件上不同点的运动合成原理

【例 3.3】　　在图 3.8 所示的曲柄滑块机构中，机构各构件尺寸已知，曲柄 1 转到 $\angle O = \varphi$ 的位置时，角速度为 ω_1，角加速度 $\varepsilon_1 = 0$，请完成：（1）确定连杆 2 和滑块 3 的位置；（2）求出连杆 2 的瞬时转动角速度、滑块 3 的瞬时移动速度以及连杆上点 C 的速度；（3）求出连杆 2 的瞬时转动角加速度、滑块 3 的瞬时移动加速度以及连杆上点 C 的加速度。

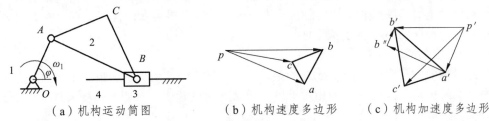

（a）机构运动简图　　　　　（b）机构速度多边形　　　　（c）机构加速度多边形

图 3.8　曲柄滑块机构运动分析

【解】

（1）确定连杆和滑块的位置。

任取一点为 O，做水平线为机架上移动副的导路，量取曲柄长度 l_{OA} 和 $\angle O = \varphi$ 得到点 A；以点 A 为圆心，以连杆上 l_{AB} 为半径作圆弧，与水平导路的交点得到点 B；分别以点 A、B 为圆心，以连杆上 l_{AC}、l_{BC} 为半径作圆弧，求交点得到点 C。请思考满足所给条件的 B、C 点位置有几个。

（2）求连杆的角速度、滑块的移动速度。

以连杆 2 为分析构件，取连杆上转动副中心 A 和 B 两点进行分析，速度关系如下：

	$\boldsymbol{v}_B$	$=$	$\boldsymbol{v}_A$	$+$	$\boldsymbol{v}_{BA}$
大小	?		$\omega_1 l_{OA}$		$\omega_2 l_{AB}$?
方向	//导路		$\perp OA$		$\perp AB$

速度关系式中共涉及三个矢量，故矢量合成图为三角形；其中 $\boldsymbol{v}_A$ 的大小、方向均已知，其余两矢量的方向已知、大小未知，作矢量图的过程，大体上相当于已知"两角与夹边"作三角形的过程，步骤如下：

选定合适的速度矢量合成作图的比例 μ_v，并任选点 p 作为起始点，量取 v_A / μ_v 的长度作矢量 pa 表示速度 $\boldsymbol{v}_A$；过 a 点作速度 $\boldsymbol{v}_{BA}$ 的平行线，过 p 点作速度 $\boldsymbol{v}_B$ 的平行线，两直线的交点为 b；作矢量 pb 表示速度 $\boldsymbol{v}_B$，作矢量 ab 表示速度 $\boldsymbol{v}_{BA}$；量取长度 l_{pb} 计算 $v_b = l_{pb} \mu_v$，量取长度 l_{ab} 计算 $\omega_2 = l_{ab} \mu_v / l_{AB}$。

（3）求连杆上 C 点的速度。

以连杆 2 为分析构件，取连杆上转动副 A 和 B 以及 C 点进行分析，速度关系如下：

	$\boldsymbol{v}_C$	$=$	$\boldsymbol{v}_A$	$+$	$\boldsymbol{v}_{CA}$	$=$	$\boldsymbol{v}_B$	$+$	$\boldsymbol{v}_{CB}$
大小	?		$\omega_1 l_{OA}$		$\omega_2 l_{AC}$?		已求出		$\omega_2 l_{CB}$?
方向	?		$\perp OA$		$\perp AC$		水平		$\perp CB$

在步骤（2）的基础上继续作图。过 a 点作速度 $\boldsymbol{v}_{CA}$ 的平行线，过 b 点作速度 $\boldsymbol{v}_{CB}$ 的平行线，交点为 c；向量 ac 表示速度 $\boldsymbol{v}_{CA}$，向量 bc 表示速度 $\boldsymbol{v}_{CB}$，向量 pc 表示速度 $\boldsymbol{v}_C$；量取长度 l_{pc}，计算速度 $v_c = l_{pc} \mu_v$。

至此，已经能够求出机构的各构件上任意点的速度。然而，速度合成矢量图几何元素与实际机构上的几何元素有着明确的对应关系，这些对应关系称为**速度影像原理**，对于机构的速度分析十分有利，总结如下：

① 点对应关系。

实际机构上所有速度为 0 的点都对应于速度矢量合成图中的 p 点，包括机架上的全部点和其他构件的绝对速度瞬心点；实际机构上其他用大写字母表示的任意一点，在速度矢量合成图中对应为相同的小写字母表示的点。

② 线对应关系。

实际机构中指定构件上任意点 X 的绝对速度，对应于速度矢量合成图上由点 p 指向点 x 的矢量；实际机构上任意一点 Y 相对于另一任意点 X 的速度，对应于速度矢量合成图上点 x 指向点 y 的矢量。

③ 图形对应关系。

实际机构中**同一构件**上的图形，总与对应于速度矢量合成图上的对应图形相似，两相似图形的方向总是相差 90°。如例题中连杆上的 $\triangle ABC \backsim \triangle abc$。利用图形相似对应关系也可以求出例题中连杆上 C 点的速度，方法更为简洁。

（4）求连杆的角加速度、滑块的移动加速度。

在速度分析的基础上继续分析，以连杆 2 为分析构件，取连杆上转动副 A 和 B 进行分析，加速度关系如下：

$$a_B \quad = \quad a_A^n \quad + \quad a_A^\tau \quad + \quad a_{BA}^n \quad + \quad a_{BA}^\tau$$

大小	?	$\omega_1^2 l_{OA}$	$\varepsilon_1 l_{OA}=0$	$\omega_2^2 l_{BA}$ 可求出	$\varepsilon_2 l_{AB}$?
方向	//导路	$A \to O$	$\perp AO$	$B \to A$	$\perp AB$

速度关系式中共涉及四个矢量（因为 a_A^τ 为 0），故矢量合成图为四角形；其中 a_A^n、a_{BA}^n 大小、方向均已知，其余两矢量的方向已知、大小未知，作矢量图的步骤如下：

选定合适的加速度矢量合成作图的比例 μ_a，并任选点 p' 作为起始点，量取 a_A^n/μ_a 的长度作矢量 $p'a'$ 表示加速度 a_A；过 a' 点量取 a_{BA}^n/μ_a 的长度作矢量 $a'b''$ 表示加速度 a_{BA}^n；过 b'' 点作加速度 a_{BA}^τ 的平行线，过 p' 点作速度 a_B 的平行线，两直线的交点为 b'；作矢量 $p'b'$ 表示加速度 a_B，作矢量 $a'b'$ 表示加速度 $a_{BA} = a_A^n + a_{BA}^n$；量取长度 $l_{p'b'}$ 计算 $a_b = l_{p'b'}\mu_a$，量取长度 $l_{b'b''}$ 计算 $\varepsilon_2 = l_{b'b''}\mu_v/l_{AB}$。

与速度矢量合成图相似，**加速度合成矢量图几何元素与实际机构上的几何元素也有着明确的对应关系**，这些对应关系称为**加速度影像原理**。

① 点对应关系。

实际机构上所有加速度为 0 的点都对应于加速度矢量合成图中的 p' 点，包括机架上的全部点和其他构件的绝对加速度为 0 的点。实际机构中某构件上任意点 X，在加速度矢量合成图中对应为点 x'。

② 线对应关系。

实际机构中指定构件上任意点 X 的加速度，对应于加速度矢量合成图上由点 p' 指向点 x' 的矢量；实际机构上任意一点 Y 相对于另一任意点 X 的加速度，对应于加速度矢量合成图上点 x' 指向 y' 点的矢量。

③ 图形对应关系。

实际机构中同一构件上的图形，总与对应的加速度矢量合成图上的对应图形相似，两相似图形的方向相差的角度总是 $\theta = \arctan(\varepsilon/\omega^2)$。

（5）求连杆上 C 点的加速度。

C 点的加速度既可以采用与求 C 的速度相似的矢量合成法求解，也可以采用加速度影像原理中对应图形相似的方法求解。后者更为简便，具体步骤为：过点 a' 作直线与线段 $a'b'$ 的夹角等于 $\angle BAC$，再过点 b' 作直线与线段 $a'b'$ 的夹角 $\angle ABC$，两直线的交点为点 c，注意检查字母的顺逆时针顺序要对应一致；量取长度 $l_{p'c'}$ 计算 $a_c = l_{p'c'}\mu_a$。

在速度和加速度合成矢量图上，构件 1 曲柄上有一点 C_1，瞬时与连杆上 C（看做 C_2）重合，请在速度和加速度合成矢量图上找到对应点 c_1 和 c_1'，并找出速度矢量合成图上的点 p，在构件 2 连杆上的对应点 P_2，并与构件 2 的绝对瞬心点进行比较。

3.3.2　两构件上重合点间的速度及加速度关系

作相对平面运动的构件 1 和构件 2，两构件上的点 B_1 和 B_2 在某瞬时位置重合，但此时这两点的速度和加速度并不相等，其关系为

$$\left.\begin{array}{l} \boldsymbol{v}_{B_2} = \boldsymbol{v}_{B_1} + \boldsymbol{v}_{B_2B_1} \\ \boldsymbol{a}_{B_2} = \boldsymbol{a}_{B_1} + \boldsymbol{a}^r_{B_2B_1} + \boldsymbol{a}^k_{B_2B_1} \end{array}\right\} \tag{3.3}$$

式中，$\boldsymbol{v}_{B_2B_1}$ 为点 B_2 相对于点 B_1 点的速度；$\boldsymbol{a}^r_{B_2B_1}$ 为点 B_2 相对于点 B_1 点的加速度；$\boldsymbol{a}^k_{B_2B_1}$ 为点 B_2 相对于点 B_1 的**克里奥加速度**，等于 $2\boldsymbol{\omega}_1 \times \boldsymbol{v}_{B_2B_1}$。下面举例说明其具体应用。

【例 3.4】　如图 3.9（a）所示的偏置正切机构，某瞬时构件 1 转动到 $\angle O = \varphi$ 的位置，此时的角速度为 ω_1，角加速度 $\varepsilon_1 = 0$，请完成：（1）画出该瞬时各构件的位置；（2）求出构件 3 的速度和构件 1、2 的相对滑动速度；（3）求出构件 3 的加速度和构件 1、2 的相对滑动加速度。

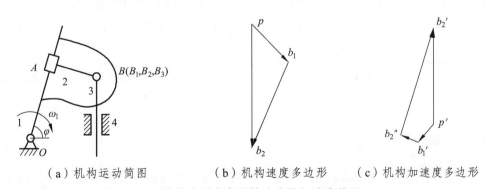

（a）机构运动简图　　　（b）机构速度多边形　　（c）机构加速度多边形

图 3.9　两构件上重合点间的速度及加速度关系

【解】

（1）速度分析。

以构件 1、2 为分析构件，选择瞬时重合点 B_1、B_2 进行分析，速度关系如下：

$$v_{B_2} \quad = \quad v_{B_1} \quad + \quad v_{B_2B_1}$$

大小	?	$\omega_1 l_{OB}$	?
方向	铅垂	$\perp OB$	$// OA$

速度关系式中涉及三个矢量，其中 v_{B_1} 的大小、方向均已知，其余两矢量的方向已知、大小未知，矢量合成图为三角形，作图步骤如下：

选定合适的速度矢量合成作图的比例 μ_v，并任选点 p 作为起始点，量取 v_{B_1}/μ_v 的长度作矢量 pb_1 表示速度 v_{B_1}；过 b_1 点作速度 $v_{B_2B_1}$ 的平行线，过 p 点作速度 v_{B_2} 的平行线，两直线的交点为 b_2，也是 b_3；作矢量 pb_2 表示速度 v_{B_2}，作矢量 b_1b_2 表示速度 $v_{B_2B_1}$；量取长度 l_{pb2} 计算 $v_{b2} = l_{pb2}\mu_v$，量取长度 l_{b1b2} 计算 $v_{B_2B_1} = l_{b1b2}\mu_v$。

（2）加速度分析。

在速度分析的基础上继续分析，以构件 1、2 为分析构件，选择瞬时重合点 B_1、B_2 进行分析，瞬时加速度关系如下：

$$a_{B_2} \quad = \quad a_{B_1}^n \quad + \quad a_{B_1}^\tau \quad + \quad a_{B_2B_1}^k \quad + \quad a_{B_2B_1}^r$$

大小	?	$\omega_1^2 l_{OB}$	$\varepsilon_1 l_{OB} = 0$	$2\omega_1 v_{B_2B_1}$	?
方向	铅垂	$B \to O$	$\perp BO$	$\perp AO$ 导路	$// OA$ 导路

$a_{B_2B_1}^k$ 为点 B_2 相对于点 B_1 的克里奥加速度，等于 $2\omega_1 \times v_{B_2B_1}$，其方向与将 $v_{B_2B_1}$ 沿 ω_1 的转向转过 $90°$ 的方向一致。加速度关系式涉及四个矢量（因为 $a_{B_1}^\tau$ 为 0），矢量合成图为四边形，其中 $a_{B_1}^n$、$a_{B_2B_1}^k$ 大小、方向均已知，其余两矢量的方向已知、大小未知，作矢量图的步骤如下：

选定合适的加速度矢量合成作图的比例 μ_a，并任选点 p' 作为起始点，量取 $a_{B_1}^n/\mu_a$ 的长度作矢量 $p'b_1'$ 表示加速度 a_{B_1}；过 b_1' 点量取 $a_{B_2B_1}^k/\mu_a$ 的长度作矢量 $b_1'b_1''$ 表示加速度 $a_{B_2B_1}^k$；过 b_1'' 点作加速度 $a_{B_2B_1}^r$ 的平行线，过 p' 点作速度 a_{B_2} 的平行线，两直线的交点为 b_2'；作矢量 $p'b_2'$ 表示加速度 a_{B_2}，作矢量 $b_1'b_2'$ 表示加速度 $a_{B_2B_1} = a_{B_2B_1}^r + a_{B_2B_1}^k$；量取长度 $l_{p'b2}$，计算 $a_{B_2} = l_{p'b2'}\mu_a$，量取长度 $l_{b'2b''}$，计算 $a_{B_2B_1}^r = l_{b'2b''}\mu_v$。

如果要求出构件上指定点的速度和加速度，速度影像原理和加速度影像原理在这里仍然是很有效的方法，限于篇幅，此处从略。

3.3.3　综合举例

【例 3.5】　给定图 3.10（a）所示牛头刨床六杆机构各构件的长度尺寸，原动件 1 的角速度 ω_1。试求机构在图示位置时滑枕的速度 v_E、加速度 a_E、导杆 3 的角速度 ω_3、角加速度 ε_3。

【解】　本例应从给定运动的原动件 1 开始，按运动传递顺序，先求出 v_{B_1}（即 v_{B_2}），再求出 v_{B_3}，然后求 v_D，最后求 v_E；按同样步骤进行加速度分析。

（1）确定速度和角速度。

以构件 2 与构件 3 为分析构件，选择 B_2 与 B_3 为分析的重合点。构件 1 的点 B_1 与构件 2 的点 B_2 永远重合，其速度相等，即 $\boldsymbol{v}_{B_1} = \boldsymbol{v}_{B_2}$，速度矢量方程如下：

$$\boldsymbol{v}_{B_3} \qquad = \qquad \boldsymbol{v}_{B_2} \qquad + \qquad \boldsymbol{v}_{B_3 B_2}$$

大小	?	$\omega_1 l_{AB}$	?
方向	$\perp CB_3$	$\perp AB$	$/\!/ CB_3$

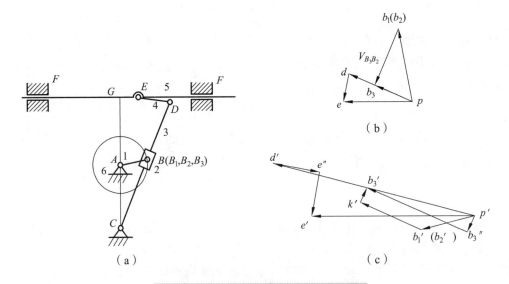

图 3.10　牛头刨床六杆机构运动分析图

速度关系式中仅 $\boldsymbol{v}_{B_3}$ 和 $\boldsymbol{v}_{B_3 B_2}$ 的大小未知，应用速度三角形求解。选定速度作图比例 μ_v，在图 3.10（b）中任取作图起点 p，作矢量 pb_1 代表 $\boldsymbol{v}_{B_2}$（即 $\boldsymbol{v}_{B_1}$），其大小 $pb_1 = v_{B_1}/\mu_v$，方向垂直于 BA；再根据点 b_1（即 b_2 点）作平行于 CB_3 的直线，也是 $\boldsymbol{v}_{B_3 B_2}$ 的方向；过 p 点作垂直于 CB_3 的直线，也是 $\boldsymbol{v}_{B_3}$ 的方向；两方向线交于 b_3。矢量 pb_3 和 $b_2 b_3$ 分别代表 $\boldsymbol{v}_{B_3}$ 和 $\boldsymbol{v}_{B_3 B_2}$，其大小分别为

$$v_{B_3} = \mu_v p b_3, \quad v_{B_2 B_3} = \mu_v b_2 b_3$$

构件 3 的角速度为 $\omega_3 = v_{B_3}/l_{CD}$，将 $\boldsymbol{v}_{B_3}$ 移到 B_3 点观察，可判断 $\boldsymbol{\omega}_3$ 的方向为逆时针方向。

用速度影像法原理求出 D 点的速度影像 d，即延长 pb_3 至点 d，使 $pd : pb_3 = CD : CB_3$，则矢量 pd 代表点 D 的速度 $\boldsymbol{v}_D$。

求构件 4 上点 E 的速度 $\boldsymbol{v}_E$，分析构件 4 上点 D 和点 E 的速度合成关系如下：

$$\boldsymbol{v}_E \qquad = \qquad \boldsymbol{v}_D \qquad + \qquad \boldsymbol{v}_{ED}$$

大小	?	$\mu_v p d$	?
方向	$/\!/$ 导路	$\perp CD$	$\perp ED$

　　上式 v_E 和 v_{ED} 的大小未知，可以再次应用速度多边形求解。如图 3.10（b）所示，矢量 pe 代表滑枕的速度 v_E，其大小 $v_E = \mu_v pe$。

　　（2）确定加速度和角加速度。

　　以构件 2 与构件 3 为分析构件，选择构件 2、3 上的瞬时重合点 B_2 与 B_3 进行分析，构件 1 的点 B_1 与构件 2 的点 B_2 永远重合，其加速度相等，加速度矢量方程如下：

$$a_{B_3}^n \quad + \quad a_{B_3}^\tau \quad = \quad a_{B_1} \quad + \quad a_{B_3 B_2}^k \quad + \quad a_{B_3 B_2}^r$$

大小	$\omega_3^2 l_{BC}$	?	$\omega_1^2 l_{BA}$	$2\omega_3 v_{B_3 B_2}$	?
方向	$B \rightarrow C$	$\perp BC$	$B \rightarrow A$	$\perp BC$	$/\!/ BC$

　　上式中仅 $a_{B_3}^\tau$、$a_{B_3 B_2}^r$ 的大小未知，可应用加速度多边形求解。选择加速度比例尺 μ_a，在图 3.10（c）中任取点 p' 为作图起点，作矢量 $p'b_1'$（$p'b_2'$）代表 a_{B_1}（a_{B_2}），其大小 $p'b_1' = a_{B_1}/\mu_a$，方向 $B \rightarrow A$；过 b_1'（b_2'）作矢量 $b_1'k' = a_{B_3 B_2}^k/\mu_a = 2\omega_3 v_{B_3 B_2}/\mu_a$，方向垂直 BC 并指向左上方；过 k' 点作平行于导路 BC 的直线表示 $a_{B_3 B_2}^r$ 的方向线，过 p' 作矢量 $p'b_3''$ 代表 $a_{B_3}^n$，其大小 $p'b_3'' = \omega_3^2 l_{BC}/\mu_a$，方向 $B \rightarrow C$；过 b_3'' 点作垂直于 BC 的直线代表 $a_{B_3}^\tau$ 的方向线；两方向相交于 b_3' 点，连接 $p'b_3'$ 点的矢量代表 a_{B_3}，其大小 $a_{B_3} = \mu_a p'b_3'$。构件 3 的角加速度的大小为

$$\varepsilon_3 = a_{B_3}^\tau / l_{CD} = \mu_a b_3'' b_3' / l_{CD}$$

　　用加速度影像法求出 D 点的加速度影像 d'，作延长 $p'b_3'$ 至点 d'，使 $p'd' : p'b_3' = CD : CB_3$，则矢量 $p'd'$ 代表点 D 的加速度 a_D。

　　以构件 4 为分析构件，其上点 D、E 点的加速度合成矢量方程如下：

$$a_E \quad = \quad a_D \quad + \quad a_{ED}^n \quad + \quad a_{ED}^\tau$$

大小	?	$\mu_a p'd'$	v_{ED}^2 / l_{ED}	?
方向	$/\!/$ 导路	$/\!/ a_{B_3}$	$E \rightarrow D$	$\perp DE$

　　上式中仅 a_E、a_{ED}^τ 的大小未知，所以可应用加速度多边形求解。$a_{ED}^n = (\mu_v de)^2 / l_{ED}$，其方向 $E \rightarrow D$；a_{ED}^τ 的方向垂直于 DE。由图 3.10（c）知矢量 $p'e'$ 代表 a_E，大小 $a_E = \mu_a p'e'$。

3.4　机构运动分析的解析法

　　用图解法作机构的运动分析，虽然比较形象直观，但是从现代机械设计和工业发展的要求来看，不仅精度较低，费时较多，而且不便于把机构分析问题和机构综合问题联系起来。因此，随着数值计算技术的发展，解析法得到越来越广泛的应用。

　　解析法进行机构运动分析时，首先建立机构位移方程，然后对位移方程的时间求一阶和二阶导数得到速度方程和加速度方程，求解这些方程得到机构运动解答。一般来说，凡是通过推导计算公式进行数值计算的机构运动分析方法都属于解析法，计算方法自然也很多，本书主要采用矢量法进行分析，最后对矩阵方法做简要介绍。矢量法最为简洁，也和图解法、

初等几何方法联系密切；矩阵方法虽然直观性不及矢量法，但是适应性很强，不仅能分析空间机构的运动，甚至能处理超越一般机构的分析问题，系统性很强。

3.4.1　矢量法分析平面机构的运动

1. 平面矢量的表示方法

平面机构分析中所涉及的位移、速度、加速度等矢量都是平面矢量，可置于平面直角坐标系或者复平面内。为了方便与图解法进行对照，本章中的矢量总被表示为矢量的大小和一个单位矢量的乘积形式。图 3.11 中任意矢量 A，复数表达形式和直角坐标表达形式分别为

$$A = ae^{i\varphi} \; ; \quad A = a\begin{bmatrix} \cos\varphi \\ \sin\varphi \end{bmatrix} \qquad （3.4）$$

式中，a、φ 是矢量 A 的幅值和幅角，幅角总是以逆时针度量为正；$e^{i\varphi}$ 和 $[\cos\varphi , \sin\varphi]^T$ 分别是复平面和直角坐标系中的单位矢量，其中 i 是虚数单位，e 是自然常数 2.718 28…，$\cos\varphi$、$\sin\varphi$ 分别是单位矢量在 x,y 轴上的投影。

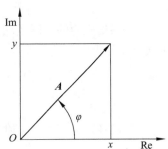

图 3.11　平面矢量表示

此外，运动分析中经常会用到单位矢量对 φ 求导数的问题，单位矢量导数的复数形式和直角坐标形式分别为

$$\frac{de^{i\varphi}}{d\varphi} = ie^{i\varphi} = e^{i(\varphi+\pi/2)} \; ; \quad \frac{d}{d\varphi}\begin{bmatrix} \cos\varphi \\ \sin\varphi \end{bmatrix} = \begin{bmatrix} -\sin\varphi \\ \cos\varphi \end{bmatrix} = \begin{bmatrix} \cos(\varphi+\pi/2) \\ \sin(\varphi+\pi/2) \end{bmatrix}$$

由此可见，单位矢量对 φ 求导数的结果仍然是单位矢量，但幅角要增加 π/2。

2. 矢量解析法机构运动分析过程

矢量解析法进行机构运动分析一般要遵照三个步骤顺序地进行： ① 列出机构位置方程，并求解出未知的位置参数；② 对位置方程求导数得到速度方程，并求解出未知的速度参数；③ 对速度方程求导数得到加速度方程，并求解出未知的加速度参数。现以具体实例说明用复数矢量法进行机构运动分析的一般过程。

【例 3.6】　某偏置曲柄滑块机构如图 3.12 所示，曲柄 AB 长为 l_1，连杆 BC 长为 l_2，偏距为 b；设曲柄 AB 为原动件，转动角度 $\varphi_1 = \omega_1 t$。请用解析法完成：（1）求连杆 2 转动角度 φ_2 及滑块 3 的位移 x_C；（2）求连杆 2 转动角速度 ω_2 及滑块 3 的移动速度 v_C；（3）求连杆 2 转动角加速度 ε_2 及滑块 3 的位移 a_C。

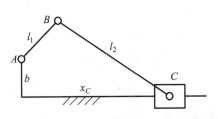
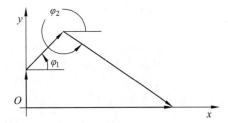

图 3.12　偏置曲柄滑块机构的解析法分析

（1）位移分析。

先取复平面（或直角坐标系），实轴（或 x 轴）与移动副导路重合，虚轴（或 y 轴）过转动副 A；各位移矢量构成一个矢量四边形，其位移矢量方程的两种形式为

$$be^{i\pi/2} + l_1e^{i\varphi_1} + l_2e^{i\varphi_2} = x_Ce^{i0}; \quad \begin{cases} b\cos(\pi/2) + l_1\cos\varphi_1 + l_2\cos\varphi_2 = x_C\cos 0 \\ b\sin(\pi/2) + l_1\sin\varphi_1 + l_2\sin\varphi_2 = x_C\sin 0 \end{cases}$$

上式中共有三个运动参数，其中 φ_1 已知，φ_2 和 x_C 未知，先由位移矢量方程的虚部（或 y 轴投影）求出 φ_2：

$$\varphi_2 = \begin{cases} -\arcsin[(b + l_1\sin\varphi_1)/l_2] \\ \pi + \arcsin[(b + l_1\sin\varphi_1)/l_2] \end{cases}$$

应根据机构的实际运动选择符合实际的解答，将求得的 φ_2 数值代入位移矢量方程的实部（或者 x 轴投影）就可求得 x_C 为

$$x_C = l_1\cos\varphi_1 + l_2\cos\varphi_2$$

（2）速度分析。

对位移矢量方程求一阶导数，即可得到速度矢量复数（或直角坐标系）方程为

$$l_1\omega_1e^{i(\varphi_1+\pi/2)} + l_2\omega_2e^{i(\varphi_2+\pi/2)} = v_Ce^{i0}$$

$$\begin{cases} l_1\omega_1\cos(\varphi_1+\pi/2) + l_2\omega_2\cos(\varphi_1+\pi/2) = v_C\cos 0 \\ l_1\omega_1\sin(\varphi_1+\pi/2) + l_2\omega_2\sin(\varphi_1+\pi/2) = v_C\sin 0 \end{cases}$$

上式正是构件 2 上 B、C 两点之间的速度合成关系，$l_1\omega_1$、$\varphi_1+\pi/2$ 是点 B 速度的大小和方向，$l_2\omega_2$、$\varphi_2+\pi/2$ 是点 C 相对于点 B 运动速度的大小和方向，v_C、0 正是点 C 速度的大小和方向。速度矢量方程中共有五个运动参数，φ_1、ω_1 是已知的，φ_2 已经求出，ω_2、v_C 是需要求出的未知的运动参数。先对速度矢量方程取虚部（或 y 轴投影）求出 ω_2，即

$$\omega_2 = -l_1\omega_1\cos\varphi_1/l_2\cos\varphi_2$$

将求得的 ω_2 数值代入位移矢量方程的实部（或 x 轴投影）就可求得 v_C：

$$v_C = l_1\omega_1\cos(\varphi_1+\pi/2) + l_2\omega_2\cos(\varphi_2+\pi/2)$$

（3）加速度分析。

速度矢量方程对时间求一阶导数，或者对位移矢量方程求二阶导数，可得到加速度矢量方程的两种形式：

$$l_1\omega_1^2e^{i(\varphi_1+\pi)} + l_2\omega_2^2e^{i(\varphi_2+\pi)} + l_2\varepsilon_2e^{i(\varphi_2+\pi/2)} = a_Ce^{i0}$$

$$\begin{cases} l_1\omega_1^2\cos(\varphi_1+\pi) + l_2\omega_2^2\cos(\varphi_2+\pi) + l_2\varepsilon_2\cos(\varphi_2+\pi/2) = a_C\cos 0 \\ l_1\omega_1^2\sin(\varphi_1+\pi) + l_2\omega_2^2\sin(\varphi_2+\pi) + l_2\varepsilon_2\sin(\varphi_2+\pi/2) = a_C\sin 0 \end{cases}$$

上式正是构件 2 上 B、C 两点之间的加速度合成关系，$l_1\omega_1^2$、$\varphi_1+\pi$ 是点 B 法向加速度的大小和方向，$l_2\omega_2^2$、$\varphi_2+\pi$ 是点 C 相对于点 B 法向加速度的大小和方向，$l_2\varepsilon_2$、$\varphi_2+\pi/2$ 是点

C 相对于点 B 切向加速度的大小和方向，a_C、0 是点 C 加速度的大小和方向。速度矢量方程中共有六个运动参数，φ_1、ω_1 是已知的，φ_2、ω_2 已经求出，ε_2、a_C 是需求出的运动参数。先对速度矢量方程取虚部（或者 y 轴投影）求出 ε_2，即

$$\varepsilon_2 = (l_1\omega_1^2 \sin\varphi_1 + l_2\omega_2^2 \sin\varphi_1)/l_1\cos\varphi_1$$

将求得的 ε_2 数值代入位移矢量方程的实部就可求得 a_C：

$$a_C = l_1\omega_1^2 \cos(\varphi_1 + \pi) + l_2\omega_2^2 \cos(\varphi_2 + \pi) + l_2\varepsilon_2 \sin(\varphi_2 + \pi/2)$$

【例 3.7】　图 3.13（a）所示为一四杆铰链机构，已知四个构件的长度分别为 l_1、l_2、l_3、l_4，构件 2 上有一点 P，其位置由 a、b 两尺寸确定；原动件 1 以等角速度转动 $\varphi_1 = \omega_1 t$。（1）求构件 2、3 的角位移 φ_2、φ_3 以及点 P 的位置坐标 x、y；（2）求构件 2、3 的角速度 ω_2、ω_3 以及点 P 的速度；（3）求构件 2、3 的角加速度 ε_2、ε_3 以及点 P 的加速度。

【解】　建立复平面坐标系，原点为转动副 A，实轴经过转动副 D，各构件位移矢量见图 3.13（b）。

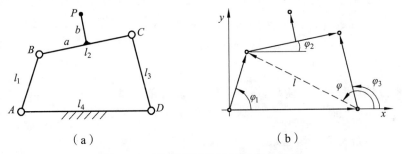

（a）　　　　　　　　　　　　（b）

图 3.13　四杆铰链机构的解析法分析

（1）位置分析。

根据各构件位移矢量图，可写出位移矢量方程的两种形式为

$$l_1 e^{i\varphi_1} + l_2 e^{i\varphi_2} = l_3 e^{i\varphi_3} + l_4 e^{i0}$$
$$l_1 e^{i\varphi_1} + a e^{i\varphi_2} + b e^{i(\varphi_2 + \pi/2)} = x e^{i0} + y e^{i\pi/2}$$

从上式的第一式中可以解出两个未知的运动参数 φ_2、φ_3，再代入第二式可以解出 P 点位置坐标 x、y。

应用欧拉公式将上式的第一式的实部与虚部分离得

$$\begin{cases} l_1\cos\varphi_1 + l_2\cos\varphi_2 = l_3\cos\varphi_3 + l_4\cos 0 \\ l_1\sin\varphi_1 + l_2\sin\varphi_2 = l_3\sin\varphi_3 + l_4\sin 0 \end{cases}$$

求解 φ_2、φ_3 的思路是先将 l_4 相关项移至等号左边，等号两边取幅值即可消去 φ_3 而求得 φ_2，这里推荐大家用共轭复数相乘的方法求解幅值。同时为了避免公式冗长，并将 l_1 和 l_4 的相关项作为整体 $le^{i\varphi_1} - le^{i0} = le^{i\varphi}$ 看待，先求 l 和 φ，该矢量是由 $D \to B$ 的矢量，则

$$l = \sqrt{l_1^2 + l_4^2 - 2l_1 l_4 \cos\varphi_1}, \quad \varphi = \pi - \arcsin(l_1 \sin\varphi_1 / l)$$

原位移矢量方程变为

$$le^{i\varphi} + l_2 e^{i\varphi_2} = l_3 e^{i\varphi_3},\quad \begin{cases} l\cos\varphi + l_2\cos\varphi_2 = l_3\cos\varphi_3 \\ l\sin\varphi + l_2\sin\varphi_2 = l_3\sin\varphi_3 \end{cases}$$

等号两边取模（或者平方相加）得

$$l^2 + l_1^2 + 2ll_1\cos(\varphi - \varphi_2) = l_3^2$$

可以解得

$$\varphi_2 = \varphi \pm \arccos[(l_3^2 - l^2 - l_1^2)/2ll_1]$$

以机构实际工作情况确定此式中的 ± 号。求出 φ_2 的数值后，代入可以求出 φ_3：

$$\varphi_3 = \arg(l\cos\varphi + l_2\cos\varphi_2,\ l\sin\varphi + l_2\sin\varphi_2)$$

至此解出了 φ_2、φ_3，这里 arg 是幅角函数。求解顺序是 l、φ、φ_2、φ_3。尽管步骤较多，但每一步的计算量较小，这也正是数值计算时应当优先采用的方法。

在求得 φ_2 的基础上，计算点 P 的坐标位置是简单的，代入位移矢量方程的第二式即可：

$$\begin{cases} l_1\cos\varphi_1 + a\cos\varphi_2 + b\cos(\varphi_2 + \pi/2) = x \\ l_1\sin\varphi_1 + a\sin\varphi_2 + b\sin(\varphi_2 + \pi/2) = y \end{cases}$$

（2）速度分析。

位移矢量方程对时间求一阶导数，可得到速度矢量方程：

$$l_1\omega_1 e^{i(\varphi_1 + \pi/2)} + l_2\omega_2 e^{i(\varphi_2 + \pi/2)} = l_3\omega_3 e^{i(\varphi_3 + \pi/2)}$$

$$l_1\omega_1 e^{i(\varphi_1 + \pi/2)} + a\omega_2 e^{i(\varphi_2 + \pi/2)} + b\omega_2 e^{i(\varphi_2 + \pi)} = v_x e^{i0} + v_y e^{i\pi/2}$$

$$\begin{cases} l_1\omega_1\cos(\varphi_1 + \pi/2) + l_2\omega_2\cos(\varphi_2 + \pi/2) = l_3\omega_3\cos(\varphi_3 + \pi/2) \\ l_1\omega_1\sin(\varphi_1 + \pi/2) + l_2\omega_2\sin(\varphi_2 + \pi/2) = l_3\omega_3\sin(\varphi_3 + \pi/2) \end{cases}$$

$$\begin{cases} l_1\omega_1\cos(\varphi_1 + \pi/2) + a\omega_2\cos(\varphi_2 + \pi/2) + b\omega_2\cos(\varphi_2 + \pi) = v_x \\ l_1\omega_1\sin(\varphi_1 + \pi/2) + a\omega_2\sin(\varphi_2 + \pi/2) + b\omega_2\sin(\varphi_2 + \pi) = v_y \end{cases}$$

上式正是 2 构件上 B、C 两点之间的速度合成关系，$l_1\omega_1$、$\varphi_1 + \pi/2$ 是点 B 速度的大小和方向，$l_2\omega_2$、$\varphi_2 + \pi/2$ 正是点 C 相对于点 B 速度的大小和方向，$l_3\omega_3$、$\varphi_3 + \pi/2$ 是点 C 速度的大小和方向。其中运动参数 φ_1、ω_1 已知，φ_2、φ_3 已经求出，需要求出 ω_2、ω_3。

速度矢量复数方程的第一式两边同乘以 $e^{-i(\varphi_3 + \pi/2)}$，相当于将三个速度矢量都顺时针旋转（$\varphi_3 + \pi/2$）：

$$l_1\omega_1 e^{i(\varphi_1 - \varphi_3)} + l_2\omega_2 e^{i(\varphi_2 - \varphi_3)} = l_3\omega_3 e^{i0}$$

$$\begin{cases} l_1\omega_1\cos(\varphi_1 - \varphi_3) + l_2\omega_2\cos(\varphi_2 - \varphi_3) = l_3\omega_3\cos 0 \\ l_1\omega_1\sin(\varphi_1 - \varphi_3) + l_2\omega_2\sin(\varphi_2 - \varphi_3) = l_3\omega_3\sin 0 \end{cases}$$

此时，v_C 的方向与实轴重合，取虚部可求出 ω_2：

$$\omega_2 = -l_1\omega_1\sin(\varphi_1 - \varphi_3)/l_2\sin(\varphi_2 - \varphi_3)$$

速度矢量方程的第一式两边同乘以 $e^{-i(\varphi_2+\pi/2)}$，采用同样的方法可以求出 ω_3：

$$\omega_3 = l_1\omega_1\sin(\varphi_1-\varphi_2)/l_3\sin(\varphi_3-\varphi_2)$$

在求得 ω_2 的基础上，计算点 P 的速度是简单的，将已求得的参数代入速度矢量方程的第二式即可：

$$v_x = l_1\omega_1\cos(\varphi_1+\pi/2) + a\omega_2\cos(\varphi_2+\pi/2) + b\omega_2\cos(\varphi_2+\pi)$$
$$v_y = l_1\omega_1\sin(\varphi_1+\pi/2) + a\omega_2\sin(\varphi_2+\pi/2) + b\omega_2\sin(\varphi_2+\pi)$$

（3）加速度分析。

速度矢量方程对时间求一阶导数，或者位移矢量方程对时间求二阶导数，得加速度矢量方程的两种形式：

$$l_1\omega_1^2 e^{i(\varphi_1+\pi)} + l_2\omega_2^2 e^{i(\varphi_2+\pi)} + l_2\varepsilon_2 e^{i(\varphi_2+\pi/2)} = l_3\omega_3^2 e^{i(\varphi_3+\pi)} + l_3\varepsilon_3 e^{i(\varphi_3+\pi/2)}$$
$$l_1\omega_1^2 e^{i(\varphi_1+\pi)} + a\omega_2^2 e^{i(\varphi_2+\pi)} + a\varepsilon_2 e^{i(\varphi_2+\pi/2)} + b\omega_2^2 e^{i(\varphi_2+3\pi/2)} + b\varepsilon_2 e^{i(\varphi_2+\pi)} = a_x e^{i0} + a_y e^{i\pi/2}$$

$$\begin{cases} l_1\omega_1^2\cos(\varphi_1+\pi) + l_2\omega_2^2\cos(\varphi_2+\pi) + l_2\varepsilon_2\cos(\varphi_2+\pi/2) = \\ \qquad l_3\omega_3^2\cos(\varphi_3+\pi) + l_3\varepsilon_3\cos(\varphi_3+\pi/2) \\ l_1\omega_1^2\sin(\varphi_1+\pi) + l_2\omega_2^2\sin(\varphi_2+\pi) + l_2\varepsilon_2\sin(\varphi_2+\pi/2) = \\ \qquad l_3\omega_3^2\sin(\varphi_3+\pi) + l_3\varepsilon_3\sin(\varphi_3+\pi/2) \end{cases}$$

$$\begin{cases} l_1\omega_1^2\cos(\varphi_1+\pi) + a\omega_2^2\cos(\varphi_2+\pi) + a\varepsilon_2\cos(\varphi_2+\pi/2) + \\ \qquad b\omega_2^2\cos(\varphi_2+3\pi/2) + b\varepsilon_2\cos(\varphi_2+\pi) = a_x \\ l_1\omega_1^2\sin(\varphi_1+\pi) + a\omega_2^2\sin(\varphi_2+\pi) + a\varepsilon_2\sin(\varphi_2+\pi/2) + \\ \qquad b\omega_2^2\sin(\varphi_2+3\pi/2) + b\varepsilon_2\sin(\varphi_2+\pi) = a_y \end{cases}$$

上式的第一式正是构件 2 上 B、C 两点间的加速度合成关系，$l_1\omega_1^2$、$\varphi_1+\pi$ 是点 B 法向加速度的大小和方向，$l_2\omega_2^2$、$\varphi_2+\pi$、$l_2\varepsilon_2$、$\varphi_2+\pi/2$ 是点 C 相对于点 B 法向加速度和切向加速度的大小和方向，$l_3\omega_3^2$、$\varphi_3+\pi$、$l_3\varepsilon_3$、$\varphi_3+\pi/2$ 是点 C 法向加速度和切向加速度的大小和方向。方程中共有六个运动参数，φ_1、ω_1 已知，φ_2、ω_2、φ_3、ω_3 已经求出，需求出 ε_2、ε_3。

速度矢量复数方程的第一式两边同乘以 $e^{-i(\varphi_3+\pi/2)}$，相当于将各加速度矢量都顺时针旋转（$\varphi_3+\pi/2$）：

$$l_1\omega_1^2 e^{i(\varphi_1-\varphi_3+\pi/2)} + l_2\omega_2^2 e^{i(\varphi_2-\varphi_3+\pi/2)} + l_2\varepsilon_2 e^{i(\varphi_2-\varphi_3)} = l_3\omega_3^2 e^{i\pi/2} + l_3\varepsilon_3 e^{i0}$$

$$\begin{cases} l_1\omega_1^2\cos(\varphi_1-\varphi_3+\pi/2) + l_2\omega_2^2\cos(\varphi_2-\varphi_3+\pi/2) + l_2\varepsilon_2\cos(\varphi_2-\varphi_3) = l_3\omega_3^2\cos(\pi/2) + l_3\varepsilon_3\cos0 \\ l_1\omega_1^2\sin(\varphi_1-\varphi_3+\pi/2) + l_2\omega_2^2\sin(\varphi_2-\varphi_3+\pi/2) + l_2\varepsilon_2\sin(\varphi_2-\varphi_3) = l_3\omega_3^2\sin(\pi/2) + l_3\varepsilon_3\sin0 \end{cases}$$

此时，点 C 的切向加速度方向与实轴（或 x 轴）重合，取虚部（或 y 轴投影）可求出 ε_2：

$$\varepsilon_2 = [l_3\omega_3^2 - l_1\omega_1^2\cos(\varphi_1-\varphi_3) - l_2\omega_2^2\cos(\varphi_2-\varphi_3)]/l_2\sin(\varphi_2-\varphi_3)$$

加速度矢量方程的第一式两边同乘以 $e^{-i(\varphi_2+\pi/2)}$，采用同样的方法可以求出 ε_3：

$$\varepsilon_3 = [l_2\omega_2^2 + l_1\omega_1^2\cos(\varphi_1-\varphi_2) - l_3\omega_3^2\cos(\varphi_3-\varphi_2)]/l_3\sin(\varphi_3-\varphi_2)$$

在求得 ε_2 的基础上，计算点 P 的加速度是简单的，代入加速度矢量方程的第二式即可：

$$a_x = -l_1\omega_1^2\cos\varphi_1 - a\omega_2^2\cos\varphi_2 - a\varepsilon_2\sin\varphi_2 + b\omega_2^2\sin\varphi_2 - b\varepsilon_2\cos\varphi_2$$

$$a_y = -l_1\omega_1^2\sin\varphi_1 - a\omega_2^2\sin\varphi_2 + a\varepsilon_2\cos\varphi_2 - b\omega_2^2\cos\varphi_2 - b\varepsilon_2\sin\varphi_2$$

　　通过上述平面四杆机构运动分析的过程可知，用解析法作机构运动分析的关键是位置方程的建立和求解。至于其速度分析和加速度分析只不过是对其位置方程作进一步的数学运算而已。

　　上述讨论的问题均较为简单，对复杂的机构而言，该方法同样适用。

　　【例 3.8】　图 3.14 所示为牛头刨床机构运动简图，各构件的尺寸为：l_1，l_2，l_3，l_4，l_5，原动件 1 的转角 φ_1，等角速度 ω_1 转动。（1）求导杆 3 的转角 φ_3 和滑枕上点 E 的位移 s_5；（2）求导杆 3 的角速度 ω_3 和滑枕上点 E 的速度 v_E；（3）求导杆 3 的角加速度 ε_3 和滑枕上点 E 的加速度 a_E。

　　【解】　限于篇幅，此例题分析中仅列出复数形式。

　　（1）位移分析。

　　建立复平面坐标系，原点在转动副 C 的中心，实轴与构件 5 移动方向平行，并标出各位移矢量，位移矢量方程为

$$l_1\mathrm{e}^{\mathrm{i}\varphi_1} + l_2\mathrm{e}^{\mathrm{i}\pi/2} = s_3\mathrm{e}^{\mathrm{i}\varphi_3} \tag{①}$$

$$l_3\mathrm{e}^{\mathrm{i}\varphi_3} + l_4\mathrm{e}^{\mathrm{i}\varphi_4} = l_5\mathrm{e}^{\mathrm{i}\pi/2} + s_5\mathrm{e}^{\mathrm{i}0} \tag{②}$$

式中已知的运动参数是 φ_1，待求的运动参数有 φ_3、φ_4、s_3、s_5，①式等号两边取幅角、幅值分别求出 φ_3、s_3：

$$s_3 = \sqrt{l_1^2 + l_2^2 + 2l_1l_2\sin\varphi_1}$$

$$\varphi_3 = \arccos(l_1\cos\varphi_1/s_3)$$

代入②式取虚部求出 φ_4：

$$\varphi_4 = \pi - \arcsin[(l_5 - l_3\sin\varphi_1)/l_4]$$

代入②式取实部求出 s_5：

$$s_5 = l_3\cos\varphi_3 + l_4\cos\varphi_4$$

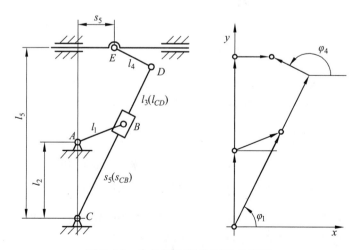

图 3.14　牛头刨床机构运动分析图

（2）速度分析。

位移矢量方程对时间求一阶导数，得到速度矢量方程：

$$l_1\omega_1 e^{i(\varphi_1+\pi/2)} = v_3 e^{i\varphi_3} + s_3\omega_3 e^{i(\varphi_3+\pi/2)} \qquad ①$$

$$l_3\omega_3 e^{i(\varphi_3+\pi/2)} + l_4\omega_4 e^{i(\varphi_4+\pi/2)} = v_5 e^{i0} \qquad ②$$

①式正是构件 2、3 上瞬时重合点 B 的速度合成关系，$l_1\omega_1$、$\varphi_1+\pi/2$ 是构件 2 上点 B 速度的大小和方向，$s_3\omega_3$、$\varphi_3+\pi/2$ 是构件 3 上点 B 的速度，v_3、φ_3 是点 B_1 相对于点 B_2 运动速度的大小和方向。运动参数的 φ_1、ω_1 已知，s_3、φ_3 已经求出，需要求出 v_3、ω_3。求解方法是等号两边同乘以 $e^{-i\varphi_3}$，分别取实部和虚部可求出 v_3、ω_3：

$$v_3 = -l_1\omega_1 \sin(\varphi_1 - \varphi_3)$$

$$\omega_3 = l_1\omega_1 \cos(\varphi_1 - \varphi_3)/s_3$$

速度矢量方程的②式正是构件 4 上 D、E 两点之间的速度合成关系，$l_3\omega_3$、$\varphi_3+\pi/2$ 是点 D 速度的大小和方向，$l_4\omega_4$、$\varphi_4+\pi/2$ 正是点 E 相对于点 D 运动速度的大小和方向，v_5、0 正是点 E 速度的大小和方向。运动参数 ω_3、φ_3、φ_4 已经求出，需要求出 ω_4、v_5。取虚部可求 ω_4：

$$\omega_4 = -l_3\omega_3 \cos\varphi_3 / l_4 \cos\varphi_4$$

取实部并将 ω_4 代入可求出 v_5：

$$v_5 = -l_3\omega_3 \sin\varphi_3 - l_4\omega_4 \sin\varphi_4$$

（3）加速度分析。

速度矢量方程对时间求一阶导数，得到加速度矢量方程：

$$l_1\omega_1^2 e^{i(\varphi_1+\pi)} = a_3 e^{i\varphi_3} + 2v_3\omega_3 e^{i(\varphi_3+\pi/2)} + s_3\varepsilon_3 e^{i(\varphi_3+\pi/2)} + s_3\omega_3^2 e^{i(\varphi_3+\pi)}$$

$$l_3\omega_3^2 e^{i(\varphi_3+\pi)} + l_3\varepsilon_3 e^{i(\varphi_3+\pi/2)} + l_4\omega_4^2 e^{i(\varphi_4+\pi)} + l_4\varepsilon_4 e^{i(\varphi_4+\pi/2)} = a_5 e^{i0}$$

上式第一式正是构件 2、3 上瞬时重合点 B 的加速度合成关系，$l_1\omega_1^2$、$\varphi_1+\pi$ 是构件 2 上点 B 加速度的大小和方向，$s_3\varepsilon_3$、$\varphi_3+\pi/2$、$s_3\omega_3^2$、$\varphi_3+\pi$ 是构件 3 上点 B 的切向和法向加速度，a_3、φ_3、$2v_3\omega_3$ 是点 B_1 相对于点 B_2 运动加速度和克里奥加速度的大小和方向。运动参数的 φ_1、ω_1 已知，s_3、φ_3、v_3、ω_3 已经求出，需要求出 a_3、ε_3。求解方法是等号两边同乘以 $e^{-i\varphi_3}$，分别取实部和虚部可求出 a_3、ε_3：

$$a_3 = s_3\omega_3^2 - l_1\omega_1^2 \cos(\varphi_1 - \varphi_3)$$

$$\varepsilon_3 = [2v_3\omega_3 - l_1\omega_1^2 \sin(\varphi_1 - \varphi_3)]/s_3$$

加速度矢量方程的第二式正是构件 4 上 D、E 两点之间的加速度合成关系，$l_3\omega_3^2$、$\varphi_3+\pi$、$l_3\varepsilon_3$、$\varphi_3+\pi/2$ 是点 D 法向和切向加速度的大小和方向，$l_4\omega_4^2$、$\varphi_4+\pi$、$l_4\varepsilon_4$、$\varphi_4+\pi/2$ 是点 E 相对于点 D 运动的法向和切向加速度的大小和方向，a_5、0 正是点 E 加速度的大小和方向。运动参数 ε_3、ω_3、φ_3、ω_4、φ_4 已经求出，需要求出 ε_4、a_5。取虚部可求出 ε_4：

$$\varepsilon_4 = (l_3\omega_3^2 \sin\varphi_3 + l_4\omega_4^2 \sin\varphi_4 - l_3\varepsilon_3 \cos\varphi_3)/l_4 \sin\varphi_4$$

取实部并将 ε_4 代入可求出 a_5：

$$a_5 = -l_3\omega_3^2 \cos\varphi_3 - l_4\omega_4^2 \cos\varphi_4 - l_4\varepsilon_4 \sin\varphi_4 - l_4\varepsilon_4 \sin\varphi_4$$

3.4.2　机构运动分析解析法的其他方法简介

1. 矩阵法分析平面机构运动

矩阵法进行机构运动分析时，将位移矢量方程写作矢量格式，位移矢量方程对时间求导得到的速度矢量方程和加速度矢量方程写成矩阵格式。位移矢量方程求解一般采用数值迭代方法求解（如著名的牛顿-莱普森法等），速度和加速度矢量方程求解则采用矩阵求逆方法进行。矩阵法最适合计算机进行机构运动、受力等分析，能够用统一的方法处理平面机构、空间机构等分析问题，故现代商用机构分析软件大都采用该方法进行分析。下面仍以例 3.8 为例简要介绍矩阵法进行运动分析的过程。

（1）位移分析。

该机构的两个矢量封闭多边形分别对实轴和虚轴投影，并整理成列向量格式，即

$$\begin{bmatrix} l_1\cos\varphi_1 - s_3\cos\varphi_3 \\ l_1\sin\varphi_1 + l_2 - s_3\sin\varphi_3 \\ l_3\cos\varphi_3 + l_4\cos\varphi_4 - s_5 \\ l_3\sin\varphi_3 + l_4\sin\varphi_4 - l_5 \end{bmatrix} = \begin{bmatrix} 0 \\ 0 \\ 0 \\ 0 \end{bmatrix}$$

上式中有 5 个运动参数，其中 φ_1 已知，需要求出 φ_3、φ_4、s_3、s_5。在计算机数值计算中一般不是推导精确的计算公式，而是普遍采用数值迭代求解，不论机构的构成方程如何，都采用完全相同的求解程序，通用性很强。具体迭代方法这里从略。

（2）速度分析。

将位移方程对时间求一次导数，并将已知的速度参数移到等号右边，得到速度矩阵方程：

$$\begin{bmatrix} -\cos\varphi_3 & s_3\sin\varphi_3 & 0 & 0 \\ -\sin\varphi_3 & -s_3\cos\varphi_3 & 0 & 0 \\ 0 & -l_3\sin\varphi_3 & -l_4\sin\varphi_4 & -1 \\ 0 & l_3\cos\varphi_3 & l_4\cos\varphi_4 & 0 \end{bmatrix}\begin{bmatrix} v_3 \\ \omega_3 \\ \omega_4 \\ v_5 \end{bmatrix} = \omega_1\begin{bmatrix} -l_1\sin\theta_1 \\ l_1\cos\theta_1 \\ 0 \\ 0 \end{bmatrix}$$

将位移分析中求得的 φ_3、φ_4、s_3、s_5 以及已知 φ_1、ω_4 代入上式，用矩阵求逆并与方程右边项相乘就可求出四个未知的速度参数。

（3）加速度分析。

将位移方程对时间求二次导数，并将代求的加速度参数留在等号左边，可得加速度方程：

$$\begin{bmatrix} -\cos\varphi_3 & s_3\sin\varphi_3 & 0 & 0 \\ -\sin\varphi_3 & -s_3\cos\varphi_3 & 0 & 0 \\ 0 & -l_3\sin\varphi_3 & -l_4\sin\varphi_4 & -1 \\ 0 & l_3\cos\varphi_3 & l_4\cos\varphi_4 & 0 \end{bmatrix}\begin{bmatrix} a_3 \\ \varepsilon_3 \\ \varepsilon_4 \\ a_E \end{bmatrix}$$
$$= \begin{bmatrix} \omega_3\sin\varphi_3 & \dot{s}_3\sin\varphi_3 + s_3\omega_3\cos\varphi_3 & 0 & 0 \\ -\omega_3\cos\varphi_3 & -\dot{s}_3\cos\varphi_3 + s_3\omega_3\sin\varphi_3 & 0 & 0 \\ 0 & -l_3\omega_3\cos\varphi_3 & -l_4\omega_4\cos\varphi_4 & 0 \\ 0 & -l_3\omega_3\sin\varphi_3 & -l_4\omega_4\sin\varphi_4 & 0 \end{bmatrix}\begin{bmatrix} v_3 \\ \omega_3 \\ \omega_4 \\ v_5 \end{bmatrix} + \omega_1^2\begin{bmatrix} -l_1\cos\theta_1 \\ -l_1\sin\theta_1 \\ 0 \\ 0 \end{bmatrix}$$

将已知的和已经求出的位移、速度参数代入加速度矩阵方程，用矩阵求逆并与方程右边项相乘就可求出四个未知的加速度参数。

注意：速度和加速度方程中等号左边的矩阵是完全相同的，因而矩阵求逆运算只需要计算一次就可以了。

2. 杆组法简介

由机构组成原理可知，任何平面机构都可以分解为基本杆组。所以只要分别推导常见的基本杆组机构分析的计算公式，并编制成相应的子程序，在对机构进行运动分析时，就可以根据机构组成情况的不同，依次调用这些子程序，从而完成机构的运动分析，这就是杆组法的基本思路。该方法的主要特点在于将一个复杂的机构分解成一个个较简单的基本杆组，在用计算机对机构进行运动分析时，即可直接调用事先编好的子程序，从而使主程序的编写大为简化。但用计算机自动完成杆组分解也比较烦琐，现代商用机构分析软件为了更大地提高程序的通用性，一般都未采用杆组方法进行分析。

✍【本章小结】

1. 瞬心的确定，三心定理，用瞬心法对机构进行分析。

2.（矢量方程）图解法对机构速度和加速度分析：

（1）同一构件上两点速度关系及加速度关系（随基点平动加绕基点转动），速度多边形，加速度多边形。已知同一构件上的两个点速度、加速度，其他点的速度和加速度可分别利用速度影像和加速度影像得到。

（2）两个构件重合点运动关系（绝对运动等于牵连运动加上相对运动），哥氏加速度大小及方向。注意点：矢量有大小和方向，矢量方程可解两个未知量；牵连运动有转动角速度时，哥氏加速度一般不为零（即哥氏加速度存在）；当两构件组成移动副且两构件均为运动构件时，两构件角速度相等。

3. 利用解析法求位置、速度、加速度，各种解析法的共同点及不同点。

思 考 题

3-1　运动分析的目标是什么？

3-2　什么叫速度瞬心？相对瞬心和绝对瞬心有什么区别？K 个构件组成的机构共有几个绝对瞬心和相对瞬心？

3-3　若已知两构件上两对重合点间相对速度的方向，如何确定这两个构件的瞬心位置？

3-4　什么是三瞬心定理？

3-5　用速度瞬心法进行机构速度分析的一般方法和步骤是什么？

3-6　何谓速度影像原理及加速度影像原理？应用影像法求某一点的速度或加速度时要注意哪些问题？

3-7　为什么速度影像法和加速度影像法的图形相似特性只能用来分析同一构件上各点之间的速度和加速度关系？

3-8　机构中所有构件及构件上的所有点是否均有其速度影像及加速度影像？机架的速度影像及加速度影像在何处？

3-9　进行机构运动分析时，什么情况存在克里奥加速度？克里奥加速度的大小、方向如何确定？

3-10　用解析法分析机构运动的一般步骤是什么？

练 习 题

3-1　标出题图 3-1 所示各机构在图示运动位置时的全部瞬心。

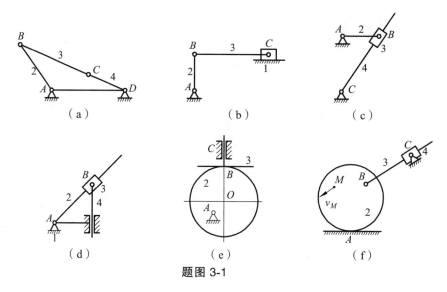

题图 3-1

3-2　在题图 3-2 所示的齿轮-连杆组合机构中，试用瞬心法求齿轮 1 与 3 的瞬时传动比 ω_1/ω_3。

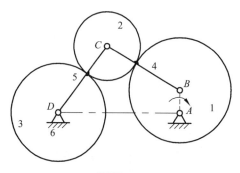

题图 3-2

3-3　在题图 3-3 所示各机构中，设已知机构的尺寸及点 B 的速度，试用图解法求出机构在图示位置时各转动副的速度和加速度。

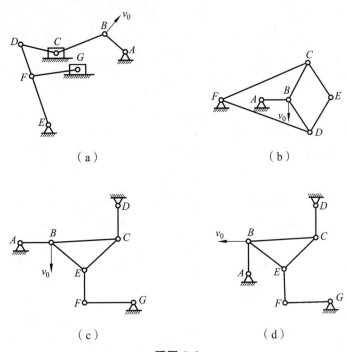

（a）　　　　　　　　　　　　（b）

（c）　　　　　　　　　　　　（d）

题图 3-3

3-4　在题图 3-4 所示的四杆机构中，$l_{AB} = 60$ mm，$l_{CD} = 90$ mm，$l_{AD} = l_{BC} = 120$ mm，$\omega_2 = 10$ rad/s，试用瞬心法求：（1）当 $\varphi = 165°$ 时，点 C 的速度 v_C 和加速度；（2）当 $\varphi = 165°$ 时，构件 3 的 BC 线上速度最小的一点 E 的位置及其速度的大小。

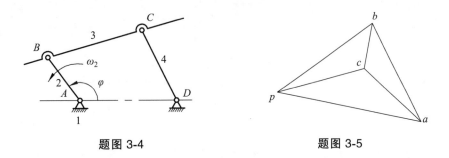

题图 3-4　　　　　　　　　　　　题图 3-5

3-5　题图 3-5 为一速度矢量合成图，请标出速度矢量 v_{AB}、v_{BC}、v_{CA}、v_A、v_B、v_C。

3-6　在题图 3-6 所示的牛头刨床机构中，$h = 800$ mm，$h_1 = 300$ mm，$h_2 = 120$ mm，$l_{AB} = 200$ mm，$l_{CD} = 960$ mm，$l_{DE} = 160$ mm。设曲柄以等角速度 $\omega_1 = 5$ rad/s 逆时针方向回转，试求机构在 $\varphi_1 = 45°$ 位置时，滑枕上点 C 的速度 v_C。（提示：先假定 v_C 已知，采用倒推求解 ω_1 的方法比较简单）

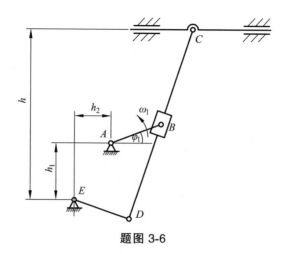

题图 3-6

3-7 试判断在题图 3-7 所示的两个机构中，B 点是否存在克里奥加速度？如果存在，那么在何位置时其克里奥加速度为零？作出相应的机构位置图。

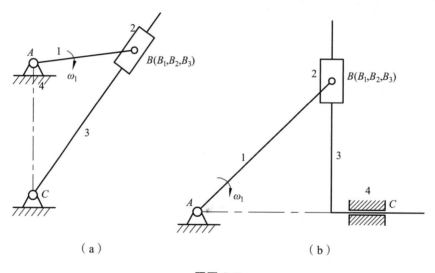

（a）　　　　　　　（b）

题图 3-7

第 4 章　平面连杆机构及其设计

☞【本章要点】

1. 识记曲柄、摇杆、连杆、滑块、摇块、定块、导杆，整转副、极限位置、急回特性、极位角、行程速比系数、压力角、传动角、死点位置等基本概念。

2. 领会四杆机构的分类方法和结论；四杆机构整转副存在条件，四杆机构的急回特性及存在条件，四杆机构压力角的定义和死点位置的判定；转换机架法在四杆机构设计中的应用方法，按行程速比系数设计四杆机构的方法。

3. 重点掌握好按给定要求进行四杆机构的设计。

本章学习平面连杆机构及其设计，其基本内容包括三部分：① 平面四杆机构的基本形式及其演化；② 平面四杆机构的传动特性，包括有曲柄的条件、从动件行程速比系数、机构的压力角和传动角、机构的死点位置；③ 平面连杆机构的运动设计，包括按连杆的两个或三个位置设计四杆机构，按连架杆对应位置设计四杆机构，按预定的行程速比系数设计四杆机构。本章的重点和难点是掌握用图解法设计四杆机构。

4.1　平面连杆机构的特点及其在工程中的应用

4.1.1　平面连杆机构及其特点

平面连杆机构是由多个构件以低副连接而成的平面机构，又称为平面低副机构，换言之，平面连杆机构中的运动副仅有转动副和移动副。最简单的单自由度平面连杆机构由四个构件和四个低副连接而成，称为平面四杆机构，它在工程中应用十分普遍，故本章主要学习四杆机构的类型、特点及设计。

通常使用的平面四杆机构一般是原动件 1 的运动经过一个不直接与机架相连的中间构件 2 传动给从动件 3。中间构件 2 称为**连杆**，和机架相连的构件称为**连架杆**，能相对机架整周转动的连架杆称为**曲柄**，仅能相对机架摆动的连架杆称为**摇杆**。若机构中含有移动副，有一个构件常会被表示为矩形方块，该构件为机架时称为**定块**，该构件与机架移动副连接时称为**滑块**，该构件与机架转动副连接时称为**摇块**，该构件不与机架直接相连时将与其相连的另一构件命名为**导杆**。图 4.1（a）所示机构中的运动副均为转动副，称为铰链四杆机构；图 4.1（b）中含有一个移动副称为曲柄滑块机构；图 4.1（c）称为导杆机构，这都是最常见的平面连杆机构。

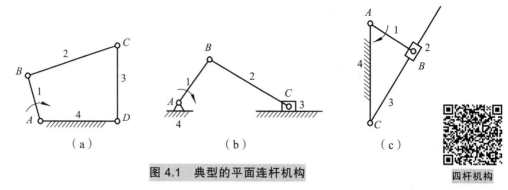

图 4.1　典型的平面连杆机构

平面连杆机构具有以下传动特点：

① 平面连杆机构中的运动副都是低副，运动副元素为面接触，相对于高副而言，压强较小，故承载能力强；有利于润滑，磨损较小；运动副元素几何形状简单，便于加工制造。

② 能实现多种运动形式的转换，如转动变为转动，转动变为摆动，转动变为移动，摆动变为转动，移动变为转动，摆动变为摆动，还能实现远距离操纵。

③ 在连杆机构中，连杆上的各点轨迹是各种不同形状的曲线，该曲线称为连杆曲线。因此可获得多种运动轨迹。

④ 在连杆机构中，原动件的运动规律不变，可用改变构件相对长度的方法，使从动件得到不同的运动规律，即实现一定的输入输出函数。

⑤ 连杆机构是靠运动副的几何封闭来保证构件之间的接触，所以其结构简单、工作可靠。

连杆机构也存在如下一些缺点：

① 各运动副之间存在着间隙，原动件将运动和动力通过连杆传到最后一个从动件，其传递路线较长，易产生较大的积累误差，这也使其机械效率降低。

② 连杆机构在运动的过程中，连杆及滑块等都在作变速运动，所产生的惯性力难以用一般的平衡方法加以消除，这样会增加机构的动载荷，故高速运动的连杆机构需要认真处理平衡问题。

③ 虽然可以利用连杆机构满足一些运动规律和运动轨迹的设计要求，但其设计却十分烦琐，且一般只能是近似地得到满足。

4.1.2　平面连杆机构在工程中的应用

连杆机构是一类古老的机构，早在两三千年前，我国的劳动人民就已在农业生产、粮食加工、冶炼锻造、交通运输等方面，广泛地应用了连杆机构。在科学技术十分发达的今天，连杆机构也以其独有的特点，在诸如内燃机、石油矿场抽油机、人造卫星太阳能板的展开机构、机械手的传动机构、人体假肢、折叠伞的收放机构、直线运动机构等中都得到了广泛的应用。

直线机构 1

直线机构 2

图 4.2 所示的是石油矿场采用的游梁式抽油机。整个抽油装置由电动机 1 带动，动力通过 V 带 13、减速器 12，由曲柄 2、连杆 3、横梁 5 组成的曲柄摇杆机构，把电动机 1 的高速转动变为抽油机驴头 6 的低速往复摆动，通过悬绳器 7 带动抽油杆以实现油井中抽油泵往复的抽油运动，这里所用的曲柄摇杆机构就是典型的平面四杆机构。

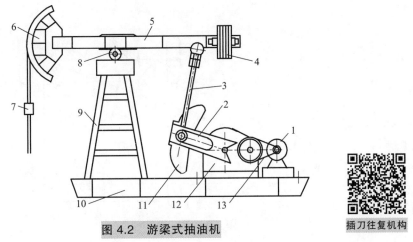

图 4.2　游梁式抽油机

1—电动机；2—曲柄；3—连杆；4—平衡重；5—横梁（摇杆）；6—驴头；7—悬绳器；8—轴承座；
9—支架；10—撬座；11—平衡块；12—减速器；13—V 带传动

插刀往复机构

图 4.3（a）所示为自卸卡车的翻斗机构。其中摇块 3 做成绕固定轴 C 摆动的油缸，导杆 4 的一端固结在活塞上。油缸下端进油推动活塞 4 上移，从而推动与车斗固结的构件 1，使之绕点 B 转动，达到自动卸料的目的，图 4.3（b）是它的机构运动简图。这种油缸式的摇块机构，在建筑机械、农业机械以及许多机床中得到了广泛的应用。

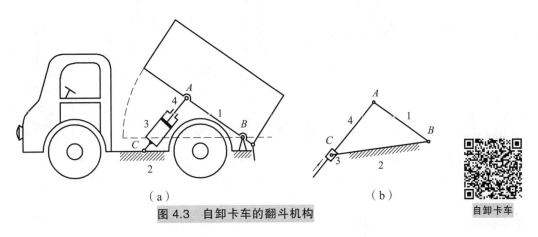

（a）　　　　　　　　　　　　　　　（b）

图 4.3　自卸卡车的翻斗机构

自卸卡车

图 4.4 所示为汽车前轮转向等腰梯形机构。相对固定件是汽车的底盘 4，构件 1、2、3、4 构成转向梯形机构。汽车的两个前轮浮套在梯形机构两连架杆 1 和 3 向两侧伸出的所谓的"羊角"轴上。当汽车直线前进时，两前轮平行，如图中的粗实线所示。当汽车向左转弯时，要求两前轮轴线的交点位于后轴的延长线上，亦即要求三条轴线交于同一点，从而能使两前轮轮胎于地面保持纯滚动而减少摩擦。

图 4.5（a）所示为搅拌器机构。该机构连杆 2 上的 E 点能描出"肾"形轨迹，它属于实现给定轨迹的设计问题。图 4.5（b）所示为一种大行程的刨床机构。该刨床机构是双曲柄机构，由于从动件 2 做整周转动，因此通过连杆 5 使装卡工件的平台 6 获得大行程的往复移动，以便使固定的刨刀对长尺寸的工件进行刨切加工。

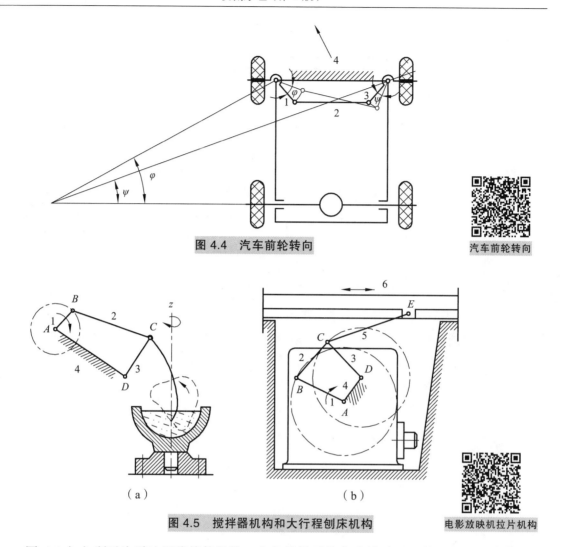

图 4.4　汽车前轮转向

汽车前轮转向

（a）

（b）

图 4.5　搅拌器机构和大行程刨床机构

电影放映机拉片机构

图 4.6（a）所示为雷达天线俯仰机构。电机将转子的高速转动通过轮系减速器传递给曲柄 AB，曲柄的速度较低，这样可使摇杆 CD 得到所需要的速度，以满足极慢的角度变化。

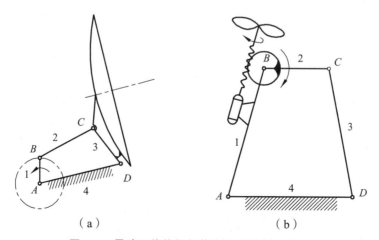

（a）   （b）

图 4.6　雷达天线俯仰机构和风扇的摇头机构

图 4.6（b）所示为风扇的摇头机构。它的摇头机构 ABCD 实际上是双摇杆机构，电机安装在摇杆 1 上，铰链 B 处装有一个与连杆 2 固结成一体的蜗轮，该蜗轮与电机上的蜗杆相啮合，电机转动时，通过蜗杆和蜗轮迫使连杆 2 相对于构件 1 绕转动副 B 做整周转动，从而使连架杆 1 和 3 做往复摆动，达到风扇摇头的目的。

图 4.7 所示为惯性输送机。它是利用物料的惯性力和摩擦力来实现零散物料的步进输送。当曲柄 AB 逆时针转动时，摇杆 CD 左右摆动，从而使推动杆 5 左右移动。只要满足左右运动时物料惯性力与摩擦力特定的关系，就能在向左移动时，物料相对向右移动，卸下物料，从而达到实现物料的步进输送的目的。请同学们分析这两个条件。

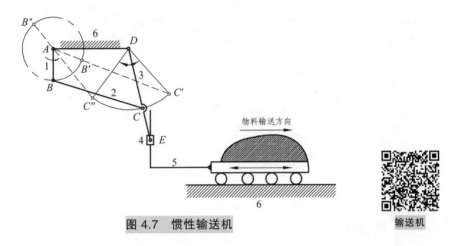

图 4.7　惯性输送机　　　　　　　　　　　　输送机

此外，连杆机构还可以很方便地用来达到增力、扩大行程、放大位移和远距离传动（如自行车手闸）等目的。

4.2　平面四杆机构的类型及其演化

平面四杆机构可以从转动副（或移动副）的数目和哪个构件作机架这两方面进行分类，分类具体情况参见表 4.1。第 1 列中四个运动副均为转动副，称为**铰链四杆机构**；第 2 列中有三个转动副一个移动副；第 3 列中有两个移动副和两个转动副，移动副相邻分布；第 4 列中也有两个转动副，但移动副呈间隔分布。当移动副的数目大于 2 时，构件相对转动能力消失，机构退化为非四杆机构，不在讨论之列。

机构演化

表 4.1　平面四杆机构的类型

移动副数目为 0	移动副数目为 1	移动副数目为 2（相邻分布）	移动副数目为 2（间隔分布）
曲柄摇杆机构	曲柄滑块机构	双滑块机构（椭圆仪）	正切机构

移动副数目为 0	移动副数目为 1	移动副数目为 2（相邻分布）	移动副数目为 2（间隔分布）
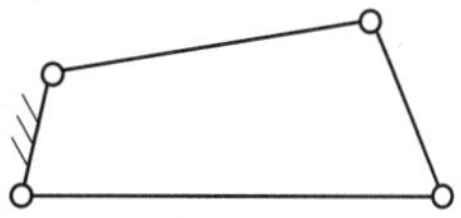 双曲柄机构	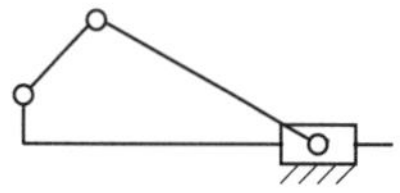 定块机构	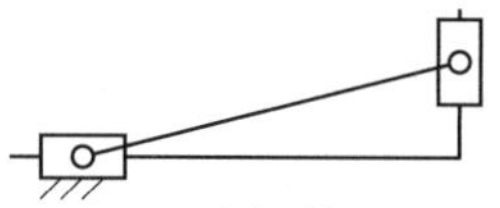 正弦机构	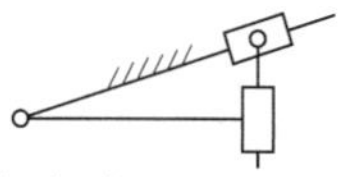 移动副间隔分布的一般机构
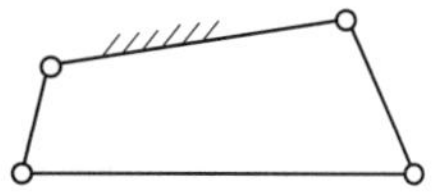 曲柄摇杆机构	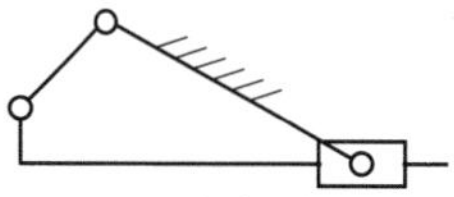 摇块机构	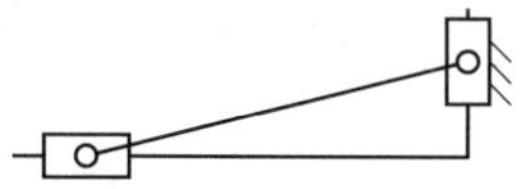 正弦机构	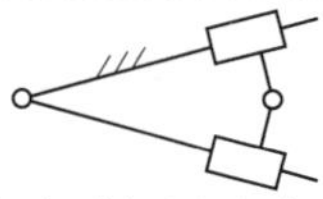 移动副间隔分布的一般机构
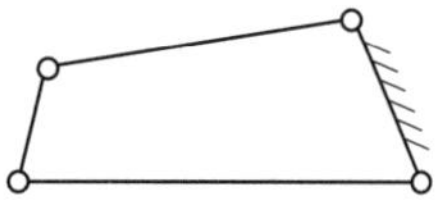 双摇杆机构	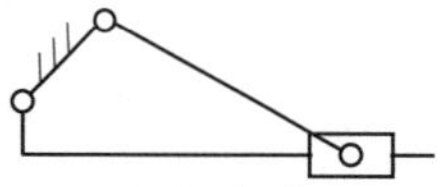 导杆机构	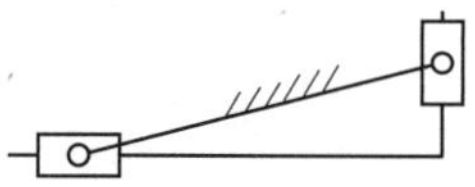 双摇块机构（十字滑块联轴器）	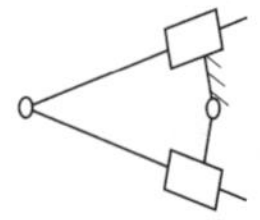 移动副间隔分布的一般机构
机构参数：4个构件长度	机构参数：2个构件长度和1个偏距	机构参数：1个构件长度和2移动副间的夹角	机构参数：2个偏距

4.2.1　铰链四杆机构

铰链四杆机构中与机架相连的构件称为连架杆，不与机架直接相连的构件称为连杆。在连架杆中能作360°整周转动的杆称为曲柄，只能在一定角度范围内运动的连架杆称为摇杆。按连架杆中是否有曲柄存在，可将铰链四杆机构分为三种基本类型：曲柄摇杆机构、双曲柄机构和双摇杆机构。

四杆机构

1. 曲柄摇杆机构

四铰链机构中的两个连架杆，如果一个是曲柄，另一个是摇杆，则称为**曲柄摇杆机构**，如表4.1第1行第1列所示。如图4.2所示的抽油机中由构件2、3、5、10所组成的四杆机构，图4.5所示的搅拌器中由构件1、2、3、4所组成的四杆机构，图4.6所示的雷达天线俯仰机构中由构件1、2、3、4所组成的四杆机构，以及图4.7所示的惯性输送机中由构件1、2、3、6所组成的四杆机构都是曲柄摇杆机构。

2. 双曲柄机构

当两个连架杆均可以相对机架做整周转动时，该四杆机构称为**双曲柄机构**，如表4.1第2行第1列所示。图4.5所示的大行程的刨床机构是双曲柄机构，当主动曲柄做匀速转动时，从动曲柄作变速转动，从而可使刨头6在切削工件时慢速前进，而在空回行程中快速返回，以提高刨切工作的效率。

在双曲柄机构中，若两连架杆相互平行且长度相等则称为平行四边形机构，如图4.8（a）所示。它有两个显著特性：① 两曲柄以相同速度、相同方向转动，蒸汽机车车轮的联动机构就是平行四边形机构，它就利用这一特性；② 连杆作平动，如图 4.8（b）所示的摄影平台升降机构和图 4.8（c）所示的播种机料斗机构则是利用了第二个特性。平行四边形机构中的四个转动副均能转动 360°。

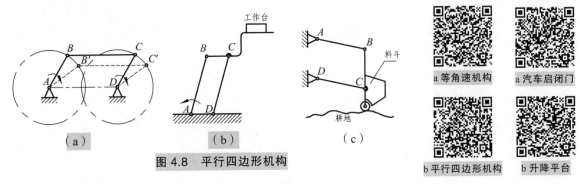

（a）　　　　　（b）　　　　　（c）

图 4.8　平行四边形机构

a 等角速机构

a 汽车启闭门

b 平行四边形机构

b 升降平台

3. 双摇杆机构

当两个连架杆均为摇杆，则称为**双摇杆机构**。图 4.4 所示的汽车前轮转向等腰梯形机构（由构件 1、2、3、4 所组成的四杆机构）是双摇杆机构，图 4.6（b）所示的摇头风扇的机构（由构件 1、2、3、4 所组成的四杆机构）也是双摇杆机构。图 4.9（a）所示的铸造用大型造型机的翻箱机构，就应用了双摇杆机构 $ABCD$，它可将固定在连杆上的砂箱在 BC 位置进行造型振实后，翻转 180°，转到 $B'C'$ 位置，以便进行拔模。图 4.9（b）所示的鹤式起重机也为双摇杆机构的应用实例，它的双摇杆机构为 $ABCD$，吊钩设置在连杆 BC 上，连杆上的延长点 E 的轨迹近似为直线，以实现水平方向平移。

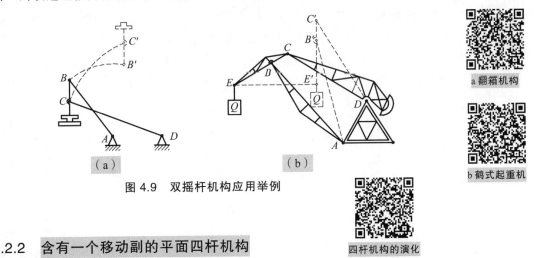

（a）　　　　　　　　　　　　（b）

图 4.9　双摇杆机构应用举例

a 翻箱机构

b 鹤式起重机

四杆机构的演化

4.2.2　含有一个移动副的平面四杆机构

移动副可以看作无限远处的转动副，这种转动副的转化也就对应于平面四杆机构类型之间的转化。

图 4.10（a）所示的曲柄摇杆中，当原动件曲柄 1 绕 A 点回转时，铰链 C 将沿圆弧往复摆动。现不改变运动规律，只改变摇杆 3 的形状，将其改变成滑块的形式，使其沿圆弧导轨往复滑动，如图 4.10（b）所示，这样就将曲柄摇杆机构演化成具有圆弧导轨的机构。若将摇杆 3 的长度增至无穷大，则曲线导轨将变成直线导轨，于是最终演化成含有一个移动副的

四杆机构。演化结果如图 4.10（c）所示，它是偏置曲柄滑块机构，其偏距为 e。若 $e=0$，则称为对心曲柄滑块机构，简称为**曲柄滑块机构**，如图 4.10（d）所示。曲柄滑块机构在内燃机、冲床、空压机等机械中得到了广泛应用。

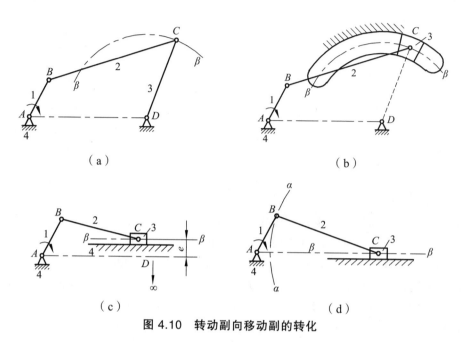

（a）　　　　　　　　　　　　　　　　（b）

（c）　　　　　　　　　　　　　　　　（d）

图 4.10　转动副向移动副的转化

　　对图 4.11（a）所示的曲柄滑块机构，运用机架置换，选取构件 AB 为机架，此时构件 4 绕轴 A 转动，构件 3 以构件 4 为导轨沿其相对移动，构件 4 称为导杆，该机构称为**导杆机构**，如图 4.11（b）所示。在导杆机构中，若导杆能做整周转动，则称为**转动导杆机构**。这种机构在旋转油泵中使用较多；转动导杆机构中，若使杆 AB 的长度增加，杆 BC 的长度减少，达到 $l_{AB}>l_{BC}$ 时，导杆仅能在某一角度范围内摆动，此时机构称为**摆动导杆机构**（图 4.11（c））。

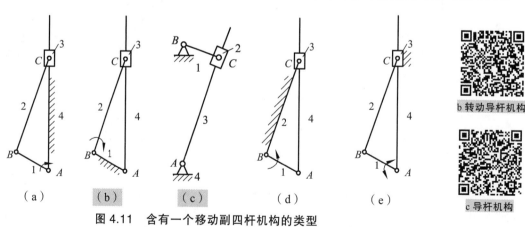

（a）　　　　（b）　　　　（c）　　　　（d）　　　　（e）

b 转动导杆机构

c 导杆机构

图 4.11　含有一个移动副四杆机构的类型

　　摆动导杆机构在牛头刨床[见图 4.12（a）]及插床上均有应用。在曲柄滑块机构中，选取构件 BC 为机架，则演化成为**曲柄摇块机构**，如图 4.11（d）所示。构件 3 仅能绕点 C 作摇摆。图 4.3 所示的自卸卡车的翻斗机构就是曲柄摇块机构的应用实例。在曲柄滑块机构中，选取滑块 3 为机架，则演化成为**定块机构**，如图 4.11（e）所示。这种机构常用于抽油机及油泵中，如图 4.12（b）所示的手摇唧筒。

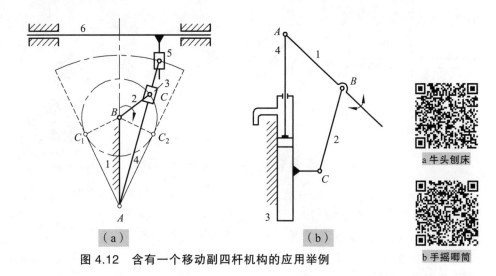

（a）　　　　　　　　　　　　　　（b）

图 4.12　含有一个移动副四杆机构的应用举例

a 牛头刨床

b 手摇唧筒

　　应当注意，滑块机构和定块机构其实是同一种机构，摇块机构和导杆机构也是同一种机构，区别仅仅是移动副所连接的两个构件的绘图符号调换而已。如果运动副之间的相对位置尺寸相同，机构中各构件的运动完全相同。

4.2.3　含有两个移动副的平面四杆机构

　　曲柄滑块机构还可进一步由图 4.13（a）演化成为图 4.13（b）所示的**双移动副机构**，移动副呈相邻分布，构件 3 上有两个移动副，构件 1 上有两个转动副，其余两个构件有一个转动副和一个移动副。在该机构中，从动件 3 的位移与原动件 1 的转角的正弦成正比，故称为**正弦机构**。它常常用在仪表和解算装置中。

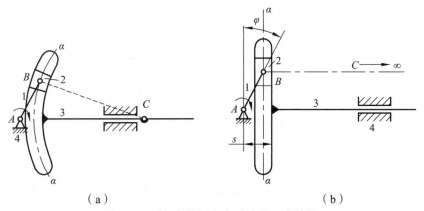

（a）　　　　　　　　　　　　　　（b）

图 4.13　转动副向移动副的进一步转化

　　如表 4.1 的第三列所示，当已有两个移动副的构件为机架时，形成的机构称为**双滑块机构**，可以证明连杆上点的轨迹为椭圆，可作为椭圆仪或椭圆规使用，如图 4.14（a）所示；当已有两个转动副的构件为机架时，称为**双摇块机构**，图 4.14（b）所示的十字滑块联轴器就是其典型应用，两根轴由该联轴器连接在一起转动，即便是两轴存在较大的径向安装误差仍然可以正常工作，径向误差就是两转动副之间的距离。

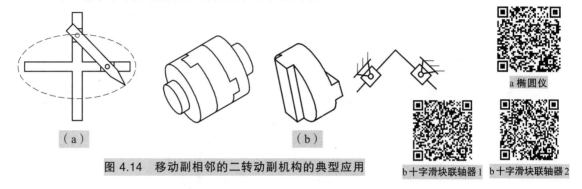

图 4.14　移动副相邻的二转动副机构的典型应用

a 椭圆仪

b 十字滑块联轴器 1　　b 十字滑块联轴器 2

如果将图 4.13（a）中以 A 点为圆心、以 l_{AB} 为半径的圆弧为滑道进行转化，可以演化出另一种含有两个移动副的机构，转动副和运动副呈间隔分布。每一个构件上都有一个转动副和一个移动副，因而，不论以哪一个构件为机架机构的类型均相同，最典型的是正切机构，如表 4.1 的第四列第一行所示，连在机架转动副上的构件转角与连在机架移动副上的构件位移符合正切函数关系。

含有一个移动副的平面四杆机构可以看做两个杆长为无限长的铰链四杆机构；两个移动副相邻分布的平面四杆机构，可以看做三个构件为无限长的铰链四杆机构；两个移动副间隔分布的平面四杆机构，可以看做四个构件均为无限长的铰链四杆机构。有关铰链机构的各种分析计算公式，按照这样的要求取极限值，也就转化为含有移动副机构的计算公式。

此外，转动副的实际直径尺寸的变化也会造成机构外观形式的变化。在图 4.15（a）所示的曲柄滑块机构中，将转动副 B 处销轴的半径扩大，使之超过曲柄的长度，此时，转动副 B 处的销轴就演化成为偏心盘，俗称**偏心轮机构**，如图 4.15（b）所示。偏心轮机构的运动性质和曲柄滑块机构完全相同，这种变化并不改变机构的实质类型。这种结构可以避免在极短的曲柄两端装设两个转动副而引起结构设计上的困难；而且盘状构件比杆状曲柄的强度高得多。因此，在一些载荷很大而行程很小的场合，如冲床、压印机床、剪床、柱塞油泵等设备中，广泛采用偏心盘结构。

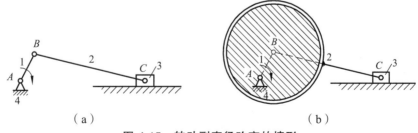

图 4.15　转动副直径改变的情形

4.3　平面四杆机构的基本特性

平面四杆机构的基本特性直接关系到构件的运动和受力性质，掌握这些特性对正确合理地设计平面连杆机构十分重要。

4.3.1 整转副存在条件

整转副是能够整周相对旋转的转动副,摆动副则只能在一个限定的角度范围内相对转动,一旦确定了机构中的整转副,机构的整体运动情况就十分清晰了。

1. 铰链四杆机构有整转副的条件

在图 4.16 所示的四杆机构中,构件 1 为曲柄、2 为连杆、3 为摇杆、4 为机架。设各杆长度分别为 a、b、c、d。当曲柄 1 转过一周时,铰链 B 的轨迹是以 A 为圆心、AB 为半径的圆。显然,在 B 经过 B_1、B_2 点时,曲柄和连杆必然形成两次共线。换言之,要使杆 1 成为曲柄,它必须顺利地通过这两个共线的位置。

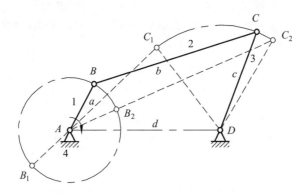

图 4.16　铰链四杆机构有整转副的条件

因此,各杆长度应满足以下条件:当杆 1 与杆 2 在 B_1 点共线时,形成 $\triangle AC_1D$。由三角形关系可得

$$b - a + c \geqslant d \text{ 及 } b - a + d \geqslant c$$

即

$$a + d \leqslant b + c \text{ 及 } a + c \leqslant b + d$$

同理,在 $\triangle AC_2D$ 中有

$$a + b \leqslant c + d$$

将上述三式分别两两相加,则得

$$a \leqslant b, \ a \leqslant c, \ a \leqslant d \tag{4.1}$$

由上述关系可知,在曲柄摇杆机构中,要使杆 1 为曲柄,它必须是四杆中的最短杆,且最短杆与最长杆长度之和小于或等于其余两杆长度之和。因此,**铰链四杆机构整转副存在的条件概括为:**

(1)最短杆与最长杆长度之和小于或等于其余两杆长度之和(杆长之和条件);

(2)最短杆上的两个转动副是整转副,另两个转动副是摆转副。

如果铰链四杆机构各杆的长度满足整转副存在条件,当以最短杆为连架杆时,得到曲柄摇杆机构;当以最短杆为机架时,得到双曲柄机构;当以最短杆为连杆时,得到双摇杆机构。如果铰链四杆机构各杆的长度不满足上述杆长条件,则无整转副,此时无论以何杆为机架,均为双摇杆机构。

请同学们用上述两个条件分析一下，如果存在两个长度相等的最短杆时，情况又会是怎样的，非常有趣！

2. 有移动副的四杆机构整转副存在条件

对于含有移动副的四杆机构，根据机构演化原理，可以认为移动副是转动副中心在无穷远处的转动副，将机构转化为铰链四杆机构来分析其整转副存在的条件。

如图 4.17（a）所示为含有一个移动副时的情形，l_1 是最短杆，l_4 是最长杆，当 l_3 和 l_4 趋近于无限长时，$l_4 - l_3$ 趋近于偏心距 e，前述的整转副存在条件演变为

$$l_1 + e \leqslant l_2 \tag{4.2}$$

此时，整转副为最短杆上的两个转动副。若以 l_1 作机架为转动导杆机构，若以 l_2 作机架为曲柄摇块机构，若以 e 作机架为偏置曲柄滑块机构，若以方滑构件作机架为定块机构。

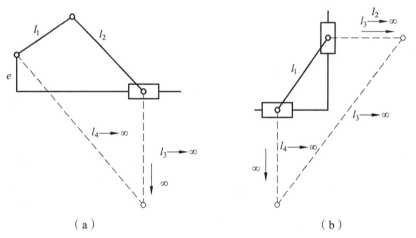

图 4.17　有移动副的四杆机构整转副存在条件

如图 4.17（b）所示为含有两个移动副且移动副相邻布置的情形，l_1 是最短杆，l_3 是最长杆，除 l_1 之外其余三杆长度都为无限长，此时，最长杆与最短杆的长度之和永远小于其余两杆长度之和，这其实相当于三角形任意两边长度之和大于第三边的长度，故两移动副相邻的四杆机构一定存在整转副，整转副也就是机构中仅存的两个转动副。若以 l_1 作机架为双摇块机构，若以有两移动副的构件作机架为双滑块机构，若以方块构件作机架为正弦机构。

对于两移动副间隔布置的四杆机构，四杆的长度均为无限长，按照上述的杆长求和比较的判断方法，可以判断为有整转副，也可以判断为无整转副，若认为有整转副也需要构件运动到无限远才能实现整周转动，故认为此类机构永远不存在整转副。

4.3.2　四杆机构的急回特性和行程速比系数

在图 4.18 所示的曲柄摇杆机构中，转动副 B 位于 B_1、B_2 位置时，曲柄与连杆共线，此时，摇杆摆动到左右两个极限位置。当主动曲柄 1 沿顺时针方向以等角速度 ω_1 转过 φ_1，即铰

链 B 从 B_1 运动到 B_2 时，摇杆 3 自左极限位置 C_1D 摆动至右极限位置 C_2D（常作为从动件的工作行程和负载行程），设所需的时间为 t_1，C 点的平均速度为 v_1；而当曲柄 1 再继续转过 φ_2，即铰链 B 从 B_2 运动到 B_1 时，摇杆 3 自右极限位置 C_2D 摆动至左极限位置 C_1D（常叫作空回行程或空载行程），设所需的时间为 t_2，C 点的平均速度为 v_2。**机构在左右两个极限位置时，曲柄 AB 所在两个位置之间所夹的锐角 θ 称为极位夹角**。不难看出，由于 $\varphi_1 = 180° + \theta$，$\varphi_2 = 180° - \theta$，$\varphi_1 > \varphi_2$，所以 $t_1 > t_2$。又因摆杆 3 上的 C 点在两极限位置间往返走过的弧长相等，而所用的时间却不相同，所以 C 点往返的平均速度也不同，即 $v_2 > v_1$。由此说明：曲柄 1 虽做等速转动，而摇杆 3 空回行程的平均速度却大于工作行程的平均速度，因此把铰链四杆机构的这种性质称为**急回特性**。

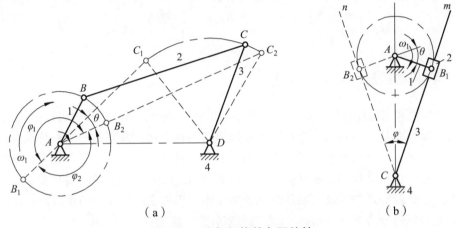

图 4.18　连杆机构的急回特性

在许多机械中，如抽油机、牛头刨床、插床等，常利用机构的急回特性来缩短空回行程的时间，以提高生产效率。

为表明机构急回运动的急回程度，用**行程速比系数 K** 来衡量，即

$$K = \frac{v_2}{v_1} = \frac{\overset{\frown}{C_2C_1}/t_2}{\overset{\frown}{C_1C_2}/t_1} = \frac{t_1}{t_2} = \frac{\varphi_1}{\varphi_2} = \frac{180° + \theta}{180° - \theta} \tag{4.3}$$

式中，K 为行程速比系数；v_2 为从动件空回行程的平均速度；v_1 为从动件工作行程的平均速度；θ 为极位夹角。

上式表明：当原动件为曲柄，从动件存在着正、反行程的极限位置，机构存在极位夹角 θ，即 $\theta \neq 0$ 时，机构便具有急回运动特性。θ 角愈大，K 值愈大，机构的急回运动性质愈显著，机械的生产效率愈高。当以上三个条件有任意一个条件不满足，则机构不具有急回特性。

在图 4.18（b）所示的摆动导杆机构中，当曲柄 AB 两次转到与导杆垂直时，导杆 BC 处于两侧极限位置，并且 $\theta \neq 0$，故也有急回作用。并且导杆的摆角 φ 等于极位夹角 θ，即 $\varphi = \theta$。在图 4.19（a）所示的对心曲柄滑块机构中，有 $\theta = 0$，$K = 1$，故无急回特性；而（b）图所示的偏置曲柄滑块机构中，$\theta \neq 0$，有急回特性。

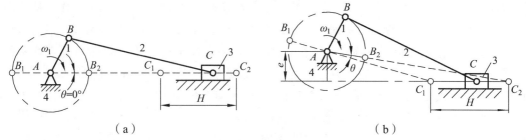

图 4.19 曲柄滑块机构的急回特性

对于要求具有急回运动性质的机器，如牛头刨床、往复式运输机等，在设计时，要根据所需的行程速比系数 K 来设计，此时应先利用下式求出 θ 角度，然后再设计各杆的尺寸。

$$\theta = 180° \times \frac{K-1}{K+1} \tag{4.4}$$

4.3.3 四杆机构的压力角和传动角

在生产实践中，连杆机构不仅应能实现给定的运动规律，而且还希望机构做到运动轻便、效率较高，即要求具有良好的传力性能。而**压力角和传动角则是判断一个连杆机构传力性能优劣的重要指标**。在图 4.20 所示的曲柄摇杆机构中，若忽略各杆的质量和运动副的摩擦，则主动曲柄 1 通过连杆 2 作用于从动摇杆 3 上的力 $\boldsymbol{F}$ 是沿 BC 方向。**从动件的受力 $\boldsymbol{F}$（一定做正功）方向与受力 C 点的速度方向所夹的锐角 α 称为机构在此位置时的压力角**。力 $\boldsymbol{F}$ 在速度方向的分力为切向分力 $F_t = F\cos\alpha$，此力为有效分力，能做有效的正功；而沿摇杆 CD 方向的分力为法向分力 $F_n = F\sin\alpha$，此力为有害分力，它非但不能做有用功，而且增大了运动副的摩擦阻力。显然压力角 α 越小，F_t 越大，传力性能越好。为度量方便，常用**压力角的余角 γ** 来判断连杆机构的传力性能，**γ 角称为传动角**。$\alpha + \gamma = 90°$，显然 α 越接近 $0°$，γ 越接近 $90°$，说明机构的传力性能越好，反之传力性能越差。

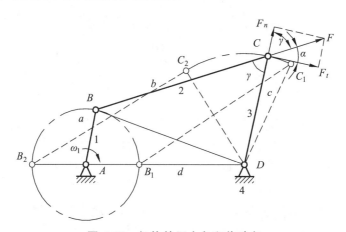

图 4.20 机构的压力角和传动角

在机构运动过程中，压力角 α 和传动角 γ 的大小是变化的，为保证机构传力性能良好，应使 $\gamma_{\min} \geqslant 40° \sim 50°$，具体数值根据传递功率的大小而定，传递功率大时，传动角应取大些，如颚式破碎机、冲床等可取 $\gamma_{\min} \geqslant 50°$；而在一些控制机构和仪表机构中 $\gamma_{\min}$ 甚至可以小于 40°。对于曲柄摇杆机构，$\gamma_{\min}$ **出现在主动曲柄与机架共线的两位置之一**，这时有

$$\angle B_1 C_1 D = \arccos \frac{b^2 + c^2 - (d-a)^2}{2bc} \tag{4.5}$$

$$\angle B_2 C_2 D = \arccos \frac{b^2 + c^2 - (d+a)^2}{2bc} \tag{4.6}$$

传动角应当是锐角，当 $\angle BCD > 90°$ 时，有

$$\gamma = \begin{cases} \angle BCD & \angle BCD < 90° \\ 180° - \angle BCD & \angle BCD > 90° \end{cases} \tag{4.7}$$

故 $\gamma_{\min}$ 应当是 $\angle B_1 C_1 D$、$\angle B_2 C_2 D$、$180° - \angle B_1 C_1 D$、$180° - \angle B_2 C_2 D$ 这四个角度中的最小者。

由上式可见，传动角的大小与机构中各杆的长度有关，故可按给定的许用传动角来设计四杆机构。还应当注意各种机构中都存在压力角，因为各种机构的从动件都要运动，也都要受驱动力的作用。**各种机构的压力角都是从动件受力方向与受力点速度方向的夹角。**

4.3.4　四杆机构的死点

在图 4.21（a）所示的曲柄摇杆机构中，若取摇杆 3 为原动件，曲柄 1 为从动件，当摇杆 3 处于两极限位置 $C_1 D$、$C_2 D$ 时，连杆 2 与曲柄 1 将出现两次共线。这时，如不计各杆的质量和运动副中的摩擦，则摇杆 3 通过连杆 2 传给曲柄 1 的力必通过铰链中心 A。因为该作用力对 A 点的力矩为零，故曲柄 1 不会转动。机构的这种位置称为**死点位置**，即压力角 $\alpha = 90°$ 或传动角 $\gamma = 0°$ 时机构所处的位置。同理，对于曲柄滑块机构，当滑块为主动件时，若连杆与从动件曲柄共线，机构也处于死点位置。

对于传动机构来说死点位置的出现是有害的，它常使机构从动件无法运动或出现运动的不确定现象。如图 4.21（a）所示的家用缝纫机的驱动机构在构件 1 和 2 共线时，即为死点位置。为保证机构正常运转，可在曲柄轴上装一飞轮，利用其惯性作用使机构闯过死点位置，也可采用相同机构错位排列通过死点位置，如多缸内燃机即采用这种方式。

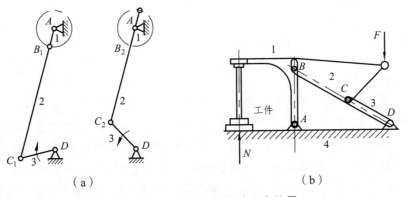

（a）　　　　　　　　　　　　　（b）

图 4.21　平面连杆机构的死点位置

  但是在工程中也利用机构的死点位置来满足某些工作要求。如图 4.21（b）所示的工件夹紧机构，就是利用死点的实例。当在手柄（连杆 2）上加 **F** 力夹紧工件时，杆 2、3 的三个铰链 B、C、D 处于同一直线上。而去掉力 **F** 后，工件作用于直角杆 1 上的反力经 2 传给杆 3 并通过铰链中心 D，对 D 的力矩为零。所以杆 3 不会转动，从而使工件处于夹紧状态，便可对工件进行加工。当需要卸下工件时，只需在手柄上加一相反的 **F** 力即可。**N** 为工件对夹头的支反力。这种夹具方便，常在机械加工中使用。

  图 4.22（a）所示的飞机起落架机构，在机轮放下时，杆 BC 与杆 CD 成一直线，此时机轮上虽受到很大的力，但由于机构处于死点位置，起落架不会反转折回，这可使飞机起落和停放可靠。当飞机飞行时，转动杆 CD，收缩为位置 2。

  综上所述，机构的极位和死点实际上是机构的同一位置，只是机构的原动件不同。当原动件与连杆共线时为极位，在极位附近，由于从动件的速度接近为零，可获得很大的增力效果。如图 4.22（b）所示的拉铆机，当把手柄向内靠拢时，使 ABC 接近于直线，可使芯杆 1 产生很大的向下的拉铆力。

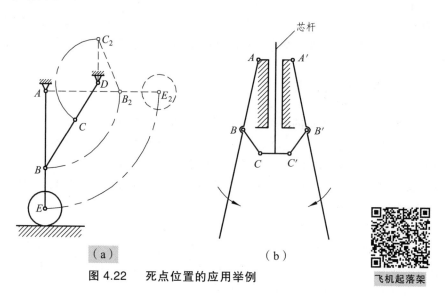

（a）   （b）

图 4.22 死点位置的应用举例 飞机起落架

4.4 平面四杆机构的设计

  连杆机构设计的基本任务是根据给定的要求选定机构的型式，确定各构件的尺寸。根据机械的用途、性能要求的不同，对连杆机构设计的要求是多种多样的，这些设计要求可归纳为以下四类问题：

  （1）**满足预定的机构工作特性要求**：如要求机构具有急回特性、死点位置等。

  （2）**满足预定的连杆位置要求**：即要求连杆能占据一系列的预定位置。因这类设计问题要求机构能引导连杆按一定方位通过预定位置，故又称为**刚体导引问题**。

  （3）**满足预定的运动规律要求**：如要求两连架杆的转角能够满足预定的对应位置关系，或要求在原动件运动规律一定的条件下，从动件能够准确地或近似地满足预定运动规律要求。

（4）**满足预定的轨迹要求：即要求在机构运动过程中，连杆上某些点的轨迹能符合预定的轨迹要求。**如图 4.9 所示的鹤式起重机构，为避免货物作不必要的上下起伏运动，连杆上吊钩滑轮的中心点 E 应沿水平直线 EE' 移动；而图 4.5 所示的搅拌机机构，应保证连杆上的搅拌端点能按预定的轨迹运动，以完成搅拌运动；等等。

连杆曲线图谱

连杆机构的设计方法有解析法、作图法，现分别介绍如下。

4.4.1 按给定的行程速比系数设计四杆机构

给定行程速比系数 K，也就是给定了四杆机构急回运动的条件。设计时先按 K 值算出极位夹角 θ，再按极限位置的几何关系，结合给定的有关辅助条件，确定机构的尺寸参数。

现以曲柄摇杆机构的设计为例进行说明。

【例 4.1】 已知曲柄摇杆机构中摇杆 CD 的长度、摆角 φ 和行程速比系数 K，试设计该曲柄摇杆机构。

【解】 根据已给条件可知，本题实质是确定曲柄 AB 的机架上转动副的中心点 A，进而求出其他各杆长度。设计步骤如下：

（1）由给定的行程速比系数 K，用式（4.4）算出极位夹角 θ:

$$\theta = 180° \times \frac{K-1}{K+1}$$

（2）任选一固定铰链点 D，选取长度比例尺 μ_1 并按摇杆长 l_{CD} 和摆角 φ 作出摇杆的两个极限位置 C_1D 和 C_2D，如图 4.23 所示。

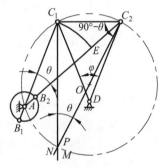

图 4.23 根据 K 设计曲柄摇杆机构

（3）连接 C_1，C_2 并自 C_1（或 C_2）作 C_1C_2 的垂直线 C_1M。

（4）作 $\angle C_1C_2N = 90° - \theta$，则直线 C_2N 与 C_1M 相交于 P 点。由三角形的内角和等于 $180°$ 可知，直角三角形 $\triangle C_1PC_2$ 中 $\angle C_1PC_2 = \theta$。

（5）以 C_2P 为直径作直角三角形 $\triangle C_1PC_2$ 的外接圆，在圆周上任选一点 A 作为曲柄 AB 的机架铰链点，分别与 C_1，C_2 相连，则 $\angle C_1AC_2 = \angle C_1PC_2 = \theta$（同弧所对的圆周角相等）。

（6）由图可知，摇杆在两极限位置时曲柄和连杆共线，有 $AC_1 = BC - AB$ 和 $AC_2 = BC + AB$。解此两方程可得 $AB = \dfrac{AC_2 - AC_1}{2}$，$BC = \dfrac{AC_1 + AC_2}{2}$。此结果也可通过作图在图上直接求出，方法是：以 A 为圆心，AC_1 为半径作圆弧交 AC_2 直线于 E 点，则 $EC_2 = 2AB$。然后，再以 A 为圆心，以 $EC_2/2$ 为半径作圆交 C_1A 的延长线和 C_2A 于 B_1 和 B_2 点，则 $AB_1 = AB_2 = AB$ 即为曲柄长，$B_1C_1 = B_2C_2 = BC$ 为连杆长，AD 为机架，则铰链四杆机构 AB_1C_1D 即为所求。

由于 A 点可在 $\triangle C_1PC_2$ 的外接圆周上任选（C_1C_2 及 φ 角反向对应的圆弧除外），故在满足行程速比系数 K 的条件下可有无穷多解。

如前所述，A 点位置不同，机构传动角极限值也不同。为了获得较好的传力性能，可按最小传动角或其他辅助条件来确定 A 点的位置。

【例 4.2】 图 4.24（a）为一个四铰链机构的示意图。已知其机架的长度 $l_{AD} = 100$ mm，摇杆的长度 $l_{CD} = 75$ mm，当角 $\varphi = 45°$ 时，摇杆 CD 到达其极限位置 C_1D。且要求此机构的行程速比系数 $K = 1.5$。试设计此机构并求出曲柄和连杆的长度 l_{AB} 和 l_{BC}。

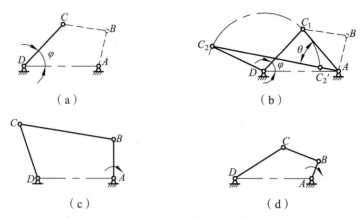

图 4.24　按行程速比系数设计四杆铰链机构

【解】　根据给定的系数 K，计算出此机构的极位夹角：

$$\theta = 180° \times \frac{K-1}{K+1} = 180° \times \frac{1.5-1}{1.5+1} = 36°$$

由于仅知道从动摇杆的一个极限位置，而不知其另一个极限位置，所以可根据极位夹角的定义，找出解题途径。

机架的长度 l_{AD} 已知，则固定铰链 A 和 D 的位置即属已知，只要能求得铰链 C 的另一个极限位置 C_2，则此题即可解出。根据极位夹角的定义，C_2 点既应该在与 AC_1 夹角为 $\theta = 36°$ 的直线上，又应该在以 D 点为圆心、l_{CD} 为半径的圆弧上。由此得出下述设计步骤：

（1）在图 4.24（b）中，取长度比例尺 $\mu_l = 4$，画出机架 AD，其图示长度为

$$\overline{AD} = \frac{l_{AD}}{\mu_l} = \frac{100}{4} = 25 \ (\text{mm})$$

（2）以 D 为顶点，作 $\angle ADC_1 = \varphi = 45°$，且取

$$\overline{DC_1} = \frac{l_{CD}}{\mu_l} = \frac{75}{4} = 18.75 \ (\text{mm})$$

得 C_1 点。

（3）以 D 为圆心、$\overline{DC_1}$ 为半径画圆弧。连接点 A 和 C_1，并以 AC_1 为一边作 $\angle C_1AC_2 = \theta = 36°$，此角的另一边交圆弧于 C_2 和 C_2' 点。

（4）由于题目中并未指明 DC_1 是摇杆的哪一个极限位置，则 DC_2 和 DC_2' 均可作为摆杆的另一个极限位置。因而，此题有两个解：

【解一】　将 CD_1 视为摇杆的右极限位置，则 DC_2 即为摇杆的左极限位置。因而

$$\overline{AC_1} = b - a \ , \quad \overline{AC_2} = b + a$$

于是

$$l_{AB} = \frac{1}{2}(\overline{AC_2} - \overline{AC_1})\mu_l = \frac{1}{2} \times (42.5 - 17.8) \times 4 = 49.4 \ (\text{mm})$$

$$l_{BC} = \frac{1}{2}(\overline{AC_2} + \overline{AC_1})\mu_1 = \frac{1}{2} \times (42.5 + 17.8) \times 4 = 120.6 \quad \text{(mm)}$$

此解的一般位置简图如图 4.24（c）所示。

【解二】　将 CD_1 视为摇杆的左极限位置，则 DC_2' 即为摇杆的右极限位置。因而

$$\overline{AC_1} = b + a \ , \quad \overline{AC_2'} = b - a$$

于是

$$l_{AB} = \frac{1}{2}(\overline{AC_1} - \overline{AC_2'})\mu_1 = \frac{1}{2} \times (17.8 - 6.5) \times 4 = 22.6 \quad \text{(mm)}$$

$$l_{BC} = \frac{1}{2}(\overline{AC_1} + \overline{AC_2'})\mu_1 = \frac{1}{2} \times (17.8 + 6.5) \times 4 = 48.6 \quad \text{(mm)}$$

此解的一般位置简图如图 4.24（d）所示。

4.4.2　按给定连杆两个位置（或三个位置）设计四杆机构

1. 连杆上转动副已知的情况

此类问题的一般情形如图 4.25 所示。给定连杆 BC 的长度 l_{BC} 及其两个位置 B_1C_1 和 B_2C_2，设计一铰链四杆机构以实现连杆给定的这两个位置。

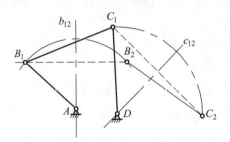

图 4.25　按连杆两个位置设计四杆机构

该问题的实质是已知连杆上转动副中心 B 和 C 的位置，求机架上的两个转动副中心 A 和 D。由于 B、C 两点分别在 A、D 为圆心的圆弧上运动，因此只需找出两个圆弧的中心即可求得该四杆机构。作图步骤如下：

（1）连接 B_1B_2 和 C_1C_2 并分别作它们的垂直平分线 b_{12} 和 c_{12}。

（2）在 b_{12} 上任选一点 A，在 c_{12} 上任选一点 D 作为机架的两个铰链点。显然，B_1，B_2 必在以 A 为圆心、AB_1 为半径的圆弧上；C_1，C_2 必在以 D 为圆心、DC_1 为半径的圆弧上。连接 AB_1 和 DC_1，则 AB_1C_1D 即为所求的铰链四杆机构。

（3）由于 A，D 可分别在 b_{12} 和 c_{12} 上任选，故有无穷多解。

由上述方法同样可设计铰链四杆机构以实现连杆给定的三个位置。但由于连杆有三个确定位置，其转动副中心点 B_1，B_2，B_3（或 C_1，C_2，C_3）三点通过的圆周只有一个，因此，机架铰链点 A（或 D）的位置只有一个确定解。

【例 4.3】　图 4.26（a）所示为铸工车间用的翻台振实造型机械的砂箱翻转机构，它应用一铰链四杆机构 AB_1C_1D 来实现砂箱翻台的两个工作位置的。在图中的实线位置 I 时，放有砂箱 7 的翻台 8 在振实台 9 上造型振实。当压力油推动活塞 6 时，通过连杆 5 推动摇杆 4 摆动，从而将翻台与砂箱转到虚线位置 II。然后拖台 10 上升接触砂箱并起模。设已知连杆 BC 长 $l_{BC} = 0.5$ m 及其两个位置 B_1C_1 和 B_2C_2，机架铰链点 A，D 取在同一水平线上且 $l_{AD} = l_{BC}$，试设计此翻台机构。

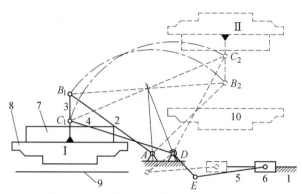

（a）翻台振实式造型机构的翻转机构示意图　　　　（b）翻转机构的作图求解过程

图 4.26

【解】　如图 4.26（b）所示按前述原理作图步骤如下：

（1）取长度比例尺 $\mu_1 = 0.1$ m/mm，经换算得 $BC = l_{BC}/\mu_1 = 5$ mm，按给定位置作 B_1C_1 和 B_2C_2。

（2）连接 B_1B_2，C_1C_2 并分别作它们的垂直平分线 b_{12}，c_{12}。

（3）按 A，D 在同一水平线上，且 $l_{AD} = l_{BC}$ 条件，在 b_{12} 上得 A 点，在 c_{12} 上得 D 点。

（4）连杆 AB_1C_1D 即为所求的四杆机构。由图量得其各杆长度为

$$l_{AB} = \overline{AB_1}\mu_1 = 2.5 \ (\text{m}), \quad l_{CD} = \overline{CD}\mu_1 = 2.7 \ (\text{m})$$

2. 连杆上转动副位置未知的情况

如图 4.27 所示，已知连杆平面上两点 M、N 三个预期位置序列为 M_i、N_i（$i = 1$，2，3），还已知机架上两转动副中心 A、D。求连杆上两个转动副的中心及各构件的长度。

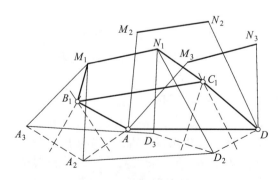

图 4.27　连杆上转动副位置未知的设计过程

此问题可采用**转换机架的方法设计**，即取连杆第一位置 M_1、N_1 为（也可以取第二、三位置）"机架"，找出 A、D 相对于 M_1、N_1 的位置序列，从而将问题转化为"连杆上转动副位置已知的情况"进行求解。求解步骤如下：

（1）将四边形 AM_2N_2D 予以刚化，搬动该四边形使 M_2N_2 与 M_1N_1 重合，得到 A_2、D_2。

（2）将四边形 AM_3N_3D 予以刚化，搬动该四边形使 M_3N_3 与 M_1N_1 重合，得到 A_3、D_3。

（3）分别作 $\overline{AA_2}$、$\overline{A_2A_3}$ 的中垂线，其交点即为转动副 B 在第一位置的中心 B_1。

（4）分别作 $\overline{DD_2}$、$\overline{D_2D_3}$ 的中垂线，其交点即为转动副 C 在第一位置的中心 C_1。

【例 4.4】　试设计一个四杆铰链机构作为夹紧机构。已知连杆 BC 的长度 $l_{BC} = 40$ mm，它的两个位置如图 4.28（a）所示。现要求连杆到达夹紧位置 B_2C_2 时，机构处于死点位置，且摇杆 C_2D 位于 B_1C_1 的垂直方向上。求构件尺寸 l_{AB}、l_{CD} 和 l_{AD}。

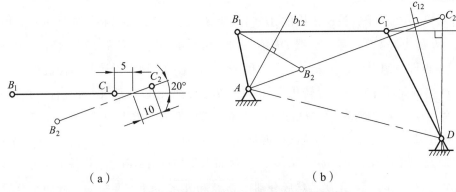

（a）　　　　　　　　　　　　（b）

图 4.28　四杆铰链夹紧机构设计问题及解法

【解】此题要求按连杆的两个给定位置来设计机构，在通常情况下有无穷多解。但此题给出了两个附加条件，则可获得唯一解。设计的关键是确定固定铰链 A 和 D 的位置。

铰链 A 应该在 $\overline{B_1B_2}$ 的中垂线上，又要求当连杆位于 B_2C_2 时，机构处于死点位置，从而可知铰链 A 又应在 B_2C_2（或其延长线）上。铰链 D 应该在 $\overline{C_1C_2}$ 的中垂线上，又要求 $C_2D \perp B_1C_1$。从而可知解题步骤如下：

在图 4.28（b）中，取长度比例尺 $\mu_1 = 1$ mm/mm，按已知条件先画出 $\overline{B_1C_1}$ 和 $\overline{B_2C_2}$。连接 B_1B_2 并作其垂直平分线 b_{12}，交 B_2C_2 的延长线于 A 点。连接 C_1C_2 并作其垂直平分线 c_{12}，过 C_2 点作 B_1C_1 的垂线，交 c_{12} 于 D 点。则 AB_1C_1D 即为所设计的机构。各构件的长度分别为

$$l_{AB} = \overline{AB_1} \cdot \mu_1 = 15.5 \times 1 = 15.5 \text{ (mm)}$$

$$l_{CD} = \overline{C_1D} \cdot \mu_1 = 32.2 \times 1 = 32.2 \text{ (mm)}$$

$$l_{AD} = \overline{AD} \cdot \mu_1 = 53.9 \times 1 = 53.9 \text{ (mm)}$$

4.4.3　按两连架杆预定的对应位置设计四杆机构

如图 4.29 所示，两连架杆的转角 α_i，φ_i 有着一一对应的关系，或一组对应位置 A_iB_i 与 D_iC_i。所以按连杆预定的位置设计四杆机构，和按两连架杆预定的对应位置设计四杆机构的

方法，实质上可认为是一样的。我们给出了四杆机构的两个位置，其两连架杆的对应转角为 α_1，φ_1 和 α_2，φ_2。现在，如果设想将整个机构绕构件 CD 的轴心 D 按与构件 CD 的转向相反的方向转过 $\varphi_1 - \varphi_2$ 角度。显然这并不影响各构件间的相对运动。但此时构件 CD 已由 DC_2 位置转回到了 DC_1，而构件 AB 由 AB_2 运动到了 $A'B_2'$ 位置。经过这样的转化，可以认为此机构已成为以 CD 为机架、AB 为连杆的四杆机构，因而按两连架杆预定的对应位置设计四杆机构的问题，也就转化成了按连杆预定位置设计四杆机构的问题。下面举例说明。

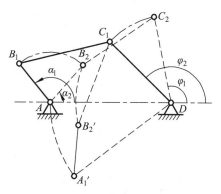

图 4.29　连杆上转动副位置未知的设计过程

如图 4.30（a）所示，设已知构件 AB 和机架 AD 的长度，要求在该四杆机构的传动过程中，构件 AB 和构件 CD 上某一标线 DE 能占据三组预定的对应位置 AB_1，AB_2，AB_3 及 DE_1，DE_2，DE_3（也即三组对应摆角 a_1，a_2，a_3 和 φ_1，φ_2，φ_3）。现需设计此四杆机构。

如上所述，此设计问题可以转化为以构件 CD 为机架，以构件 AB 为连杆，按照构件 AB 相对于构件 CD 依次占据的三个位置进行设计的问题。而为了求出构件 AB 相对于构件 CD 所占据的三个位置，以 E_1D 为底边依次作四边形 $E_1B_2'A_2D \cong E_2B_2AD$，$E_1B_3'A_3D \cong E_3B_3AD$（相当于将机构绕 D 点依次反转 $\varphi_1 - \varphi_2$，$\varphi_1 - \varphi_3$）从而求得构件 AB 相对于构件 CD 运动时所占据的三个位置 A_1B_1，A_2B_2 及 A_3B_3。然后分别作 $\overline{B_1B_2'}$ 和 $\overline{B_2B_3'}$ 的垂直平分线，此两平分线的交点即为所求铰链 C 的位置。图示 AB_1C_1D 即为所求的四杆机构。

如果只要求两连架杆依次占据两组对应位置，则可以有无穷多解。

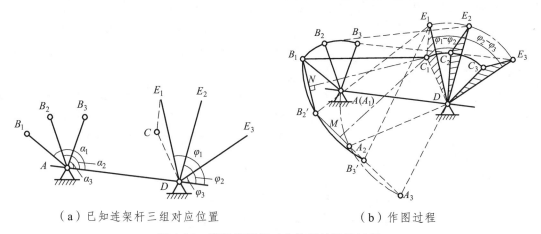

（a）已知连架杆三组对应位置　　　　　　　（b）作图过程

图 4.30　满足连架杆对应位置的设计过程

【例 4.5】　在图 4.31（a）中，以长度比例尺 μ_l 画出了一个四铰链机构的机架 AD 和连架杆 AB 的长度，要求当 AB 分别处于图示的三个位置时，另一连架杆 CD 应该分别到达图示三个相应位置。试用图解法设计此机构，求出连杆 BC 和连架杆 CD 的长度 l_{BC} 和 l_{CD}。

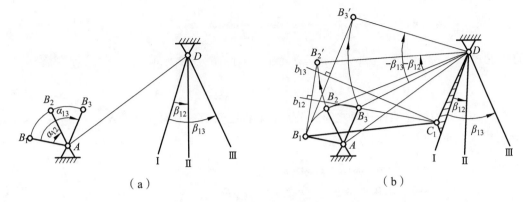

图 4.31　满足连架杆对应位置的设计举例

【解】　此题给定了两个连架杆的三组对应角位置，以及机架和一个连架杆的长度，其实质是要确定转动副 C 所在的位置。需要用"刚化-反转法"来设计。应特别注意在"刚化"以后的"反转"方向。设计步骤如下：

（1）按同样的长度比例尺在图 4.31（b）中画出铰链 A、D 和连架杆 AB 的三个位置 AB_1、AB_2、AB_3，以及另一连架杆的三个位置Ⅰ、Ⅱ、Ⅲ。

（2）连接 DB_2，并将 DB_2 绕 D 点顺时针转过 β_{12} 角（因 β_{12} 为逆时针方向），得 B_2 的转位点 B_2'。

（3）连接 DB_3，并将 DB_3 绕 D 点顺时针转过 β_{13} 角，得 B_3 的转位点 B_3'。

（4）连接 B_1B_2' 和 B_1B_3'，分别作其垂直平分线 b_{12} 和 b_{13}，二者相交于 C_1 点，C_1 就是在位置Ⅰ时铰链 C 的位置。将射线Ⅰ向 C_1 点扩大，并连接 B_1C_1，则 AB_1C_1D 即为所设计的机构，且

$$l_{BC} = \overline{B_1C_1} \cdot \mu_1$$

$$l_{CD} = \overline{C_1D} \cdot \mu_1$$

4.4.4　解析法设计四杆机构

在图 4.32 所示的铰链四杆机构中，已知连架杆 AB，CD 的三对对应位置 α_1，φ_1；α_2，φ_2，α_3，φ_3，要确定各杆的长度 a，b，c 和 d。现以解析法求解。机构各杆长度按同一比例增减时，各杆转动间的不变，故只需确定各杆的相对长度。取 $a=1$，则该机构的待求参数只有三个。

该机构的四个杆组成封闭多边形。取各杆在坐标轴 x 和 y 上的投影，可得以下关系式：

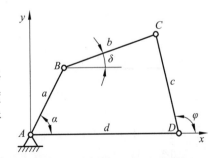

图 4.32　解析法设计四杆机构

$$\left.\begin{aligned}\cos\alpha + b\cos\delta &= d + c\cos\varphi \\ \sin\alpha + b\sin\delta &= c\sin\varphi\end{aligned}\right\} \tag{4.8}$$

将 $\cos\alpha$ 和 $\sin\alpha$ 移到等式右边，再把等式两边平方相加，即可消去 δ，整理后得

$$\cos\alpha = \frac{d^2+c^2+1-b^2}{2d}+c\cos\varphi-\frac{c}{d}\cos(\varphi-\alpha)$$

为简化上式，令 $p_0=c$，$p_1=-c/d$，$p_2=(d^2+c^2+1+b^2)/2d$，则有

$$\cos\alpha = p_0\cos\varphi+p_1\cos(\varphi-\alpha)+p_2 \tag{4.9}$$

式（4.9）即为两连架杆转角之间的关系式。将已知的三对对应转角 α_1，φ_1；α_2，φ_2，α_3，φ_3 分别代入式（4.9）可得到方程组：

$$\left.\begin{array}{l}\cos\alpha_1 = p_0\cos\varphi_1+p_1\cos(\varphi_1-\alpha_1)+p_2\\[2pt]\cos\alpha_2 = p_0\cos\varphi_2+p_1\cos(\varphi_2-\alpha_2)+p_2\\[2pt]\cos\alpha_3 = p_0\cos\varphi_3+p_1\cos(\varphi_3-\alpha_3)+p_2\end{array}\right\} \tag{4.10}$$

由方程组可以解出三个未知数 p_0，p_1，p_2，即可求得 b，c，d。以上求出的杆长 a，b，c，d 可同时乘以任意比例常数，所得的机构都能实现对应的转角。

若仅给定连架杆两对位置，则方程组中只能得到两个方程，p_0，p_1，p_2 三个参数中的一个可以任意给定，所以有无穷多解。

【例 4.6】　如图 4.33（a）所示偏置曲柄滑块机构中，已知滑块的行程 $s=500$ mm，行程速比系数 $K=1.4$，曲柄与连杆长度之比 $a:b=1:3$，导路在曲柄中心的下方。试以解析法求：（1）曲柄与连杆的长度 a、b；（2）偏距 e 与最大压力角 $\alpha_{\max}$。

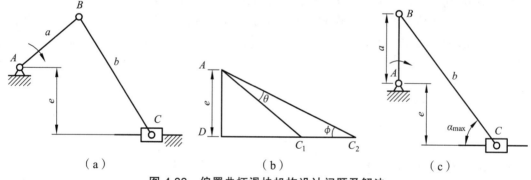

图 4.33　偏置曲柄滑块机构设计问题及解法

【解】　（1）首先求出极位夹角 θ：

$$\theta = 180°\times\left(\frac{K-1}{K+1}\right)=180°\times\left(\frac{1.4-1}{1.4+1}\right)=30°$$

（2）利用极位夹角求曲柄与连杆的长度 a 和 b。

如图 4.33（b），C_1、C_2 为滑块的两极限位置，因 $a:b=1:3$，则 $l_{AC_1}=b-a=2a$，$l_{AC_2}=b+a=4a$。在 $\triangle AC_1C_2$ 中有余弦定理：

$$l_{AC_1}^2+l_{AC_2}^2-2l_{AC_1}l_{AC_2}\cos\theta = s^2$$

$$(2a)^2+(4a)^2-2(2a)(4a)\cos30° = 500^2$$

解得：$a=201.72$ mm，$b=605.17$ mm。

（3）在 $\triangle AC_1C_2$ 和 $\triangle ADC_2$ 中，有如下关系：

$$l_{AC1}\sin\theta = s\sin\varphi, \quad e = l_{AC2}\sin\varphi$$

解得：$e = \dfrac{l_{AC1}l_{AC2}\sin\theta}{S} = \dfrac{2\times 201.72\times 4\times 201.72\times \sin 30°}{500} = 325.54$ （mm）。

（4）求最大压力角。当 AB 为原动件时，α_{max} 出现在图 4.33（c）所示的位置。因为滑块始终沿水平方向移动，而只有当 BC 处于最倾斜时，才会出现最大压力角。

由图可知：

$$\sin\alpha_{max} = \frac{a+e}{b} = \frac{201.72+325.54}{605.17} = 0.871\,3$$

解得：$\alpha_{max} = 60.61°$。

　　本章连杆机构中的平面四杆机构的基本形式为铰链四杆机构，在学习中应掌握以下基本概念：整转副、摆转副、连架杆、连杆、曲柄、摇杆以及低副的可逆性。铰链四杆机构可通过选取不同的构件为机架、改变构件的形状和相对长度、扩大运动副的尺寸等方式演化出其他形式的四杆机构。连杆机构在实际工程中应用十分广泛，应注意收集和了解它的实际应用。

　　平面连杆机构的工作特性包括运动特性和传力特性两方面。运动特性包括构件具有整转副的条件、从动件的急回运动特性等。传力特性包括压力角、传动角、机构的死点及机械的增益。从动件的急回运动用行程速比系数来表示，应弄清极位夹角和行程速比系数之间的关系。压力角是衡量机构传力性能好坏的重要指标。对于传动机构，应使压力角尽可能小，使传动角尽可能大，压力角和传动角在机构运动过程中是不断变化的。从动件处于不同位置时其压力角不同，当然，从动件在一个运动循环中，存在一个最大压力角。在设计连杆机构时应使最大压力角小于或等于许用压力角。死点是当压力角为 90° 或传动角为 0° 时，机构所处的位置。为使机构运转正常，顺利通过死点可利用构件惯性或相同机构的错位排列等办法。

　　平面连杆机构运动设计的设计命题有：刚体导引机构的设计；函数生成机构的设计；轨迹生产机构的设计。由于平面四杆机构可以选择的机构参数是有限的，而实际设计问题中各种设计要求往往是多方面的，因此，一般设计只能是近似实现。其设计的基本过程为：明确设计任务，选择连杆机构的形式；选用合适的设计方法，确定机构参数；校验和评价。

近似轨迹

✍【本章小结】

1. 铰链四杆机构三种基本形式，几何条件；含一个移动副四杆机构的四种形式；含两个移动副四杆机构的三种形式。极位夹角、摆角、急回作用、死点、传动角、压力角等概念。

2. 连杆机构演化方法。

3. 利用图解法，按连杆预定的位置、两连架杆预定的对应位置、行程速比系数设计四杆机构（铰链四杆机构、含一个移动副四杆机构），反转法。

4. 解析法设计四杆机构的基本原理和思路。

思 考 题

4-1 平面连杆机构有哪些特点？

4-2 四杆机构有几种基本类型？其运动特点如何？

4-3 何谓"曲柄""摇杆""连杆""导杆""滑块""定块""摇块"？

4-4 铰链四杆机构整转副存在的条件是什么？整转副是哪个转动副？

4-5 什么叫行程速比系数 K？$K > 1$、$K = 1$ 各表示什么意义？

4-6 压力角和传动角是如何定义的？其物理意义如何？

4-7 压力角、传动角的大小对连杆机构的工作有何影响？

4-8 讨论机构的"死点位置"有何实际意义？

4-9 如何实现连杆三个位置的设计方法？实现连架杆对应位置的设计方法如何？

4-10 曲柄滑块机构是怎样由曲柄摇杆机构演化来的？

4-11 曲柄滑块机构和导杆机构中存在具有整转副的几何条件分别是什么？

4-12 摇杆或滑块为从动件时，如何求出曲柄摇杆机构或曲柄滑块机构的最大压力角或最小传动角？

4-13 机构的死点位置与极限位置有什么联系？曲柄为主动件时，平面四杆机构有死点位置吗？

4-14 任意四边形如何找出某指定内角的最大值和最小值？

练 习 题

4-1 试根据题图 4-1 中所注明的尺寸判别各铰链四杆机构的类型。

4-2 如题图 4-2 所示，已知 $l_{BC} = 120 \, \text{mm}$，$l_{CD} = 90 \, \text{mm}$，$l_{AD} = 70 \, \text{mm}$，$AD$ 为机架。（1）如果该机构能成为曲柄摇杆机构，且 AB 为曲柄，求 l_{AB} 的值的范围；（2）如果该机构能成为双曲柄机构，求 l_{AB} 的值的范围；（3）如果该机构能成为双摇杆机构，求 l_{AB} 的值的范围。

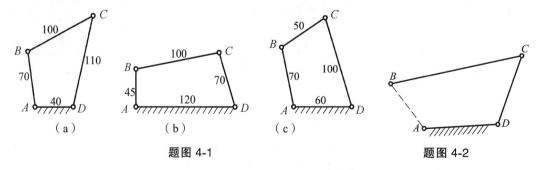

（a）　　　　　（b）　　　　　（c）

题图 4-1　　　　　　　　题图 4-2

4-3 设计如题图 4-3 所示的一脚踏轧棉机的曲柄摇杆机构。踏板为主动，要求踏板 CD 在水平位置上下各摆 $10°$，且 $l_{CD} = 500 \, \text{mm}$，$l_{AD} = 1 \, 000 \, \text{mm}$。试用图解法求曲柄 AB 和连杆 BC 的长度。

4-4 设计一曲柄滑块机构，如题图 4-4 所示。已知滑块的行程 $S = 50 \, \text{mm}$，偏距 $e = 10 \, \text{mm}$，行程速比系数 $K = 1.2$，试用图解法求出曲柄和连杆的长度。

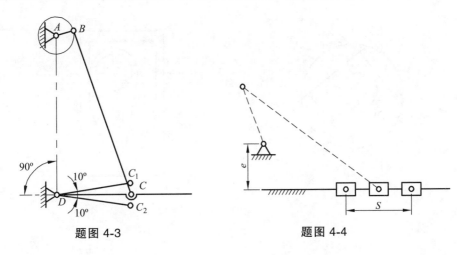

題图 4-3　　　　　　　　　　　　題图 4-4

4-5　题图 4-5 所示为某加热炉炉门的两个位置，实线为关闭位置，虚线为开启位置，要求开启位置时炉门处于水平位置且当做小平台使用。试按图示尺寸设计一四杆机构并满足连杆（即炉门）的两个位置的要求。

4-6　题图 4-6 所示为一椭圆机构。试证明：当机构运动时，构件 2 上任一点（端点 A、B 及其中点除外）的轨迹为一椭圆。

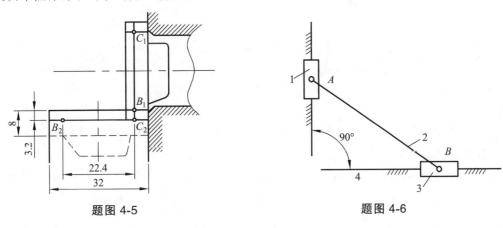

題图 4-5　　　　　　　　　　　　題图 4-6

4-7　设计一摆动导杆机构。已知机架长 $l_4 = 100$ mm，行程速比系数 $K = 1.4$，求曲柄长度。

4-8　题图 4-8 为转动翼板式油泵，由四个四杆机构组成，主动圆盘绕固定轴 A 转动，而各翼板绕固定轴 D 转动，试绘出其中一个四杆机构的机构运动简图，并说明其为何种四杆机构，为什么？

4-9　试画出题图 4-9 所示两种机构的机构运动简图，并说明它们各为何种机构？

在图（a）中偏心盘 1 绕固定轴 O 转动，迫使滑块 2 在圆盘 3 的槽中来回滑动，而圆盘 3 又相对于机架转动。在图（b）中偏心盘 1 绕固定轴 O 转动，通过构件 2，使滑块 3 相对于机架往复移动。

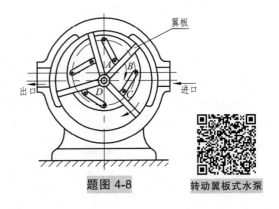

題图 4-8　　　转动翼板式水泵

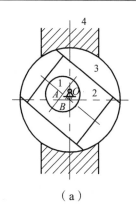
（a）

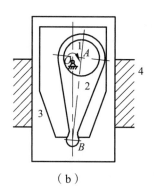
（b）

题图 4-9

4-10　题图 4-10 所示，设已知四杆机构各构件的长度为 $a = 240$ mm，$b = 600$ mm，$c = 400$ mm，$d = 500$ mm。试问：（1）当取杆 4 为机架时，是否有曲柄存在？（2）若各杆长度不变，能否以选不同杆为机架的办法获得双曲柄机构和双摇杆机构？如何获得？（3）若 a、b、c 三杆的长度不变，取杆 4 为机架，要获得曲柄摇杆机构，d 的取值范围应为何值？

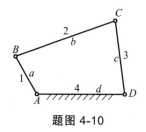
题图 4-10

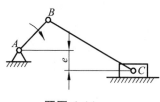
题图 4-11

4-11　题图 4-11 所示为一偏置曲柄滑块机构，试求杆 AB 为曲柄的条件。若偏距 $e = 0$，则杆 AB 为曲柄的条件又如何？

4-12　试说明对心曲柄滑块机构当以曲柄为主动件时，其传动角在何处最大？何处最小？

4-13　如图 4-23 所示，当按给定的行程速比系数 K 设计曲柄摇杆机构时，试证明若将固定铰链 A 的中心取在 C_1C_2 弧段上，将不满足运动连续性要求，还有哪些位置不满足运动连续性要求？

4-14　题图 4-14 所示的铰链四杆机构中，各杆的长度为 $l_1 = 28$ mm，$l_2 = 52$ mm，$l_3 = 50$ mm，$l_4 = 72$ mm，试求：（1）当取杆 4 为机架时，该机构的极位夹角 θ、杆 3 的最大摆角 φ、最小传动角 γ_{min} 和行程速比系数 K；（2）当取杆 1 为机架时，将演化成何种类型的机构？为什么？并说明这时 C、D 两个转动副是周转副还是摆转副；（3）当取杆 3 为机架时，又将演化成何种机构？这时 A、B 两个转动副是否仍为周转副？

4-15　在题图 4-15 所示的连杆机构中，已知各构件的尺寸为：$l_{AB} = 160$ mm，$l_{BC} = 260$ mm，$l_{CD} = 200$ mm，$l_{DE} = l_{AD} = 80$ mm；构件 AB 为原动件，沿顺时针方向匀速回转，试确定：（1）四杆机构 $ABCD$ 的类型；（2）该四杆机构的最小传动角 γ_{min}；（3）滑块 F 的行程速比系数 K。

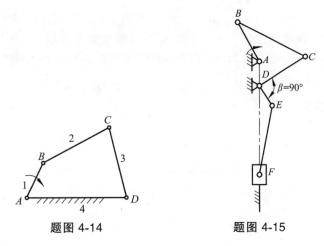

题图 4-14　　　　　　　　题图 4-15

4-16　如题图 4-16 所示，设要求四杆机构两连架杆的三组对应位置分别为：$\alpha_1 = 35°$，$\varphi_1 = 50°$，$\alpha_2 = 80°$，$\varphi_2 = 75°$，$\alpha_3 = 125°$，$\varphi_3 = 105°$。试以解析法设计此四杆机构。

4-17　试设计题图 4-17 所示的六杆机构。该机构当转杆 AB 自 y 轴顺时针转过 $\varphi_{12} = 60°$，转杆 DC 顺时针转过 $\psi_{12} = 45°$ 恰与 x 轴重合。此时滑块 6 自 E_1 移动到 E_2，位移 $s_{12} = 20$ mm。试确定铰链 B_1 及 C_1 的位置。

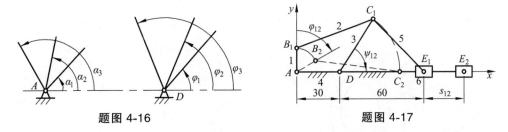

题图 4-16　　　　　　　　　　　题图 4-17

4-18　现欲设计一四杆机构翻书器如题图 4-18 所示，当踩动脚踏板时，连杆上的 M 点自 M_1 移至 M_2，就可翻过一页书。现已知固定铰链 A、D 的位置，连架杆 AB 的长度及三个位置，以及描点 M 的三个位置。试设计该四杆机构（压重用以保证每次翻书时只翻过一页）。

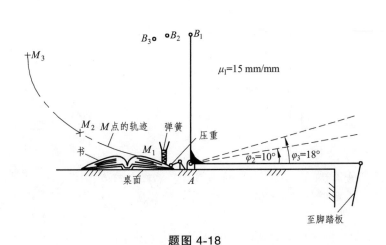

题图 4-18

4-19　如题图 4-19 所示为公共汽车车门启闭机构。已知车门上铰链 C 沿水平直线移动，铰链 B 绕固定铰链 A 转动，车门关闭位置与开启位置夹角为 $\alpha = 115°$，$AB_1 /\!/ C_1C_2$，$l_{BC} =$ 400 mm，$l_{C_1C_2} = 550$ mm。试求构件 AB 长度，验算最小传动角，并绘出在运动中车门所占据的空间（作为公共汽车的车门，要求其在启闭中所占据的空间越小越好）。

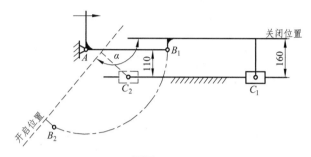

题图 4-19

4-20　如题图 4-20 所示为一用推拉缆操作的长杆夹持器，并用一四杆机构 $ABCD$ 来实现夹持动作。设已知两连架杆上标线的对应角度如图中所示，试确定该四杆机构各杆的长度。

4-21　如题图 4-21 所示，现欲设计一铰链四杆机构，设已知摇杆 CD 的长 $l_{CD} = 75$ mm，行程速比系数 $K = 1.5$，机架 AD 的长度为 $l_{AD} = 100$ mm，摇杆的一个极限位置与机架间的夹角为 $\varphi = 45°$，试求曲柄的长度 l_{AB} 和连杆的长度 l_{BC}（有两组解）。

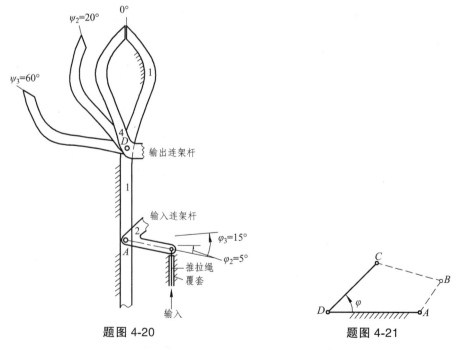

题图 4-20　　　　　　　　　　　题图 4-21

4-22　如题图 4-22 所示，设已知破碎机的行程速比系数 $K = 1.2$，颚板长度 $l_{CD} = 300$ mm，颚板摆角 $\varphi = 35°$，曲柄长度 $l_{AB} = 80$ mm。求连杆的长度，并验算最小传动角 $\gamma_{\min}$ 是否在允许的范围内。

4-23　题图 4-23 为一牛头刨床的主传动机构，已知 $l_{AB} = 75$ mm，$l_{DE} = 100$ mm，行程速

比系数 $K = 2$，刨头 5 的行程 $H = 300\ \text{mm}$，要求在整个行程中，推动刨头 5 有较小的压力角，试设计此机构。

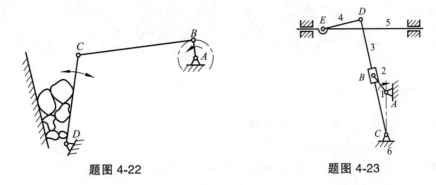

题图 4-22　　　　　　　　　　　　　　题图 4-23

4-24　试设计一曲柄滑块机构，设已知滑块的行程速比系数 $K = 1.5$，滑块的冲程 $H = 50\ \text{mm}$，偏距 $e = 20\ \text{mm}$。求其最大压力角 $\alpha_{\max}$。

第5章 凸轮机构

☞【本章要点】

1. 凸轮机构的基本类型、特点及主要参数。
2. 凸轮机构的常用运动规律及应用场合。
3. 图解法、解析法确定凸轮机构的理论廓线和实际廓线。
4. 凸轮机构基本尺寸的确定。

凸轮机构是最基本的高副机构，**由凸轮、从动件和机架构成**。本章主要介绍凸轮机构的基本类型和特点、平面凸轮机构中高副的轮廓曲线设计方法、平面凸轮机构基本尺寸的确定。高副轮廓曲线设计是本章的重点，其他高副机构也是如此。

5.1 凸轮机构的基本类型、特点及主要参数

5.1.1 凸轮机构的基本原理和特性

在实际工作中，一些特殊复杂的运动可以由凸轮机构来实现。图 5.1 所示是内燃机气门控制机构，凸轮 1 旋转，从动件-气阀杆随着凸轮轮廓做有规律的运动，完成气门定时的开启、闭合动作。图 5.2 是车床上的走刀机构，当圆柱凸轮旋转时，从动件-上面刀架按照圆柱表面上加工好的槽作水平方向的往复运动。

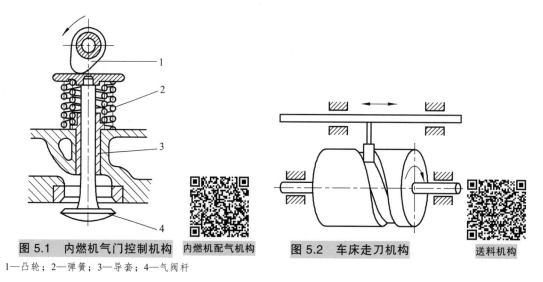

图 5.1　内燃机气门控制机构　内燃机配气机构　图 5.2　车床走刀机构　送料机构

1—凸轮；2—弹簧；3—导套；4—气阀杆

　　凸轮机构的特点主要是由高副连接所决定的。从机构运动方面来说，**改变凸轮轮廓曲线，几乎可以使从动构件实现任意需要的运动规律**，其实现传动功能的灵活性远远超过了低副连杆机构，且可以做到结构紧凑简单。因此，凸轮机构广泛地运用于机械、仪器的操纵控制装置当中。但从受力的角度来说，凸轮机构中的高副接触，接触应力大，易于磨损，所以不宜传递较大的动力。再者为实现预定运动，曲线轮廓加工制造较复杂。所以**凸轮机构的适用范围一般为实现特殊要求运动规律而传力不大的场合**。

5.1.2　凸轮机构的基本类型

　　1. 按照高副接触的实现方式分

　　（1）尖底接触：从动件上与凸轮接触处的曲率半径为 0。从运动方面来说，此时凸轮轮廓曲线可以任意向实体内凹曲，实现运动规律的灵活性很大；但尖底接触的从动件极易磨损，故实际中很少应用。

　　（2）滚子接触：从动件与凸轮的接触通过新增加的滚子构件实现高副接触。此时，高副接触的摩擦状态得到极大改善，故得到广泛应用；但凸轮廓线上内凹程度不能太小，否则无法实现正常接触，此外，从动件过渡太强的运动要求也可能无法实现。

　　（3）平底接触：从动件上与凸轮的接触处为平面接触，曲率半径为无限大。此时，在从动件平底处与凸轮间易形成油膜，润滑好，磨损小，传动效率高，宜用于高速；但由于从动件是平底，因此，凸轮外轮廓须严格外凸，运动规律的受限比滚子接触更大。

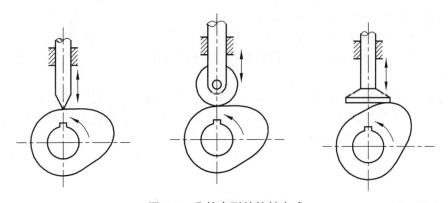

图 5.3　凸轮高副的接触方式

　　当然，凸轮与从动件的接触也可以是其他任意的光滑曲线，但这种情况很少见。

　　2. 按照凸轮与机架之间的运动副的形式分

　　（1）盘形凸轮机构：凸轮与机架之间通过转动副连接。凸轮是轮廓各点到凸轮转轴具有不同半径的盘形构件。当凸轮绕固定轴线转动时，推动从动件运动，图 5.3 所示的凸轮都是盘形凸轮。盘形凸轮机构的结构比较简单，应用最为广泛，但从动件的行程不能太大，否则将使凸轮的径向尺寸变化过大。所以盘形凸轮机构多用在行程较短的传动中。

　　（2）移动凸轮机构：凸轮与机架之间通过移动副连接。图 5.4 所示是靠模车削机构，工件 1 转动时，靠模板 3 和工件一起在水平方向做纵向移动，刀架 2 带着车刀随着靠模板的曲线轮廓作水平方向有规律的运动，将形状复杂的回转体工件加工出来，因此模板 3 就是移动凸轮，也可以将移动凸轮看做是转轴在无穷远处的盘形凸轮。

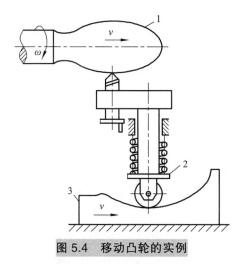

图 5.4   移动凸轮的实例

移动凸轮

3．按照从动件与机架之间的运动副的形式分

（1）**直动从动件**：从动件与机架之间通过移动副连接，从动件做往复直线运动。

（2）**摆动从动件**：从动件与机架之间通过转动副连接，从动件做往复摆动。

凸轮机构类型

4．平面凸轮和空间凸轮

在上面各凸轮机构中，凸轮和从动件的相对运动是平面运动，因此都属于平面凸轮机构；凸轮和从动件的相对运动为空间运动的机构成为空间凸轮机构。最为常用的空间凸轮机构有以下两种。

（1）**圆柱凸轮机构**：凸轮是圆柱体且表面开有曲线沟槽；从动件的运动平面与凸轮轴线平行。圆柱凸轮可看做是将移动凸轮卷成圆柱体而得。圆柱凸轮机构有在圆柱表面开槽的形式，也有在圆柱端面做成曲线轮廓的形式，如图 5.5 所示。

（2）**圆锥凸轮机构**：凸轮是圆锥体，从动件沿圆锥母线方向运动，圆锥凸轮可看做是将盘形凸轮的一扇形部分卷成圆锥体而得，如图 5.6 所示。

图 5.5   圆柱端面做成曲线的空间凸轮机构

凸轮间歇机构

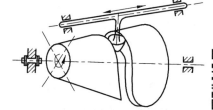

图 5.6   圆锥空间凸轮机构

圆锥空间凸轮

空间凸轮机构还有其他很多种，如弧面、球面凸轮机构等，但这些机构应用较少，在此不做叙述。

5. 按照凸轮与从动件的封闭形式分

（1）力封闭凸轮机构： 此种凸轮机构是利用从动件的重力、弹簧力等使得从动件和凸轮始终保持高副接触状态。

（2）几何封闭凸轮机构： 依靠高副本身的结构使得从动件和凸轮始终保持高副接触状态，如图 5.7 所示。

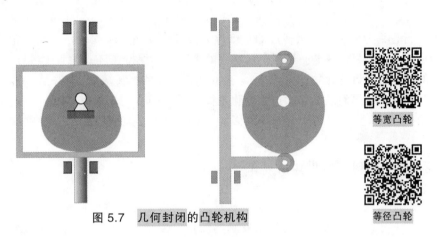

等宽凸轮

等径凸轮

图 5.7　**几何封闭** 的 **凸轮机构**

5.1.3　凸轮机构的主要参数

图 5.8（a）所示为一对心尖底盘形凸轮机构。凸轮以轴心 O 为圆心旋转，**以凸轮轮廓线的最小向径为半径作的圆称为基圆，其半径称为基圆半径，用 r_0 表示；** 以 A 点为起始点，此时从动件尖底与凸轮轮廓 AB 段 A 点接触，它离轴心 O 点的距离最近，当凸轮以逆时针方向

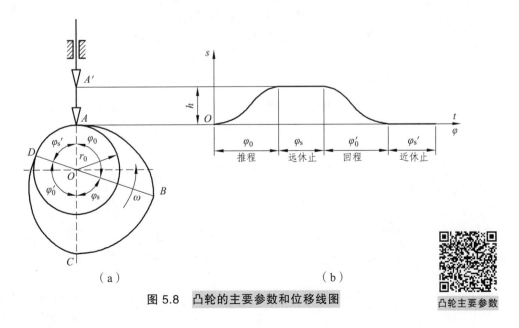

（a）　　　　　　　　　　　　　　（b）

图 5.8　**凸轮的主要参数和位移线图**

凸轮主要参数

转动时，从动件尖底在凸轮轮廓 AB 段运动，由于 AB 段的向径逐渐增大，因此从动件的尖底按照凸轮 AB 段的轮廓逐渐远离轴心 O，当尖底到达 B 点时，凸轮轮廓的向径值达到最大，那么尖底也就运动到了离轴心 O 点最远的位置，从 A 点到 B 点的运动过程称为**推程**，从动件尖底从 A 点位置（即最近位置）到达 A' 点位置（即最远位置），移动的最大位移称为行程量，或**升程**，以 h 表示。在这一过程中凸轮旋转过的角度称为**推程运动角**，以 φ_0 表示。凸轮从 B 点继续向逆时针方向旋转，在 BC 段凸轮轮廓线向径一直保持不变，因此在这一过程尖底保持在 A' 位置不动，凸轮转过的角度 φ_s 称为**远休止角**。凸轮从 C 点再继续向逆时针方向旋转，凸轮轮廓线 CD 段的向径在逐渐减小，因此从动件的尖底将从 A' 位置（即最远位置）逐渐向轴心运动，当尖底与 D 点接触时从动件又回到了 A 位置，这一过程和推程是一个相反的过程，这一行程称为**回程**，凸轮转过的角度称为**回程运动角**，以 φ_0' 表示。当凸轮从 D 点开始继续旋转直到一周结束，在这一过程中从动件的尖底始终保持在 A 点位置（最近位置）不动，凸轮转过的角度称为**近休止角**，以 φ_s' 表示。至此凸轮一周的旋转结束，再往后就是这一周过程的循环。将凸轮旋转一周时从动件的位移变化规律用图 5.8（b）来表示，横坐标可以是时间 t 或者是旋转角度 φ。纵坐标就是从动件的位移 s。从动件的位移曲线是凸轮轮廓曲线的设计依据。

5.2　凸轮机构的常用运动规律

凸轮机构几乎可以实现任意的从动件运动规律，实际生产中对一些只关心运动的起点和终点而对中间运动过程没有严格要求的凸轮机构经常采用一些常用的运动规律，一般有等速、等加速等减速、正弦、余弦加速度等运动规律。这些常用的运动规律有着不同的运动性能和工艺性能，可以根据实际情况灵活选用。学习中要了解各种常用运动规律的位移、速度、加速度线图画法和其数学表达式，后面凸轮廓线的设计中将会用到。

5.2.1　等速运动规律

当从动件的运动速度 v 为任意常数 c_1 时，称为**等速运动规律**。此时从动件的位移 s、速度 v 和加速度 a 分别为

$$s = \int v\,\mathrm{d}t = c_1 t + c_2 \;;\quad v = c_1 \;;\quad a = \frac{\mathrm{d}v}{\mathrm{d}t} = 0$$

假定在运动过程中凸轮匀速运动，角速度为 ω，运动角为 φ，则运动时间 $t = \varphi/\omega$。在运动开始时满足：$\varphi = 0$ 时，$s = 0$；升程结束时满足：$\varphi = \varphi_0$ 为升程角，$s = h$ 为行程。利用这些条件可确定有关待定的常数，整理后可得到从动件的推程运动方程为

$$\left.\begin{array}{l} s = \dfrac{h}{\varphi_0}\varphi \\[2mm] \dfrac{v}{\omega} = \dfrac{h}{\varphi_0} \\[2mm] \dfrac{a}{\omega^2} = 0 \end{array}\right\}\qquad (5.1)$$

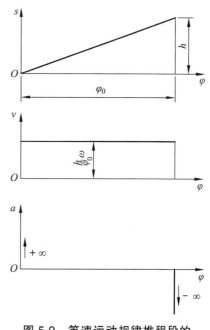

图 5.9　等速运动规律推程段的
运动特性

同样的道理在回程运动中，代入运动开始条件：$\varphi = 0$ 时，$s = h$；回程结束时满足：$\varphi = \varphi'_0$ 为回程角，$s = 0$。由此可以得到从动件的回程运动方程。此处从略。注意凸轮的转角总是从该段运动规律的起始位置计量起。

升程的位移和速度以及加速度曲线图如图 5.9 所示。从图中可以看到，在从动件开始运动的瞬时，速度由 0 突然变为 $v = \dfrac{h}{\varphi_0} \omega$，加速度为

$$a = \lim_{\Delta t \to 0} \frac{\omega h / \varphi_0 - 0}{\Delta t} = +\infty$$

同理，在回程终止位置时，速度瞬时又突变回到 0，加速度理论上则为负的无穷大。**这种理论上加速度为无限大的冲击被称为刚性冲击。**实际上由于材料的弹性变形，加速度和惯性力不会达到无穷大，但仍会引起强烈的冲击。因此，**等速运动规律的凸轮机构只能用在低速轻载场合。**

5.2.2　等加速等减速运动规律

从动件先做等加速运动，后做等减速运动，这样的运动规律称为**等加速等减速运动规律。**假如在加速段和减速段凸轮的运动角及推杆的行程均各占一半（即各为 $\varphi_0 / 2$ 及 $h / 2$），从动件的加速度 a 是一特定的常数 c_1，则从动件的位移 s、速度 v 和加速度 a 分别为

$$s = \int v \mathrm{d}t = c_1 \frac{\varphi^2}{2\omega^2} + c_2 \frac{\varphi}{\omega} + c_3 \; ; \quad v = \int a \mathrm{d}t = c_1 \frac{\varphi}{\omega} + c_2 \; ; \quad a = c_1$$

代入推程前半行程的开始运动条件：$\varphi = 0$ 时 $v = 0, s = 0$；终止运动条件：$\varphi = \varphi_0 / 2$ 时 $s = h / 2$，综合整理得到推程前半段的等加速区间运动规律为

$$\left. \begin{aligned} s &= \frac{2h}{\varphi_0^2} \varphi^2 \\ \frac{v}{\omega} &= \frac{4h}{\varphi_0^2} \varphi \\ \frac{a}{\omega^2} &= \frac{4h}{\varphi_0^2} \end{aligned} \right\} \qquad (5.2\mathrm{a})$$

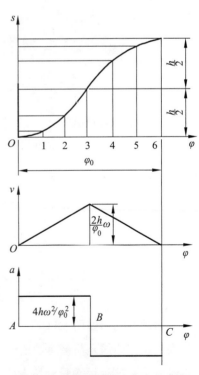

在推程后半段等减速区间开始条件：$\varphi = \varphi_0 / 2$ 时 $s = h / 2$；终止条件：$\varphi = \varphi_0$ 时 $v = 0, s = h$。由此可得推程后半段等减速区间的从动件运动方程为

$$\left. \begin{aligned} s &= h - \frac{2h}{\varphi_0^2} (\varphi_0 - \varphi)^2 \\ \frac{v}{\omega} &= \frac{4h}{\varphi_0^2} (\varphi_0 - \varphi) \\ \frac{a}{\omega^2} &= -\frac{4h}{\varphi_0^2} \end{aligned} \right\} \qquad (5.2\mathrm{b})$$

图 5.10　等加速等减速运动规律
推程段的运动特性

　　等加速等减速运动规律的运动图线如图 5.10 所示，加速度曲线是两段水平直线，速度曲线是两段斜率相反的斜线，位移曲线是在 $h/2$ 处光滑相连的抛物线，所以这种运动规律又称为抛物线运动规律。

　　在图 5.10 中，加速度在 φ 为 0、$\varphi_0/2$、φ_0 三处均有突然的变化，相应地惯性力也会有突然的变化。**这种有限的惯性力的突然变化称为柔性冲击**，它也会造成比较明显的冲击。虽然和等速运动规律相比，运动冲击明显改善，但**这种运动规律同样也不适用于高速场合**。

5.2.3　余弦加速度运动规律

　　为了减少加速度的突变，可以采用加速度按照余弦规律变化的运动规律。这种运动规律在推程段或回程段的加速度曲线是半个周期的余弦函数曲线，其速度、加速度、位移运动方程为

$$a = c_1 \cos \frac{\varphi}{\varphi_0}\pi \; ; \quad v = \int a \mathrm{d}t = c_1 \frac{\varphi_0}{\omega\pi}\sin\frac{\varphi}{\varphi_0}\pi + c_2 \; ; \quad s = \int v\mathrm{d}t = -c_1\frac{\varphi_0^2}{\omega^2\pi^2}\cos\frac{\varphi}{\varphi_0}\pi + c_2\frac{\varphi}{\omega} + c_3$$

推程过程的开始条件：$\varphi = 0$ 时 $v = 0, s = 0$；推程过程的终止条件：$\varphi = \varphi_0$ 时 $s = h$。将其代入上式并整理得到运动方程为

$$\left.\begin{aligned} s &= \frac{h}{2}\left(1 - \cos\left(\frac{\pi}{\varphi_0}\varphi\right)\right) \\ \frac{v}{\omega} &= \frac{h\pi}{2\varphi_0}\sin\left(\frac{\pi}{\varphi_0}\varphi\right) \\ \frac{a}{\omega^2} &= \frac{h\pi^2}{2\varphi_0^2}\cos\left(\frac{\pi}{\varphi_0}\varphi\right) \end{aligned}\right\} \qquad (5.3a)$$

　　根据回程的开始条件：$\varphi = 0$ 时，$v = 0$，$s = h$ 和终止条件：$\varphi = \varphi_0'$ 时 $s = 0$；也可以得到回程从动件的运动方程：

$$\left.\begin{aligned} s &= \frac{h}{2}\left(1 + \cos\left(\frac{\pi}{\varphi_0'}\varphi\right)\right) \\ \frac{v}{\omega} &= -\frac{h\pi}{2\varphi_0}\sin\left(\frac{\pi}{\varphi_0'}\varphi\right) \\ \frac{a}{\omega^2} &= -\frac{h\pi^2}{2\varphi_0^2}\cos\left(\frac{\pi}{\varphi_0'}\varphi\right) \end{aligned}\right\} \qquad (5.3b)$$

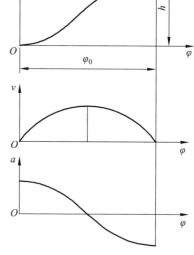

图 5.11　余弦加速度运动规律推程段的运动特性

　　运动曲线图如图 5.11 所示，其中加速度曲线是半周期余弦曲线，速度曲线是半周期正弦曲线，位移曲线是简谐运动曲线。因此，这种运动规律也称作简谐运动规律。由加速度余弦曲线看出，这种运动只有始末两处才有加速度的突变。当机构作升-降-升型运动，远、近休止角均为零时，方可获得连续的加速度曲线，运动特性可得到进一步改善。

5.2.4　摆线运动规律

若在整个行程中加速度曲线采用完整的正弦曲线，整个机构的运动规律又将如何呢？**它的特点是，在运动的初始点和终止点，不仅速度为零，且加速度也为零。**这种运动规律的运动方程为

$$a = c_1 \sin\frac{\varphi}{\varphi_0} 2\pi ; \quad v = \int a \mathrm{d}t = -c_1 \frac{\varphi_0}{2\omega\pi}\cos\frac{\varphi}{\varphi_0} 2\pi + c_2 ;$$

$$s = \int v \mathrm{d}t = -c_1 \frac{\varphi_0^2}{4\omega^2\pi^2}\sin\frac{\varphi}{\varphi_0}\pi + c_2\frac{\varphi}{\omega} + c_3$$

推程的开始条件：$\varphi = 0$ 时 $v = 0, s = 0$；终止条件：$\varphi = \varphi_0$ 时 $s = h$。将其代入上式得到从动件推程的运动方程为

$$\left.\begin{aligned}
s &= h\left(\frac{\varphi}{\varphi_0} - \frac{1}{2\pi}\sin\left(\frac{2\pi}{\varphi_0}\varphi\right)\right) \\
\frac{v}{\omega} &= \frac{h}{\varphi_0}\left(1 - \cos\left(\frac{2\pi}{\varphi_0}\varphi\right)\right) \\
\frac{a}{\omega^2} &= \frac{2\pi h}{\varphi_0^2}\sin\left(\frac{2\pi}{\varphi_0}\varphi\right)
\end{aligned}\right\} \quad (5.4\text{a})$$

同理，由回程开始条件：$\varphi = 0$ 时 $v = 0$, $s = h$ 和终止条件：$\varphi = \varphi_0$ 时 $s = 0$ 可得回程运动方程为

$$\left.\begin{aligned}
s &= h\left(1 - \frac{\varphi}{\varphi_0'} + \frac{1}{2\pi}\sin\left(\frac{2\pi}{\varphi_0'}\varphi\right)\right) \\
\frac{v}{\omega} &= \frac{h}{\varphi_0'}\left(\cos\left(\frac{2\pi}{\varphi_0'}\varphi\right) - 1\right) \\
\frac{a}{\omega^2} &= -\frac{2\pi h}{\varphi_0'^2}\sin\left(\frac{2\pi}{\varphi_0'}\varphi\right)
\end{aligned}\right\} \quad (5.4\text{b})$$

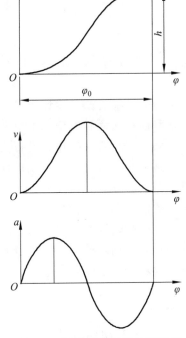

图 5.12　摆线运动规律推程段的
运动特性

其位移、速度、加速度曲线如图 5.12 所示。由运动曲线可以看出，这种运动规律的加速度没有突变，可以避免刚性和柔性冲击，**适用于高速场合。**

5.2.5　改进型运动规律介绍

上面讨论的四种运动规律是常用的基本运动规律，各有其特点和适用范围，在实际生产中根据实际要求，单一运动规律常常无法完全达到使用要求，这时可以对单一运动规律进行局部改进，或是对两个及以上运动规律进行组合。这两种形式的运动规律都叫作**改进型运动规律**。为获得良好的运动特性，改进型运动曲线在两种运动规律曲线的衔接处必须是连续的。

低速轻载只要求满足位移和速度曲线是连续即可，但高速场合就要求位移、速度和加速度曲线都要连续，在更高速场合除了连续性要求外，还要求加速度的最大值和变化率尽量小些。如图 5.13 所示，为了避免等速运动规律里面的刚性冲击，在位移曲线中将开始一小段和结束一小段直线用圆弧来替代，为了使圆弧段和直线段在衔接点有同样大小的速度，图中的斜线 *BC* 必须和圆弧两端相切，这样就使等速运动规律可以用在速度较高的场合。

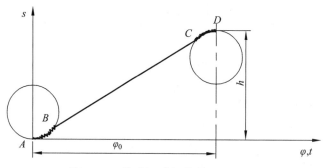

图 5.13　等速运动规律的一种改进

5.3　凸轮轮廓设计 1——图解法

　　凸轮轮廓是凸轮设计中的核心，也有图解法和解析法两种方法，本节学习图解设计法。图解法直观、简单、易行，但是精度不高，适用于要求较低的凸轮设计。用图解法设计凸轮轮廓时，首先要画出位移曲线和确定凸轮的基本尺寸参数，然后根据位移曲线来绘制凸轮轮廓，用图解法绘制凸轮轮廓是利用相对运动不变的方法进行的，也即假使从动件相对凸轮反方向运动，而凸轮相对于我们绘图观测者保持不动，以方便我们进行绘图作业，故称之为反转法。下面以几种常见的平面凸轮机构为例进行说明。

5.3.1　直动从动件盘形凸轮机构

　　1. 尖底从动件盘形凸轮

　　已知条件：从动件位移线如图 5.14 所示，凸轮顺时针旋转，基圆半径为 r_0，从动件与中心偏距为 e。

　　设计目标：要求绘出此凸轮的轮廓曲线。

　　设计步骤（见图 5.14）：

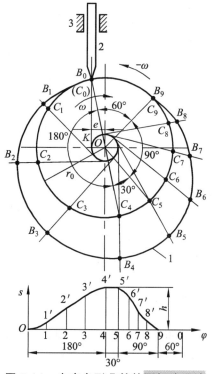

图 5.14　尖底盘形凸轮的图解法设计

凸轮反转法

直动盘形凸轮设计

（1）以 r_0 为半径作基圆，以 e 为半径作偏距圆。点 K 为从动件中心线与偏距圆的切点，尖底与基圆的交点 B_0（C_0）便是从动件尖底的初始位置。

（2）将位移线图的推程运动角和回程运动角分别作若干等分（本例中作四等分）。

（3）自 OC_0 开始，沿逆时针（与凸轮转向相反）方向量取推程运动角（180°）、远休止角（30°）、回程运动角（90°）、近休止角（60°），在基圆上得 C_4、C_5、C_9 三点。将推程运动角和回程运动角分成与从动件位移线图对应的等分，得 C_1、C_2、C_3 和 C_6、C_7、C_8 六点。

（4）过 C_1、C_2、C_3 和 C_6、C_7、C_8 六点作偏距圆的一系列切线，它们便是反转后从动件中心线的一系列位置。

（5）沿以上各切线自基圆开始量取从动件相应的位移量，即取线段：$C_1B_1 = 11'$，$C_2B_2 = 22'$，…得反转后尖底的一系列位置 B_1、B_2、…。

（6）将 B_0、B_1、B_2、…连成光滑曲线（B_4 和 B_5 之间以及 B_9 和 B_0 之间均为以 O 为圆心的圆弧），便得到所求的凸轮轮廓曲线。

当偏心距为零时就是对心尖底凸轮机构，作图方法一样。需要说明的是，这里对推程运动角和回程运动角进行划分的份数需要根据实际情况即精度要求来划分。

2. 滚子从动件盘形凸轮的廓线设计

与尖底从动件相比，滚子从动件是在从动件端部加了一个半径为 r 的滚子。由于滚子的中心是从动件上的一个固定点，它的运动就是从动件的运动，将滚子的中心看做是尖底从动件的尖底，设计中把滚子的中心看做尖底凸轮的接触点，则作图步骤如下：

（1）按照尖底从动件的方法画出一条轮廓线 η，称为凸轮的理论轮廓线，如图 5.15 所示。

（2）以曲线 η 上各点为圆心，以滚子半径 r_T 为半径画一系列的圆。

（3）绘制这些圆的内包络线 η'，那么 η' 就是滚子从动件凸轮所需要的实际轮廓。显然实际轮廓和理论轮廓是两条法向等距曲线。

另外，也可以绘制这些圆的外包络线 η''。当以此为凸轮轮廓线时，称为**内轮廓凸轮**。需要强调的是：**当从动件是滚子接触时，凸轮的基圆仍然指的是其理论轮廓的基圆。**

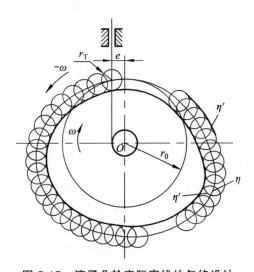

图 5.15　滚子凸轮实际廓线的包络设计

3. 平底接触凸轮的廓线设计

平底凸轮实际轮廓曲线的求法与上述方法相仿。将接触平底与导路的交点 B_0 为参考点，将它看做尖底凸轮的接触点，故 B_0 相对于凸轮的运动轨迹也就是尖底凸轮的实际工作廓线，B_0 也要依次经过 B_1、B_2、B_3、…位置，这里也称之为平底凸轮的理论廓线；其次，过这些点画出相应的一系列平底垂直于角度射线，得一直线族；最后作此直线族的包络线，便可得到凸轮实际轮廓曲线，如图 5.16 所示。故设计步骤为：

（1）按照尖底从动件的设计方法画出一条平底凸轮理论轮廓线。

（2）过理论廓线上各点依据平底所转过的角度画出不同时刻的平底所在位置的直线。

（3）绘制这些直线的包络线，包络线与每一条直线相切。

由于平底上与实际轮廓曲线相切的点是随机构位置变化的，为了保证在所有位置平底都能与轮廓曲线相切，平底左右两侧的宽度必须分别大于导路至左右最远切点的距离 b' 和 b''。从作图过程不难看出，对于平底直动从动件，只要**不改变导路的方向，无论导路对心或偏置，无论取哪一点为参考点，所得出的直线族和凸轮实际轮廓曲线都是一样的。**

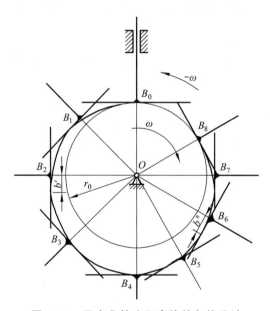

图 5.16　平底凸轮实际廓线的包络设计

5.3.2　摆动从动件盘形凸轮机构

摆动从动件尖底凸轮机构轮廓设计用反转法来实现。

已知条件：从动件的摆动运动规律如图 5.17（b）所示，凸轮的基圆半径为 r_0，摆杆 AB 长度为 l_{AB}，凸轮轴心和摆杆中心的距离为 l，凸轮逆时针旋转。

设计目标：绘制满足图 5.17（b）所示运动规律的凸轮廓线。

设计步骤[见图 5.17（a）]：

（1）以凸轮轴心为圆心、基圆半径 r_0 为半径作圆，以凸轮转动副中心到摆杆转动副中心的距离 l 为半径作圆。

（2）在运动规律曲线图上将推程等分作若干段（本例为 4 段），得到若干点（本例为 0，1，2，3，4 点）；将回程等分作若干段（本例为 3 段），得到若干点（本例为 5，6，7，8 点）。

（3）根据各点在横坐标轴上的位置对应在 l 半径的圆上取这些点，分别是 A_1、A_2、$\cdots$、A_8。

（4）经过 A_1、A_2、$\cdots$、A_8 各点，量取角度 $\angle OAB$ 等于从动件对应的初始摆动角度，也即 $\angle OA_1B_1 = \angle OA_2B_2 = \cdots = \angle OA_8B_8 = \angle OAB$。

（5）以 A_1、A_2、$\cdots$、A_8 为圆心，以 l_{AB} 为半径，分别以 B_1、B_2、$\cdots$、B_8 为起点顺时针方向作圆弧，圆弧的圆心角分别是 φ_1、φ_2、$\cdots$、φ_8，也即是 1、2、$\cdots$、8 点对应的摆动件的摆角。圆弧的终点是 B_1'、B_2'、$\cdots$、B_8'。

（6）将 B_1'、B_2'、$\cdots$、B_8' 用光滑的曲线连接起来便是凸轮的理论轮廓线。

若是滚子或者平底摆动从动件，只要按与直动从动件相同的方法，先做出理论轮廓线之后，再做包络线即可。

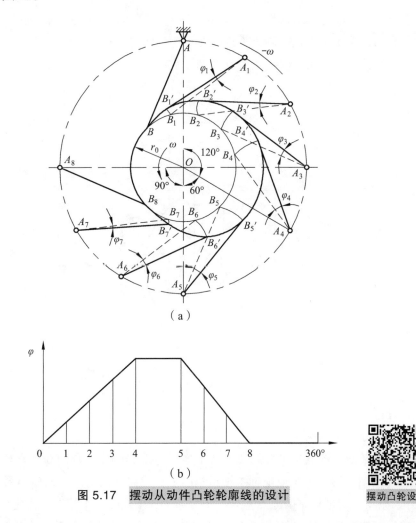

图 5.17　摆动从动件凸轮轮廓线的设计

5.4　凸轮轮廓设计 2——解析法

用解析法设计凸轮轮廓就是根据给定的运动规律和基本尺寸及其他基本条件，求出凸轮轮廓的曲线解析方程，根据解析方程能得到轮廓线上各点的坐标值。从而使设计的凸轮轮廓线精度很高，可用数控机床加工凸轮。凸轮轮廓线的解析方程可以用极坐标的形式来表示，也可以用直角坐标的形式来表示。下面就几种常见形式的凸轮机构轮廓线解析方程的求解过程加以介绍。

5.4.1　直动凸轮机构

1. 滚子从动件盘形凸轮机构

由图解法作凸轮轮廓线知道，滚子从动件凸轮机构的理论廓线就是尖底凸轮机构的实际廓线。在用解析法求滚子从动件凸轮机构轮廓线解析方程时，先要求出理论轮廓线，然后再求出实际廓线。

已知条件：从动件的运动规律用 $s = s(\varphi)$ 函数来表达，凸轮逆时针回转；基圆半径为 r_0，滚子半径为 r_T，滚子中心偏心距为 b，如图 5.18 所示。

设计目标：求出凸轮轮廓线上各点的坐标数值。

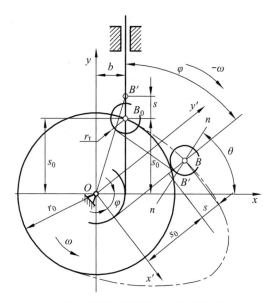

图 5.18　直动从动件凸轮轮廓线设计

分析过程：

（1）建立分析坐标系。

建立与机架固定的直角坐标系（或复平面坐标系）$Ox'y'$，原点位于凸轮转动副中心，x'（或实轴）轴水平向右，y'（或虚轴）轴铅垂向上；建立与凸轮固连的坐标系（或复平面坐标系）Oxy，原点与定坐标系的原点重合。坐标系 Oxy（或凸轮）相对于固定坐标系（或机架）逆时针转动；依据反转法坐标系 $Ox'y'$（或机架）相对于活动坐标系（或凸轮）顺时针转动。其相对转动角度为 φ，某矢量在固定坐标系中用 $\boldsymbol{r}' = [x',\ y']^{\mathrm{T}} = r\mathrm{e}^{\mathrm{i}\varphi'}$ 表示，在活动坐标系中用 $\boldsymbol{r} = [x,\ y]^{\mathrm{T}} = r\mathrm{e}^{\mathrm{i}\varphi}$ 表示，两坐标系之间的关系为

$$\begin{bmatrix} x \\ y \end{bmatrix} = \begin{bmatrix} \cos\varphi & \sin\varphi \\ -\sin\varphi & \cos\varphi \end{bmatrix} \begin{bmatrix} x' \\ y' \end{bmatrix} \text{或者 } \boldsymbol{r} = \boldsymbol{r}'\mathrm{e}^{-\mathrm{i}\varphi} \tag{5.5}$$

（2）求出凸轮的理论廓线。

滚子中心点位 B，机架坐标系中的坐标为

$$\begin{bmatrix} x'_B \\ y'_B \end{bmatrix} = \begin{bmatrix} b \\ s_0 + s \end{bmatrix} \text{或者 } \boldsymbol{r}'_B = b\mathrm{e}^{\mathrm{i}0} + (s_0 + s)\mathrm{e}^{\mathrm{i}\pi/2} \tag{5.6a}$$

则凸轮坐标系中 B 点的坐标为

$$\begin{bmatrix} x_B \\ y_B \end{bmatrix} = \begin{bmatrix} \cos\varphi & \sin\varphi \\ -\sin\varphi & \cos\varphi \end{bmatrix} \begin{bmatrix} b \\ s_0 + s \end{bmatrix} \text{或者 } \boldsymbol{r}_B = [b\mathrm{e}^{\mathrm{i}0} + (s_0 + s)\mathrm{e}^{\mathrm{i}\pi/2}]\mathrm{e}^{-\mathrm{i}\varphi} \tag{5.6b}$$

也即
$$\left.\begin{array}{l} x_B = (s_0 + s)\sin\varphi + b\cos\varphi \\ y_B = (s_0 + s)\cos\varphi - b\sin\varphi \end{array}\right\} \tag{5.6c}$$

$$s_0 = \sqrt{r_0^2 - b^2} \tag{5.7}$$

其中，b 为代数量（根据偏距方向确定正负），凸轮顺时针回转时，以 $-\varphi$ 取代 φ。

上式即为滚子从动件盘形凸轮机构理论轮廓线的解析方程式，也是尖底从动件盘形凸轮机构实际廓线的解析方程式。应当注意，**当偏心方向改变时要改变 b 的符号；当凸轮顺时针转动时要改变 φ 的符号**。

在图解法中提到，滚子从动件凸轮机构实际轮廓线的做法是以理论轮廓线上各点为圆心，以滚子半径为半径作一系列的滚子圆，然后作这一系列圆的内包络线，得到滚子凸轮的实际轮廓线。从作图过程中可以看出，实际轮廓线和理论轮廓线在法线方向上处处等距，距离就是滚子的半径。前面我们已经得到了理论轮廓线的解析方程式，那么根据刚才提到的法线方向上处处等距这一条件，我们就可以得到实际轮廓线相应点的坐标表达式。

（3）求出理论廓线的切向矢量 $\boldsymbol{t}$ 和法向矢量 $\boldsymbol{n}$。

理论廓线矢量对参数 φ 的导数是切向非单位矢量：

$$\boldsymbol{t} = \begin{bmatrix} \mathrm{d}x_B / \mathrm{d}\varphi \\ \mathrm{d}y_B / \mathrm{d}\varphi \end{bmatrix} = \begin{bmatrix} -\sin\varphi & \cos\varphi \\ -\cos\varphi & -\sin\varphi \end{bmatrix} \begin{bmatrix} b \\ s_0 + s \end{bmatrix} + \begin{bmatrix} \cos\varphi & \sin\varphi \\ -\sin\varphi & \cos\varphi \end{bmatrix} \begin{bmatrix} 0 \\ \mathrm{d}s / \mathrm{d}\varphi \end{bmatrix}$$

或者

$$\begin{aligned} \boldsymbol{t} &= \frac{\mathrm{d}\boldsymbol{r}_B}{\mathrm{d}\varphi} = \frac{\mathrm{d}s}{\mathrm{d}\varphi}\mathrm{e}^{\mathrm{i}(\pi/2-\varphi)} + [b\mathrm{e}^{\mathrm{i}0} + (s_0 + s)\mathrm{e}^{\mathrm{i}\pi/2}]\mathrm{e}^{-\mathrm{i}(\pi/2+\varphi)} \\ &= \left\{\left(\frac{\mathrm{d}s}{\mathrm{d}\varphi} - b\right)\mathrm{e}^{\mathrm{i}\pi/2} + (s_0 + s)\right\}\mathrm{e}^{-\mathrm{i}\varphi} \end{aligned} \tag{5.8a}$$

也即
$$\left.\begin{array}{l} t_x = \dfrac{\mathrm{d}x}{\mathrm{d}\varphi} = \left(\dfrac{\mathrm{d}s}{\mathrm{d}\varphi} - b\right)\sin\varphi + (s_0 + s)\cos\varphi \\ t_y = \dfrac{\mathrm{d}y}{\mathrm{d}\varphi} = \left(\dfrac{\mathrm{d}s}{\mathrm{d}\varphi} - b\right)\cos\varphi - (s_0 + s)\sin\varphi \end{array}\right\} \tag{5.8b}$$

式（5.8b）也可以由式（5.6b）直接求出，且更为简洁。理论廓线的法向矢量 $\boldsymbol{n}$ 和 $\boldsymbol{t}$ 切向矢量垂直，即

$$
\left.\begin{aligned}
n_x = -t_y &= -\left(\frac{ds}{d\varphi} - b\right)\cos\varphi + (s_0 + s)\sin\varphi \\
n_y = t_x &= \left(\frac{ds}{d\varphi} - b\right)\sin\varphi + (s_0 + s)\cos\varphi
\end{aligned}\right\}
\tag{5.9}
$$

（4）求出实际廓线。

实际廓线可由理论廓线沿着法线方向量取滚子半径而得到，即

$$
\left.\begin{aligned}
x_{实} = x_B \pm \frac{n_x r_T}{|n|} &= x \mp r_T\,\frac{t_y}{\sqrt{t_x^2 + t_y^2}} \\
y_{实} = y_B \pm \frac{n_y r_T}{|n|} &= y \pm r_T\,\frac{t_x}{\sqrt{t_x^2 + t_y^2}}
\end{aligned}\right\}
\tag{5.10}
$$

如此就得到了滚子从动件凸轮机构凸轮的实际轮廓线。式中的加、减号分别对应于外包络线和内包络线。

求解步骤：

① 根据式（5.7）计算出 s_0。

② 任意给定一个凸轮转动角度 φ，由从动件运动规律计算出 s 和 $ds/d\varphi$。

③ 由式（5.6b）计算出理论廓线上的坐标 x，y。

④ 由式（5.8b）计算出切向矢量 t_x，t_y。

⑤ 由式（5.10）计算出实际廓线上的坐标 $x_{实}$，$y_{实}$。

给定不同的凸轮转动角度，重复步骤②~⑤，直到完成全部廓线坐标。

2. 平底从动件凸轮机构

如图 5.19 所示，平底凸轮机构，建立图示坐标系，B_0 点是平底和凸轮接触的起始点，凸轮以角速度 ω 逆时针旋转，旋转角度为 φ 时，B_0 点运动到 B' 点，根据反转法来看的话，可以认为 B_0 以 $-\omega$ 运动到了 B 点。

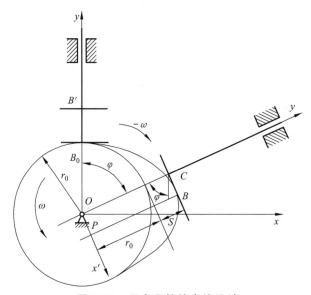

图 5.19　平底凸轮的廓线设计

运动规律为 $s = s(\varphi)$ ，高副接触点 B 在机架坐标系中的坐标为

$$r'_B = \begin{bmatrix} |OP| \\ r_0 + s \end{bmatrix} \text{或者 } r_B = |OP|\mathrm{e}^{\mathrm{i}0} + (r_0 + s)\mathrm{e}^{\mathrm{i}\pi/2}$$

则接触点 B 在凸轮坐标系中的坐标为

$$r_B = \begin{bmatrix} \cos\varphi & \sin\varphi \\ -\sin\varphi & \cos\varphi \end{bmatrix}\begin{bmatrix} |OP| \\ r_0 + s \end{bmatrix} \text{或者 } r_B = |OP|\mathrm{e}^{-\mathrm{i}\varphi} + (r_0 + s)\mathrm{e}^{\mathrm{i}(\pi/2-\varphi)}$$

由于 P 点是凸轮与从动件的相对瞬心，所以从动件的移动速度可以表示为：$v = |OP|\omega$ 。那么 $|OP| = \dfrac{v}{\omega} = \dfrac{\mathrm{d}s}{\mathrm{d}\varphi}$ 。所以平底型凸轮机构凸轮轮廓线的解析方程可以表示为

$$\left. \begin{aligned} x_{\text{实}} &= (r_0 + s)\sin\varphi + \frac{\mathrm{d}s}{\mathrm{d}\varphi}\cos\varphi \\ y_{\text{实}} &= (r_0 + s)\cos\varphi - \frac{\mathrm{d}s}{\mathrm{d}\varphi}\sin\varphi \end{aligned} \right\} \tag{5.11}$$

凸轮顺时针回转时，用 $-\varphi$ 代替 φ 即可。从上式中可以看出**平底型凸轮机构解析方程式与偏心距 b 无关**。应当注意，**当凸轮顺时针转动时也要改变 φ 的符号**。

5.4.2　摆动从动件凸轮机构

如图 5.20 所示，一个摆动从动件凸轮机构，其杆件长度为 l ，$OA_0 = a$ 。B_0 点是凸轮旋转起点，φ_0 为摆动件初始角，B 点为运用反转法反转 δ 角度后滚子中心所在点，几何关系如图中所示。

在机架坐标系中 B 点的坐标为

$$r'_B = \begin{bmatrix} -l\sin(\varphi_0 + \varphi) \\ a - l\cos(\varphi_0 + \varphi) \end{bmatrix}$$

或者

$$r'_B = a\mathrm{e}^{\mathrm{i}\pi/2} + l\mathrm{e}^{-\mathrm{i}(\pi/2+\varphi_0+\varphi)}$$

在反转后的凸轮坐标系中 B 点坐标为

$$r_B = \begin{bmatrix} \cos\delta & \sin\delta \\ -\sin\delta & \cos\delta \end{bmatrix}\begin{bmatrix} -l\sin(\varphi_0 + \varphi) \\ a - l\cos(\varphi_0 + \varphi) \end{bmatrix}$$

或者

$$r_B = r'_B\mathrm{e}^{-\mathrm{i}\delta} = a\mathrm{e}^{\mathrm{i}(\pi/2-\delta)} + l\mathrm{e}^{-\mathrm{i}(\pi/2+\varphi_0+\varphi-\delta)}$$

也即

$$\left. \begin{aligned} x_B &= a\sin\delta - l\sin(\delta + \varphi_0 + \varphi) \\ y_B &= a\cos\delta - l\cos(\delta + \varphi_0 + \varphi) \end{aligned} \right\} \tag{5.12}$$

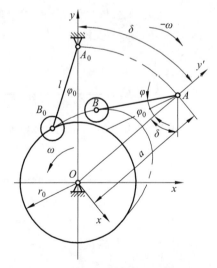

图 5.20　摆动从动件凸轮的廓线设计

此为摆动件中心轨迹，凸轮的实际廓线应是这个轨迹的内或外包络线，其计算分析方法与直

动从动件凸轮机构相似，其差别仅仅是理论廓线的切向矢量计算公式与式（5.8b）不同，将公式（5.12）对 δ 求导数即可，而其他计算公式与式（5.9）、（5.10）相同，求解步骤也完全相同，故此处从略。

5.5 凸轮机构基本尺寸的确定

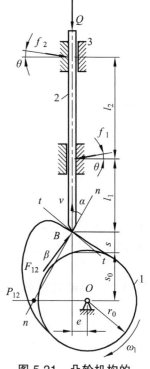

图 5.21 凸轮机构的
受力分析

在凸轮轮廓线设计时，无论是图解法还是解析法除了考虑从动件的运动规律外，还要确定**凸轮机构的基本参数，如基圆半径、偏距、滚子半径和平底宽度**等，这些参数不仅要保证凸轮机构按预定规律运动，也要机构有良好的受力状况。

1. 凸轮轮廓线的受力分析与压力角

图 5.21 所示是直动从动件盘形凸轮机构在推程过程中从动件 2 的受力示意图，图中角 α 表示的是从动件尖底和凸轮接触点 B 法线方向 nn 与从动件运动速度方向 v 的夹角，称为**凸轮机构在此时的压力角**。f_1 和 f_2 为从动件 2 侧面受到导轨的正压力与摩擦力的合力，与水平方向夹角为 θ；F_{12} 为凸轮施加于从动件的摩擦力与正压力的合力，与法向的夹角为 β；Q 为从动件所受载荷。建立力和力矩平衡方程：

$$\begin{cases} \sum F_x = 0 & F_{12}\sin(\alpha+\beta) + f_2\cos\theta - f_1\cos\theta = 0 \\ \sum F_y = 0 & F_{12}\cos(\alpha+\beta) - f_1\sin\theta - f_2\sin\theta - Q = 0 \\ \sum M_B = 0 & f_1\cos\theta \cdot l_1 - f_2\cos\theta \cdot (l_1+l_2) = 0 \end{cases}$$

联立解得

$$F_{12} = \frac{Q}{\cos(\alpha+\beta) - (1+2l_1/l_2)\sin(\alpha+\beta)\tan\theta}$$

由上式可以看出压力角 α 与 F_{12} 的关系，当压力角 α 大到一定程度使得上式分母趋于零时，F_{12} 将趋于无穷大，此时机构将发生**自锁现象**，此时的压力角叫作**临界压力角 α_c**，其表示式为

$$\alpha_c = \arctan[1/(1+2l_1/l_2)\tan\theta] - \beta \tag{5.13}$$

凸轮在运动过程中压力角 α 是变化的量，为了避免在从动件运动过程中发生自锁现象，所以要求整个过程压力角最大值 α_{max} 要小于临界压力角 α_c。在工程实际中，仅仅使 $\alpha_{max}<\alpha_c$ 是不够的，为了提高机构效率，改善受力情况，通常要取一个许用压力角 $[\alpha]$，$\alpha_{max}<[\alpha]$，其中 $[\alpha]$ 小于 α_c。

工程实践经验表明，推荐许用压力角 $[\alpha]$ 取值如下：推程过程尖底直动从动件取 $[\alpha]=30°$，摆动从动件取 $[\alpha]=35°\sim45°$；回程通常不会发生自锁，可以适当放宽，取 $[\alpha]=70°\sim80°$。

2. 压力角和机构尺寸的关系

凸轮机构的结构尺寸取决于凸轮基圆半径的大小，通常实现相同运动规律时，**基圆半径越大，凸轮尺寸也就越大**。凸轮机构的压力角和基圆半径的关系可以从图 5.21 中表示出来。

P_{12} 点是从动件和凸轮的相对瞬心，因此

$$OP_{12} = \frac{v}{\omega} = \frac{\mathrm{d}s}{\mathrm{d}\varphi}$$

根据图 5.21 中的几何关系可得到直动从动件凸轮的压力角计算公式为

$$\tan\alpha = \frac{OP_{12} - e}{s_0 + s} = \frac{(\mathrm{d}s / \mathrm{d}\varphi) - e}{\sqrt{r_0^2 - e^2} + s} \tag{5.14}$$

当从动件轴线与凸轮中心偏置，与图 5.21 不在同一侧时，应当将偏心距作负值处理。

由上面两式可以看出，**凸轮压力角 α 随着凸轮基圆半径增大而减小**。增大基圆半径有利于改善凸轮机构的受力状况，但同时将使机构的尺寸增加，这是一对矛盾。

同时上式也表明，**压力角大小还与偏心距 e 的大小及偏置方位有关**。当确定了 e 时，可以通过选择偏置方位来使压力角减小，即当凸轮顺时针旋转时，从动件轴线应在凸轮中心左侧；否则相反。

当许用压力角和偏心距及偏置方向先确定时，那么由下式估计最小基圆半径的表达式：

$$r_{0\min} = \sqrt{\left[\frac{\mathrm{d}s / \mathrm{d}\varphi - e}{\tan[\alpha]} - s\right]^2 + e^2} \tag{5.15}$$

式（5.15）仅尖底从动件凸轮机构适用。平底从动件凸轮机构凸轮半径不能按照此要求取定，而应按照使得凸轮轮廓处曲率半径都要大于零的条件来确定。

3. 滚子半径的选择

滚子从动件凸轮机构实际轮廓线曲率半径 ρ_a 和理论轮廓线曲率半径 ρ 之间的关系如图 5.22 所示。

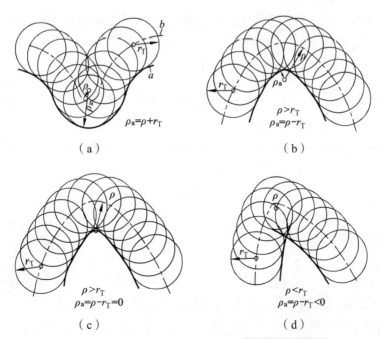

（a）　　　　　　　（b）

（c）　　　　　　　（d）

图 5.22　凸轮廓线的曲率半径与滚子半径的关系

凸轮廓线

（1）如图 5.22（a）所示，廓线为向凸轮实体内凹的曲线，实际轮廓曲率半径 $\rho_a = \rho + r_T$，那么实际轮廓线曲率半径恒大于实际轮廓线曲率半径。理论上讲，无论选择多大的滚子，都能包络加工出实际轮廓。

（2）凸轮廓线为外凸的曲线，凸轮轮廓外凸部分实际轮廓线 ρ_a 和理论轮廓线 ρ 之间的关系为

$$\rho_a = \rho - r_T$$

当 $\rho > r_T$ 时，$\rho_a > 0$，如图 5.22（b）所示，这时仍可以包络加工出正常的凸轮实际轮廓；

当 $\rho = r_T$ 时，$\rho_a = 0$，如图 5.22（c）所示，这时实际轮廓将出现**尖点**，尖点易磨损，不能实际应用；

当 $\rho < r_T$ 时，$\rho_a < 0$，如图 5.22（d）所示，这时凸轮轮廓出现**交叉**，加工时轮廓会受到过度切割，本来已经加工好的少部分廓线，在随后的加工中将会被切除，这样的凸轮将会产生**运动失真**。实际上滚子半径不宜太大，也不能太小，工程实践中常推荐用下值：

$$r_T < \rho_{min} - (3 \sim 5) \ \text{mm} \tag{5.16}$$

由曲线的微分理论可知凸轮廓线的曲率半径计算公式为

$$\rho = \frac{\left[\left(\dfrac{dx}{d\varphi}\right)^2 + \left(\dfrac{dy}{d\varphi}\right)^2\right]^{\frac{3}{2}}}{\dfrac{dx}{d\varphi} \cdot \dfrac{d^2 y}{d\varphi^2} - \dfrac{dy}{d\varphi} \cdot \dfrac{d^2 x}{d\varphi^2}} \tag{5.17}$$

此外，凸轮廓线上的曲率半径也对凸轮的受力和磨损有着重要的影响，曲率半径越小，接触应力越大，就更容易磨损。

4. 平底凸轮机构宽度的确定

如图 5.23 所示，平底从动件凸轮机构要保证从动件平底与凸轮轮廓线始终保持接触，那么平底宽度就要求足够宽。在凸轮运动过程中推杆上 A 点和 B 点（平底与凸轮的接触点）间的距离时刻都在变化。为保证从动件平底与凸轮的正常接触，平底左右两侧的最小宽度应该大于 AB 间最大距离。那么平底宽度 l 为

$$l = 2\left(\frac{ds}{d\varphi}\right)_{max} + \Delta l$$

其中，Δl 取 $5 \sim 7$ mm。

综上所述，设计凸轮轮廓线前需要根据实际情况选定凸轮基圆半径等机构参数，但有时机构尺寸和参数之间是相互制约的，因此设计时应该整体考虑并优化。

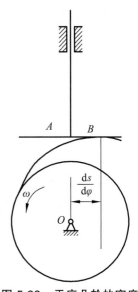

图 5.23　平底凸轮的宽度

✍【本章小结】

1. 识记行程、推程、回程、远休止、近休止，基圆、偏距、滚子半径，刚性冲击、柔性冲击，反转法。

2. 领会凸轮的分类；常用运动规律的冲击特性；反转法设计凸轮廓线的步骤；基圆、滚子半径、偏距对凸轮压力角和廓线加工失真的影响。

3. 具有绘制凸轮机构位移线图和凸轮廓线的能力；具有根据从动件运动要求，确定凸轮机构基本参数和凸轮廓线的能力。

思 考 题

5-1　简述凸轮机构依据运动副类型的分类情况，并对不同高副形式的性能优劣排序。

5-2　凸轮机构几乎可以实现任何连续有界的传动规律，但在实际应用中运动规律会受到哪些因素的制约？

5-3　请对书中所介绍的四种常用运动规律的运动性能优劣进行排序。

5-4　请简述滚子凸轮的理论廓线和实际廓线之间的关系，并说明滚子半径对凸轮机构的受力、运动及过度切削的影响。

5-5　凸轮机构的压力角是如何定义的？并说明压力角对凸轮机构工作的影响，画图表示不同类型凸轮的压力角。

5-6　简述用凸轮机构的图解法和解析法求解廓线的一般步骤。

练 习 题

5-1　某直动从动件盘形凸轮机构，从动件运动规律如题图 5-1 所示，已知：行程 $h = 40$ mm，其中 *AB* 段和 *CD* 段均为正弦加速度运动规律。试写出从坐标原点量起的 *AB* 和 *CD* 段的位移方程。

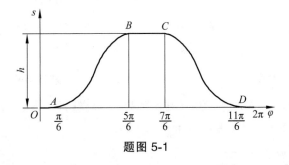

题图 5-1

5-2　有一偏置直动尖底从动件盘形凸轮机构，凸轮等速沿顺时针方向转动。当凸轮转过 180° 时，从动件从最低位上升 16 mm，再转过 180° 时，从动件下降到原位置。从动件的加速度线图如题图 5-2 所示。若凸轮角速度 $\omega_1 = 10$ rad/s，试求：

（1）画出从动件在推程阶段的 v-φ 线图；

（2）画出从动件在推程阶段的 s-φ 线图；

（3）求出从动件在推程阶段的加速度 a 和 $v_{\max}$；

（4）该凸轮机构是否存在冲击？若存在冲击，属何种性质的冲击。

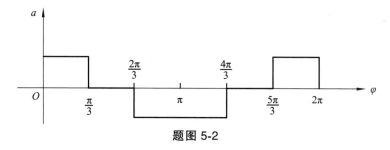

题图 5-2

5-3　题图 5-3 所示的直动平底推杆盘形凸轮机构，凸轮为 $R = 30\ \text{mm}$ 的偏心圆盘，$\overline{AO} = 20\ \text{mm}$，试求：

（1）基圆半径和升程；

（2）推程运动角、回程运动角、远休止角和近休止角；

（3）凸轮机构的压力角；

（4）推杆的位移 s、速度 v 和加速度 a 方程；

（5）若凸轮以 $\omega = 10\ \text{rad/s}$ 回转，当 AO 成水平位置时推杆的速度。

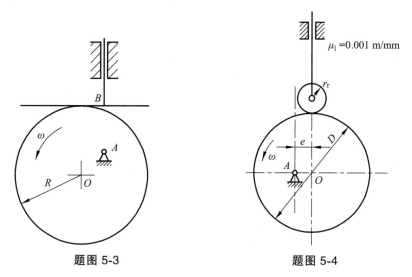

题图 5-3　　　　　　　　　　　　　题图 5-4

5-4　题图 5-4 所示为一偏置直动滚子从动件盘形凸轮机构，凸轮为偏心圆盘。其直径 $D = 42\ \text{mm}$，滚子半径 $r_{\text{T}} = 5\ \text{mm}$，偏距 $e = 6\ \text{mm}$，试求：

（1）基圆半径，并画出基圆；

（2）画出凸轮的理论轮廓曲线；

（3）从动件的行程 h；

（4）确定从动件的推程运动角 φ 及回程运动角 φ'。

5-5　根据题图 5-5 中所示的位移曲线和有关尺寸，试用解析法求解该盘形凸轮廓线的坐标值。

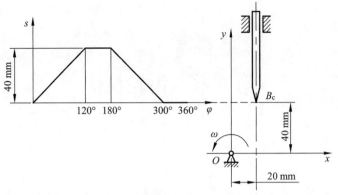

题图 5-5

5-6　如题图 5-6 所示凸轮机构，凸轮以 ω_1 等速转动，接触点由 A 点转至 B 点时，试在图上标出：

（1）凸轮转过的角度 φ_{AB}；

（2）凸轮 B 点处与从动件接触的压力角 α，并推导出计算该点压力角的表达式。

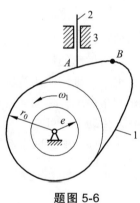

题图 5-6

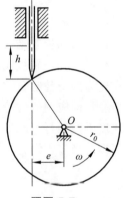

题图 5-7

5-7　设计一偏置直动尖顶从动件盘形凸轮机构，如题图 5-7 所示，设凸轮的基圆半径为 r_0，且以等角速度 ω 逆时针方向转动。从动件偏距为 e，且在推程中作等速运动。推程运动角为 ψ，行程为 h。

（1）写出推程段的凸轮廓线的直角坐标方程，并在图上画出坐标系；

（2）分析推程中最小传动角的位置；

（3）如果最小传动角小于许用值，说明可采取的改进措施。

5-8　已知凸轮逆时针方向转动，其速度运动线图如题图 5-8 所示。试求：

（1）回程段 $ds/d\varphi$ 的值；

（2）若推程段许用压力角 $[\alpha]$ 为 30°，推导出最小基圆半径和导路偏距之间的关系式。

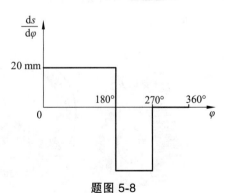

题图 5-8

第6章　齿轮机构

☞【本章要点】

1. 掌握齿轮机构按照运动副的分类、各类型齿轮的运动特点及其应用场合。

2. 掌握渐开线直齿圆柱齿轮的啮合原理；掌握渐开线直齿圆柱齿轮的全部尺寸参数的名称及其计算方法。

3. 掌握齿轮的范成加工方法、齿轮根切的发生条件、变位齿轮的加工原理，了解变位齿轮的主要尺寸参数及其计算方法。

4. 了解斜齿圆柱齿轮、圆锥齿轮、蜗杆传动三种其他齿轮机构的基本原理和主要传动参数及其计算方法。

齿轮机构通过轮齿的相互啮合实现空间两轴之间转动的传递。它属于高副传动机构，两齿轮之间为高副接触。和凸轮机构相比有两点不同，其一是两齿轮的齿面形状一般都比较复杂；其二是依靠轮齿的交替啮合实现连续传动。各种机构中齿轮机构应用范围最广，各方面性能也十分优异。目前应用的齿轮直径尺寸从不足 1 mm 到十余米；传动速度可以相当高，也能以极低的速度平稳运行。此外，齿轮机构传动精度高，传动十分可靠。

本章名词、概念极多，学习中要以基本原理为主线，将名词、概念联系起来充分理解。

6.1　齿轮机构的分类及特点

齿轮机构由两个齿轮和机架共三个构件构成，两齿轮与机架之间一般为转动副，两齿轮之间为高副接触。齿轮机构分类可按照两齿轮轴线（转动副轴线）的空间相对位置分类，还可按照齿轮高副的接触方式分类，如轮齿方向、轮齿的啮合方式、轮齿阔线形状等。常见齿轮机构如图 6.1 所示。

 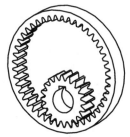  

（a）外啮合直齿圆柱齿轮　（b）内啮合直齿圆柱齿轮　　（c）直齿齿条传动　　（d）斜齿圆柱齿轮　　外啮合齿轮

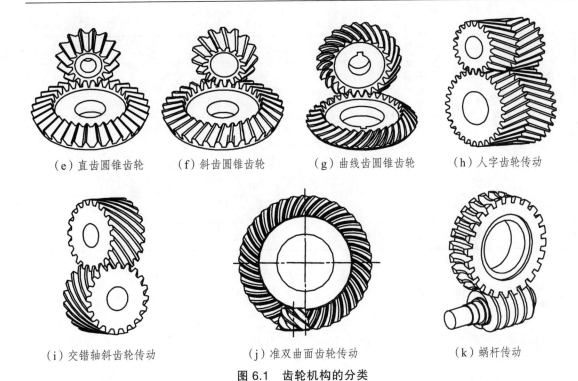

（e）直齿圆锥齿轮　　　（f）斜齿圆锥齿轮　　　（g）曲线齿圆锥齿轮　　　（h）人字齿轮传动

（i）交错轴斜齿轮传动　　　　　（j）准双曲面齿轮传动　　　　　（k）蜗杆传动

图 6.1　齿轮机构的分类

按齿轮轴线的空间相对位置分为**平行轴齿轮机构、相交轴齿轮机构和交错轴齿轮机构**。平行轴齿轮机构属于平面齿轮机构，其余两种属于空间齿轮机构。平行轴齿轮机构的轮齿分布在圆柱面上，常称圆柱齿轮机构；相交轴齿轮机构的轮齿分布在圆锥面上，常称圆锥齿轮机构，大多数情况下圆锥齿轮轴线垂直相交；交错轴齿轮机构理论上来说，轮齿分布在回转双曲面上为好，但实际应用中仅有准双曲面齿轮与之接近，其他情况则有较大变化。

按齿轮的轮齿方向可分为**直齿、斜齿、曲线齿**等。一般来说直齿、斜齿加工相对容易，曲线齿加工一般需要专用设备；斜齿和曲线齿的承载能力和平稳性都要好于直齿。目前常用的曲线齿有圆弧齿和摆线齿两种。应当注意，斜齿轮的齿向不是倾斜的直线，而是螺旋形盘绕在圆柱面或圆锥面上。

齿轮机构的啮合方式有**内啮合、外啮合和齿轮齿条啮合**之分，但一般来说只有圆柱齿轮机构才有这些啮合方式。齿轮的分类情况及特点可以参考表 6.1。

表 6.1　齿轮机构的分类及特点

轴线位置	齿向	啮合方式	特点
平行轴齿轮机构（圆柱齿轮机构）	直齿圆柱齿轮机构	外啮合	齿轮转向相反；加工容易，应用广泛
		内啮合	齿轮转向相同
		齿条	齿条为移动
	斜齿圆柱齿轮机构	一般均为外啮合，其他啮合方式极少见或者不可能	承载能力较大，运动较平稳，加工容易，应用广泛，但有轴向力
	人字齿轮机构		承载能力较大，运动较平稳，轴向力抵消，但不宜加工制造

续表 6.1

轴线位置	齿向	啮合方式	特点
相交轴齿轮机构 （圆锥齿轮机构）	直齿圆锥齿轮机构	一般均为外啮合，其他啮合方式极少见或者不可能	加工容易，应用广泛
	斜齿圆锥齿轮机构		承载能力较大，运动较平稳
	曲线齿圆锥齿轮机构		承载能力较大，运动较平稳，但需专用机床加工
交错轴齿轮机构	蜗杆机构		蜗轮转向与蜗杆旋向有关，传动比大，运动平稳，应用广泛
	准双曲面齿轮机构		与蜗杆机构相比中心距尺寸小
	交错轴斜齿圆柱轮机构		点接触传动，承载能力小

6.2　齿廓等速比传动条件

两齿轮的瞬时角速度之比称为传动比。普通齿轮机构的齿廓必须要保证其啮合期间两齿轮的传动比恒定。如图 6.2 所示，两齿轮分别绕 O_1、O_2 转动，齿廓的接触点为 K，过接触点做两齿廓的公法线，它与中心连线 O_1O_2 的交点 P，也就是两齿轮的瞬心，称为**节点**。两齿轮的传动比应为

$$i_{12} = \frac{\omega_1}{\omega_2} = \frac{\overline{O_2P}}{\overline{O_1P}}$$

两齿轮的中心是固定不动的，因而齿轮传动比恒定，要求传动过程的任意时刻节点 P 的位置保持不变，此要求也称为**齿轮啮合基本定律**。

以 O_1、O_2 为圆心，以 $r_1' = O_1P$、$r_2' = O_2P$ 为半径的圆称为**节圆**。由于在 P 点两齿轮的速度相等，传动过程中两齿轮相当于节圆的纯滚动，其传动比可表达为

$$i_{12} = \frac{\omega_1}{\omega_2} = \frac{r_2'}{r_1'} = 常数 \tag{6.1}$$

满足啮合基本定律的一对齿廓称为**共轭齿廓**，相应的齿廓曲线称为**共轭曲线**。理论上说存在无限多的共轭曲线，因为当确定传动比后，任意给定一个齿轮的齿廓曲线，总可以按照齿轮啮合基本定律求出另一个齿轮的齿廓曲线。

虽然齿廓曲线极多，综合考虑设计、制造、测量、安装等诸多因素，目前通常采用的齿廓曲线仅有渐开线、摆线等少数几种。尤其是**渐开线齿廓**能较全面地满足各方面要求，故绝大多数齿轮都采用渐开线齿廓，本章也仅对渐开线齿廓进行详细分析。

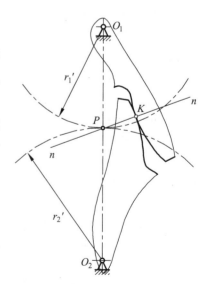

图 6.2　齿轮恒定传动比原理

6.3 渐开线齿廓及其啮合分析

研究渐开线齿轮传动特点之前，必须先学习渐开线的特性。

6.3.1 渐开线及其特性

如图 6.3（a）所示，直线 L 称为**发生线**，半径为 r_b 的圆称为**基圆**。发生线沿着基圆纯滚动，发生线上任意一点 K 的轨迹就称为该基圆的**渐开线**。图中 N 点是发生线与基圆的切点；A 点是渐开线的计算起点，也就是纯滚动过程中 K 和 N 的重合点。$\angle AON = \varphi_k$ 称为点 K 的滚动角，$\angle AOK = \theta_k$ 称为点 K 的**展角**，$\angle KON = \alpha_k$ 称为点 K 的**压力角**。显然，$\varphi_k = \theta_k + \alpha_k$。

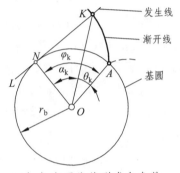 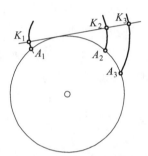 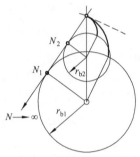

（a）渐开线的形成和参数　　（b）渐开线的公法线　　（c）渐开线的形状比较

图 6.3　渐开线的形成与性质　　渐开线

渐开线有以下奇特的性质，正是这些性质决定了渐开线齿轮的众多优点。

（1）**基本尺寸关系**：发生线沿着基圆相互滚动过的长度相等，在图 6.3（a）中 $\overline{KN} = \overset{\frown}{AN}$。

（2）**切线和法线**：发生线沿着基圆纯滚动时，相切点 N 就是其速度瞬心，K 点沿着渐开线运动的速度方向与渐开线切线方向重合，切线必然垂直于发生线，发生线也是渐开线在点 K 的法线。故渐开线上任一点的法线总与基圆相切。

（3）**曲率半径**：不难证明，线段 $\overline{KN}$ 的长度是渐开线上 K 点的曲率半径，N 点也就是 K 点的曲率中心。显然，在 A 点曲率半径为 0，K 点离基圆越远曲率半径越大，也就显得越平坦，这也是渐开线名称的由来。

以上三条性质是渐开线的基本性质，由它们还可以导出以下性质：

（4）**基圆内无渐开线**。发生线沿着基圆顺时针持续滚动过 A 点之后，渐开线并未继续延伸进入基圆内，而是折返形成完全对称的另外一半。

（5）**公法线**：同一基圆上任意两条渐开线，不论是同向或是反向，其公法线处处相等，并且，公法线长度与基圆上对应的弧长相等。如图 6.3（b）所示，$\overline{K_1K_2} = \overset{\frown}{A_1A_2}$，$\overline{K_2K_3} = \overset{\frown}{A_2A_3}$，$\overline{K_1K_3} = \overset{\frown}{A_1A_3}$。

（6）**压力角**：假定渐开线作某从动齿轮的齿廓，某时刻在 K 点光滑接触啮合，K 点的速度垂直于 OK，受力的作用线与法线重合。机构的压力角定义为从动构件的受力与受力点速度之间的夹角，从图 6.3（a）中很容易看出 K 点的压力角 $\alpha_k = \angle KON$。

（7）**渐开线的形状取决于基圆的大小**。直观地说，基圆越小渐开线弯曲得越严重。如图 6.3（c）所示，展角相同的 K 点上，基圆越大渐开线的曲率半径也越大。基圆半径无穷大时，其渐开线退化为一条直线，齿条的齿廓曲线正好对应于这种情形。

对于分析渐开线齿廓啮合道理来说，渐开线的形状反而不那么重要了，最重要的是直角三角形 $\triangle NOK$。渐开线的所有参数都集中在这个直角三角形中了，如果已知两个参数，就应该求出其他所有参数。此外，有关渐开线齿轮啮合的所有分析和计算道理都要从这个直角三角形中得到。

6.3.2　渐开线齿廓啮合分析

1. 渐开线齿廓能实现定传动比传动

如图 6.4 所示，两齿轮中心连线为 O_1O_2，两齿轮基圆半径分别为 r_{b1}、r_{b2}，两齿轮的渐开线齿廓曲线在点 K 接触啮合。根据渐开线的法线特性可知，接触点的公法线必与两基圆相切，也就是两基圆的一条内公切线 N_1N_2。齿轮加工装配后，两基圆的位置、半径均已确定，两基圆的公切线也随之而定，所以无论这对齿廓在任何位置啮合，过啮合点所作两齿廓的公法线总是与两基圆公切线 N_1N_2 重合，求直线 N_1N_2 与 O_1O_2 的交点得到瞬心 P 也不变。这样就证明了**两个以渐开线作为齿廓曲线的齿轮，其传动比一定为一常数**，即

$$i_{12} = \frac{\omega_1}{\omega_2} = \frac{\overline{O_2P}}{\overline{O_1P}} = \frac{r_2'}{r_1'} = \frac{r_{b2}}{r_{b1}} \tag{6.2}$$

传动比也等于基圆半径之比的结论是从直角 $\triangle PN_1O_1$ 和 $\triangle PN_2O_2$ 的相似关系中得到的。

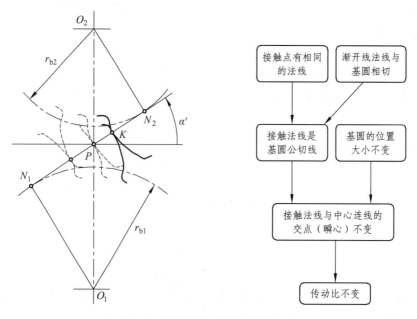

图 6.4　渐开线齿廓等传动比证明

2. 啮合线与啮合角

两齿廓接触点无疑是沿着齿廓曲线运动，但相对于机架来说却是沿着基圆公切线 N_1N_2 移动，故称线段 N_1N_2 为**啮合线**。对于匀速运动的渐开线齿轮来说，接触点沿着啮合线的移动速度也是匀速的，且速度等于基圆圆周的转动速度。

两节圆的公切线与啮合线的夹角称为**啮合角**，用 α' 表示。显然，对于渐开线齿廓来说，在整个啮合过程中啮合角是一个常数，并且当两齿轮的接触点移动到节点 P 时，啮合角也就是节圆上的压力角。对于光滑接触的渐开线齿轮传动，齿廓之间作用力的作用线也与啮合线重合，传动中力的方向始终不变，传动的平稳性好，不易产生振动。

3. 中心距变化不影响传动比

从图 6.4 还可以看出，对正确制造的一对齿轮来说，它们的基圆已经确定，即便是两齿轮的中心距因安装误差有所变动，传动比却仍然保持不变。齿轮中心距的变化改变了啮合角的数值和啮合线的位置，但是节点对中心连线的分割比例不变，因而传动比就不变。这一性质常被称为**中心距可分性**，也是渐开线齿轮独有的，这对于齿轮的加工和装配都十分有利。

渐开线齿廓所特有的啮合力方向不变和中心距可分性两项优点，奠定了它在齿轮传动中的独特地位，目前使用的绝大部分齿轮都是渐开线齿廓。

6.3.3　有关渐开线的几何参数计算

1. 单条渐开线的参数计算

如图 6.5（a）所示，单条渐开线的参数中基圆半径 r_b 是一个恒定的常量。其他参数都会随渐开线上点 K 的位置而变化，这些参数是渐开线上任意点 K 的向径 r_k、压力角 α_k、展角 θ_k、滚动角 φ_k、曲率半径 ρ_k 等。在这些参数的计算中最基本的关系为

$$r_k \cos\alpha_k = r_b = 常量 \tag{6.3}$$

此式既可用来计算三个参数中的一个未知参数，也可用于渐开线上 K 点之间的向径和压力角的互换计算。其他参数的计算是容易的：

$$\left.\begin{array}{l}
\rho_k = r_b \tan\alpha_k = r_k \sin\alpha_k \\
\varphi_k = \tan\alpha_k \\
\theta_k = \varphi_k - \alpha_k = \tan\alpha_k - \alpha_k = \varphi_k - \arctan\varphi_k
\end{array}\right\} \tag{6.4}$$

以上这三个计算式中，最为常用的是由压力角 α_k 求展角 θ_k 的公式，作为一个专用的工程函数，称为**渐开线函数**，用 inv 表示，$\text{inv}(\alpha_k) = \tan\alpha_k - \alpha_k$。标准齿轮的压力角为 20°，请计算出 $\text{inv}(20°)$ 的度数，齿轮计算中常常会用到。

2. 两条渐开线相对位置的计算

如图 6.5（b）所示，同一基圆上的两条渐开线的相对距离可用指定半径为 r_k 的圆上弧长 s_k、圆心角 ψ_k、弦长 $\bar{s}_k$ 以及法向距离 s_n（也等于基于弧长 s_b）等来表示。这些参数之间最基本的关系是圆心角关系

$$\psi_k + 2\text{inv}(\alpha_k) = \psi_b = 常量 \tag{6.5}$$

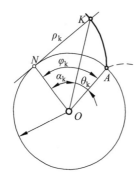
（a）单条渐开线的参数

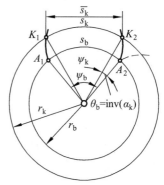
（b）两条渐开线的相对位置

图 6.5　渐开线的参数计算

变换成弧长和弦长的关系为

$$
\left.
\begin{aligned}
\frac{s_k}{r_k} + 2\text{inv}(\alpha_k) &= \psi_b = \text{常量} \\[2mm]
2\arcsin\left(\frac{\overline{s_k}}{2r_k}\right) + 2\text{inv}(\alpha_k) &= \psi_b = \text{常量}
\end{aligned}
\right\}
\tag{6.6}
$$

根据式（6.3）、（6.5）、（6.6）常量不变关系，可以灵活地组合以上各式，由已知参数求出所需要的参数。现在请思考，要是图 6.5（b）中两条渐开线同时反向（虚线所示方向），（6.5）式会如何变化？要是仅有一条渐开线反向，又会如何变化呢？思考清楚以后，请完成练习题 6.1～6.3。

6.4　标准渐开线圆柱齿轮的基本参数及几何尺寸

6.4.1　齿轮各几何参数的名称和符号

齿轮有众多的几何参数，首先应知道齿轮各参数的名称和表示符号。

图 6.6 所示为直齿圆柱外齿轮和内齿轮的局部结构，并标出了各参数的名称和表示符号。内齿轮和外齿轮非常相似，仅有少许差异。

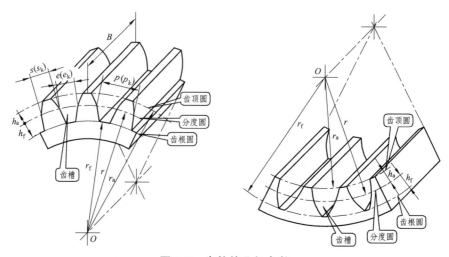

图 6.6　齿轮的几何参数

1. 齿轮圆周方向测量的参数

（1）**齿厚 s_k**：在任意指定圆周上测量的轮齿实体部分的弧长。显然，对于外齿轮指定圆周的半径越大，齿厚尺寸越小；内齿轮则相反，直径越大齿厚尺寸越大。齿轮测量中还用到弦齿厚 $\bar{s}_k$，它是指齿厚的弧长所对应弦的长度。

（2）**齿槽宽 e_k**：在任意指定圆周上测量的两相邻轮齿之间空隙的弧长。齿槽宽随圆周半径的变化与齿厚相反。

（3）**齿距 p_k**：在任意圆周上所测量的相邻两齿同侧齿廓间的弧长。显然，在同一圆周上 $p_k = s_k + e_k$。随着半径的增加齿距也有所增加。

2. 齿轮的径向测量参数

（1）**齿顶圆**：过齿轮所有齿顶端的圆，直径为 d_a，半径为 r_a。齿顶圆是外齿轮的最大圆，是内齿轮的最小圆。

（2）**齿根圆**：过各齿槽根部的圆，直径为 d_f，半径为 r_f。齿根圆是外齿轮的最小圆，是内齿轮的最大圆。

（3）**分度圆**：齿厚和齿槽宽刚好相等的圆，直径为 d，半径为 r。尽管分度圆不好找也不便于测量，但它是齿轮几何尺寸的计算基准，更为重要！分度圆上的齿厚用 s 表示，齿槽宽用 e 表示，齿距用 p 表示。通常不特别强调的情况下，所说的齿距、齿槽宽、齿厚尺寸就是指分度圆上的数值。

各种齿轮机构都有五个圆，它们是**分度圆、齿顶圆、齿根圆、基圆和节圆**。齿顶圆用下标 a 区分，齿根圆用下标 f 区分，基圆用下标 b 区分，节圆用上标 ' 区分，一般不指定的某圆用下标 k 区分。不同圆上的齿距、齿厚、齿槽宽、压力角、展角、曲率半径等参数都这样区分。应当注意，只有两个齿轮啮合时才有节圆，单个齿轮上不存在节圆，节圆压力角也就是啮合角 α'。

（4）**齿顶高 h_a**：齿顶圆和分度圆之间的半径差尺寸。

（5）**齿根高 h_f**：齿根圆和分度圆之间的半径差尺寸。

（6）**齿全高 h**：齿顶圆和齿根圆之间的半径差尺寸。显然，$h = h_a + h_f$。

最后一个尺寸参数是轴向测量尺寸齿宽 B，它是指齿轮的轴向长度尺寸。

6.4.2 齿轮的基本参数以及一般几何参数的计算

齿轮的基本参数共有 5 个，它们是计算上述齿轮一般几何尺寸的依据，国家标准对基本参数的取值大都有具体规定。

（1）**齿数 z**：齿轮轮齿的数目。它是唯一国家标准没有规定数值的基本参数。

（2）**模数 m**：规定齿轮轮齿大小的尺寸，单位是 mm。它是最重要的基本参数，但却在齿轮上找不到该尺寸，标准规定齿轮的分度圆齿厚、齿槽宽和齿距与模数的关系为

$$\left.\begin{array}{l} s = e = \dfrac{\pi m}{2} \\[2mm] p = \pi m \end{array}\right\} \tag{6.7}$$

分度圆的周长等于齿距与齿数的乘积，直径又等于周长除以 π，故有重要关系

$$d = \frac{z\pi m}{\pi} = zm \tag{6.8}$$

（3）压力角 α：渐开线上的压力角是变化的，国家标准规定的齿轮标准压力角是指分度圆上的压力角。国家标准推荐 $\alpha = 20°$，适用于绝大多数情况。

有了标准压力角和分度圆直径，由渐开线形的基本常量关系式（6.3），可以计算齿轮基圆的直径 d_b、齿距 p_b，基圆齿距也等于法向齿距 p_n：

$$\left.\begin{array}{l} d_b = d\cos\alpha \\ p_b = p_n = \pi m\cos\alpha \end{array}\right\} \tag{6.9}$$

（4）齿顶高系数 h_a^*：规定了齿轮的齿顶高，它与实际齿顶高的关系为

$$h_a = h_a^* m \tag{6.10}$$

相应地齿顶圆直径则为

$$d_a = d \pm 2h_a^* m \tag{6.11}$$

外齿轮取"＋"，内齿轮取"－"。国家标准推荐齿顶高系数为 1，适合于绝大多数情况。

（5）齿顶隙系数 c^*：齿轮是依靠侧面进行啮合的，齿轮的齿顶与相啮合齿轮的齿槽底部，应坚决避免接触，此处必须留有一定的间隙，称为齿顶隙 c。国家标准规定齿顶隙也与模数成正比，此比例系数就是齿顶隙系数。齿顶隙、齿根高、齿根圆按公式计算为

$$\left.\begin{array}{l} c = c^* m \\ h_f = (h_a^* + c^*)m \\ d_f = d \mp 2(h_a^* + c^*)m \end{array}\right\} \tag{6.12}$$

内齿轮取"＋"，外齿轮取"－"。国家标准推荐齿顶隙系数为 0.25，适用于大多数情况。

现在我们再回头看"模数是规定齿轮轮齿大小的尺寸"这句话的意思，如图 6.7 所示，按照国家标准的推荐，轮齿的齿厚 $s = 0.5\pi m$，轮齿的齿全高 $h = 2.25m$，都与模数成正比。尽管齿廓的具体形状细节还要受到齿数和压力角的影响，但毫无疑问，齿廓的大体尺寸完全决定于模数。表 6.2 给出了齿轮基本参数系列，请试着比较最小模数和最大模数齿廓的大体尺寸。此外，也想一想怎样用公式（6.3）、（6.6）计算齿顶圆和基圆的齿厚尺寸。

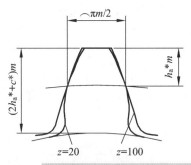

图 6.7 相同模数不同齿数的齿廓比较

齿轮参数

表 6.2　齿轮标准参数（摘自 GB/T 1357—2008 和 GB/T 1356—2001 等）

模数 m（mm）	第一系列	1, 1.25, 1.5, 2, 2.5, 3, 4, 5, 6, 8, 10, 12, 16, 20, 25, 32, 40, 50
	第二系列	1.125, 1.375, 1.75, 2.25, 2.75, 3.5, 4.5, 5.5,（6.5）7, 9,（11）14, 18, 22, 28, 30, 36, 45
压力角 α		20°
齿顶高系数 h_a^*		1
齿顶隙系数 c^*		0.25

注：选用模数时，应优选采用第一系列，其次是第二系列，括号内的模数尽可能不用。

6.4.3　齿条的尺寸

当标准齿轮的齿数增加到无穷多时，齿轮各圆的半径也是无限大，各圆都变成了相互平行的直线，同侧渐开线齿廓也退化成了相互平行的斜直线，这就是齿条。图 6.8 所示为标准齿条的形状和尺寸，齿轮的分度圆、齿顶圆、齿根圆分别对应于齿条的分度线、齿顶线和齿根线；齿轮的渐开线齿廓曲线对应于齿条的两侧面直线，齿条齿廓退化为梯形。

齿条的尺寸也和齿轮一致，分度线上的齿厚和齿槽宽相等，均为 $0.5\pi m$，齿距为 πm；齿条齿廓上各点的压力角都相同，数值与齿轮标准压力角相同，一般都取 20°；齿条的齿顶高也是齿条分度线与齿顶线的距离，等于模数 m；齿根高也是齿条分度线与齿根线的距离，等于 $1.25m$；齿廓根部有 $0.38m$ 的过渡圆弧保证了工作高度为 $2m$。

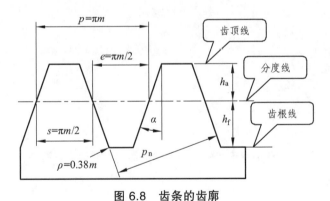

图 6.8　齿条的齿廓

这里给大家留一个思考问题，请问齿轮的基圆在齿条上为什么看不到呢？

6.5　渐开线直齿圆柱齿轮的啮合传动

齿轮机构正常传动除了要求齿廓满足瞬时传动比恒定之外，还要满足相邻轮齿能平稳地实现啮合轮替，这一节讨论这个问题。

6.5.1 齿轮的实际啮合线

图 6.9 所示为一对啮合中的齿轮。假定齿轮 1 为主动齿轮，顺时针方向转动，它的右侧齿面与从动齿轮 2 的左侧齿面接触，推动齿轮 2 逆时针方向转动。这一对相互啮合的齿面在什么位置开始进入啮合？又在什么位置脱离啮合呢？两个条件就能回答这个问题，其一是啮合的接触点一定在啮合线上；其二是开始进入啮合与脱离啮合时，啮合接触点肯定在齿廓曲线的齿顶圆位置。

齿轮开始进入啮合时，主动轮 1 的齿根部分与从动轮 2 齿面的齿顶圆位置接触，又由于啮合接触点必须在啮合线上，所以轮齿进入啮合的起点为从动轮的齿顶圆与啮合线 $\overline{N_1N_2}$ 的交点 B_2；随着齿轮的转动，轮齿的啮合接触点沿啮合线 $\overline{N_1N_2}$ 移动，同时，啮合接触点沿着主动齿轮 1 的齿面向齿顶部移动，又沿着从动齿轮 2 的齿面向齿根部移动；当啮合接触点到达主动轮 1 的齿顶圆与啮合线的交点 B_1 时，两轮面就要脱离接触。所以啮合线上的线段 $\overline{B_1B_2}$ 是轮齿啮合线上的实际啮合区段，称为**实际啮合线**，其长度 l 为

$$l = L_{PB_1} + L_{PB_2} = r_{b1}(\tan\alpha_{a1} - \tan\alpha') + r_{b2}(\tan\alpha_{a2} - \tan\alpha') \tag{6.13}$$

随着齿顶圆直径的增加，则 B_1、B_2 点将分别向 N_1、N_2 点靠近，实际啮合线将加长。超过 N_1、N_2 点之后，啮合的渐开线就变成了另外对称的一半，但因为实际齿面只能利用渐开线的单侧工作，故实际啮合线不能越过 N_1、N_2 点。所以 N_1、N_2 两点称为**极限啮合点**，线段 $\overline{N_1N_2}$ 称为**理论啮合线**。

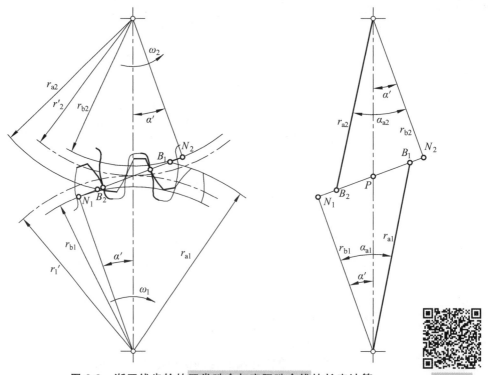

图 6.9　渐开线齿轮的正常啮合与实际啮合线的长度计算　　　齿轮啮合

与上述啮合过程相对应，轮齿的齿面也并没有全部都参加啮合，主动齿轮齿面的接触范围局限在以 O_1 为圆心、以 $\overline{O_1B_2}$ 为半径的圆周以外的区段；从动齿轮齿面的接触范围局限在以 O_2 为圆心、以 $\overline{O_2B_1}$ 为半径的圆周以外的区段。

相邻齿轮轮齿的正常啮合轮替，要保证前一个轮齿未脱离啮合之前，后一个轮齿已经进入正常啮合状态。有两种不能保证正常啮合轮替的情况，分别在紧接着的两部分中讨论。

6.5.2　轮齿正常轮替啮合条件Ⅰ（法向齿距相等）

图 6.10 所示的一对齿轮啮合，在接触点 K_0 处即将脱离啮合，但紧随其后的另一啮合点 K_1 和 K_2 未能接触重合，致使轮齿正常啮合轮替过程破坏。

啮合线上的线段 $\overline{K_0K_1}$，就是主动齿轮 1 的法向齿距 p_{n1}，根据渐开线的发生线与基圆弧长的对应关系，它也等于主动齿轮 1 的基圆齿距 p_{b1}；同样，线段 $\overline{K_0K_2}$ 就是从动齿轮 2 的法向齿距 p_{n2}，也等于从动齿轮 2 的基圆齿距 p_{b2}。**齿轮正常啮合轮替应当是两齿轮的法向齿距相等，或者说基圆齿距相等**，即

$$p_{n1} = p_{n2} = p_{b1} = p_{b2} \tag{6.14}$$

代入齿轮基圆齿距公式 $p_b = p\cos\alpha = \pi m\cos\alpha$，可以化简为

$$m_1 \cos\alpha_1 = m_2 \cos\alpha_2 \tag{6.15}$$

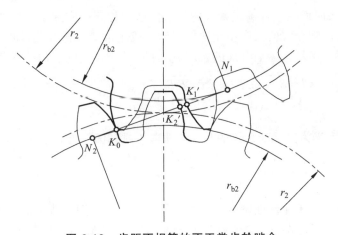

图 6.10　齿距不相等的不正常齿轮啮合

也就是要求两齿轮的模数和压力角的余弦乘积相等。由于模数和压力角均要求取标准规定的有限的几个数值，实际设计时也就要求模数和压力角分别相等：

$$\left. \begin{array}{l} m_1 = m_2 \\ \alpha_1 = \alpha_2 \end{array} \right\} \tag{6.16}$$

式（6.16）常被称为**齿轮正确啮合条件**。

在实际使用中绝大多数齿轮的压力角是 20°，只要满足啮合的两齿轮模数相等即可。直观地看齿距不相等的齿轮显然不能正常啮合，但严格地说是要求**齿轮的法向齿距相等**。

6.5.3 齿轮正常轮替条件 Ⅱ（法向齿距小于实际啮合线长度）

图 6.11 所示的一对啮合齿轮，在接触点 K_0 处即将脱离啮合，但紧随其后的啮合点还没有形成，致使轮齿正常啮合轮替过程破坏。

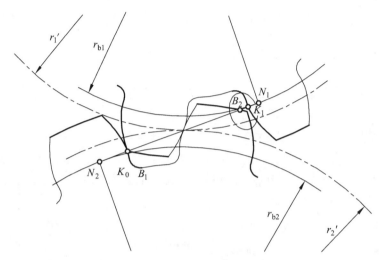

图 6.11　齿距太大的不正常啮合情况

只有想象从动齿轮 2 的齿顶圆再稍增加，才能找到随后的假想啮合点 K_1。啮合线上的线段 $\overline{K_0K_1}$ 是齿轮的法向齿距，且满足两齿轮的法向齿距相等；实际啮合线的长度是 $\overline{B_1B_2}$。相比较可见，正是实际啮合线的长度小于法向齿距造成正常啮合轮替过程的破坏。要想齿轮能连续地传动，就必须满足实际啮合线的长度 l 大于或等于齿轮的法向（或基圆）齿距，即

$$p_n < l = \overline{B_1B_2} \text{ 或者 } p_b < l = \overline{B_1B_2} \tag{6.17}$$

1. 齿轮的重合度

齿轮重合度 ε 定义为实际啮合线的长度与法向（或基圆）齿距之比：

$$\varepsilon = \frac{l}{p_b} = \frac{l}{p_n} \tag{6.18}$$

显然，重合度大于 1 能保证轮齿正常啮合轮替；小于 1 则不能保证；等于 1 则处于临界状况。实际使用中为了可靠，重合度必须大于 1。将齿轮实际啮合长度计算公式（6.13）和基圆齿距计算公式 $r_b/p_b = z/2\pi$ 代入式（6.18）即可得到外啮合齿轮的重合度计算公式：

$$\varepsilon = \frac{z_1(\tan\alpha_{a1} - \tan\alpha') + z_2(\tan\alpha_{a2} - \tan\alpha')}{2\pi} \tag{6.19}$$

内啮合传动和齿条传动的重合度计算请参照有关设计手册。表 6.3 给出了不同行业推荐的重合度最小值。

表 6.3　重合度最小许用值

一般机器制造业	汽车拖拉机	金属切削机床
1.4	1.1 ~ 1.2	1.3

2. 重合度与同时啮合的齿数关系分析

如图 6.12 所示，假定基圆齿距为 p_b，重合度为 1.6，则实际啮合线的长度为 $1.6p_b$。当啮合接触点处于实际啮合线两端的 $0.6p_b$ 的范围内时，齿轮相邻的两个轮齿同时啮合；当啮合接触点处于中间的 $0.4p_b$ 的范围内时，只有一个轮齿啮合。也就是说齿轮运转中，60% 的时间是处于两个轮齿同时啮合状态，40% 的时间处于单个轮齿啮合状态。

一般规则是，如果重合度的整数部分为 n，齿轮同时参与啮合的齿数有 n 和 $n+1$ 两种情况；重合度的小数部分表示了处于 $n+1$ 个齿数同时啮合的时间比例。显然，**重合度越大，同时参与啮合的齿数就越多，承载能力也就越大，运动也更平稳。**

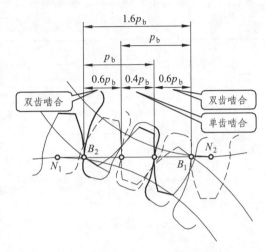

图 6.12　重合度与啮合齿数关系

6.5.4　标准中心距

由渐开线齿轮传动的可分性可知,齿轮安装中心距的少许变化完全不影响齿轮的传动比，但会使啮合角、实际啮合线长度、理论啮合线长度也发生少许变化，故也不会明显影响轮齿的啮合轮替。但中心距增加会造成啮合轮齿的侧面出现间隙，称为**侧隙**。一方面侧隙会造成齿轮转动方向改变时产生一定的冲击，对需要换向的传动不利；但另一方面侧隙可以改善润滑，避免齿轮因热膨胀或加工误差而被卡死。正常的齿轮传动一般都有很小的侧隙，此间隙通常由设计公差来保证，理论尺寸计算不予考虑。

按第四节确定的齿轮尺寸称为**标准齿轮**，标准齿轮按无侧隙条件确定的安装中心距称为**标准中心距**。由于在标准齿轮的分度圆上，齿厚与齿槽宽相等，相互啮合的齿轮齿厚又恰与齿槽宽相对，所以在标准中心距安装的情况下，标准齿轮的分度圆应该相切作纯滚动。也就是说外啮合标准齿轮的标准中心距应当是两齿轮的分度圆半径之和；内齿轮啮合则是两齿轮分度圆半径之差。

$$a = \frac{d_1 + d_2}{2} = m\frac{z_1 + z_2}{2} \qquad (6.20)$$

此时，齿轮的分度圆和节圆重合，$d_1 = d'_1$，$d_2 = d'_2$；啮合角也等于齿轮的标准压力角，$\alpha' = \alpha$，一般都是 20°；齿轮的传动比等于分度圆直径的反比，也就是齿轮齿数的反比。

6.5.5　齿廓滑动与磨损

一对渐开线齿廓啮合传动，啮合接触点移动到节点的瞬时，在接触点的运动速度相同，没有相对滑动速度。而接触点在其他位置时，接触点运动速度都不同，都有相对滑动，也就存在摩擦和磨损。一般情况下，越靠近齿根部位，齿廓相对滑动越严重，尤其小齿轮更为严重。有关啮合点的相对运动速度、相对滑动率等内容可以参阅有关设计手册。

表 6.4 总结了标准直齿圆柱齿轮的尺寸计算公式，计算过程也大体上按表格的顺序计算。

表 6.4　标准直齿圆柱齿轮的几何参数计算

名称		代号	计算公式		备注
			齿轮 1	齿轮 2	
齿轮基本参数	齿数	z	z_1 机器设计确定	z_2 机器设计确定	
	模数	m	取国家标准模数系列数值		
	压力角	α	按国家标准取值，绝大多数为 20°		
	齿顶高系数	h_a^*	按国家标准取值，绝大多数为 1		
	齿顶隙系数	c^*	按国家标准取值，绝大多数为 0.25		
齿轮径向尺寸	齿顶高	h_a	$m h_a^*$		
	齿根高	h_f	$m(h_a^*+c^*)$		
	齿全高	h	$h_a+h_f=m(2h_a^*+c^*)$		
	分度圆直径	d	mz_1	mz_2	
	齿顶圆直径	d_a	$d_1\pm2h_a=m(z_1\pm2h_a^*)$	$d_2\pm2h_a=m(z_2\pm2h_a^*)$	内齿轮 −
	齿根圆直径	d_f	$d_1\pm2h_f=m[z_1\pm2(h_a^*+c^*)]$	$d_2\pm2h_f=m[z_2\pm2(h_a^*+c^*)]$	内齿轮 +
	基圆直径	d_b	$d_1\cos\alpha$	$d_2\cos\alpha$	
	齿顶圆压力角	α_a	$\arccos(d_{b1}/d_{a1})$	$\arccos(d_{b2}/d_{a2})$	
齿轮周向尺寸	齿厚	s	$m\pi/2$		
	齿槽宽	e	$m\pi/2$		
	齿距	p	$m\pi$		
齿轮啮合参数	中心距	a	$(d_1\pm d_2)/2=m(z_1\pm z_2)/2$		内啮合 −
	节圆直径	d'	d_1	d_2	
	啮合角	α'	α		
	啮合线长度	l	$r_{b1}(\tan\alpha_{a1}-\tan\alpha)+r_{b2}(\tan\alpha_{a2}-\tan\alpha)$		
	重合度	ε	$l/p_b=[z_1(\tan\alpha_{a1}-\tan\alpha)+z_2(\tan\alpha_{a2}-\tan\alpha)]/2\pi$		

6.6　渐开线齿廓的加工原理与根切

渐开线齿轮的加工涉及制造工艺的各个方面，这里仅仅学习渐开线齿廓的切削成形原理，它与非标准齿轮的原理密切相关，也是学习齿轮制造、检验和相关设备原理的基础。按照成形原理，齿廓加工方法可分为完全不同的两类：**仿形法和范成法**。

6.6.1　渐开线齿廓仿形法加工原理简介

如图 6.13 所示，仿形法加工一般用**仿形铣刀**进行，铣刀刀刃的形状与被加工齿廓一致，依靠刀刃的形状保证齿廓曲线的正确成形，这也是仿形法名称的由来。使用中的仿形铣刀有**盘形铣刀和指状铣刀**两种，前者用于卧式铣床，后者用于立式铣床。

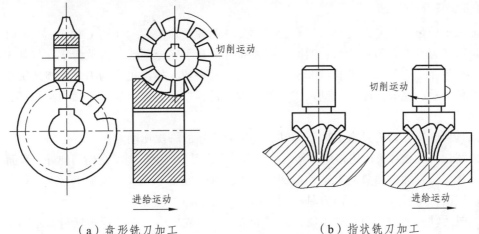

（a）盘形铣刀加工　　　　　　　　（b）指状铣刀加工

图 6.13　齿轮的**仿形加工方法**

齿轮加工方法

仿形法加工齿轮时，仿形铣刀快速旋转执行切削主运动，被加工齿轮沿着自身的轴线方向执行进给运动，进给行程应能完成整个齿轮宽度的加工。一个齿槽加工完成后，齿坯退回原处，用分度头将其转过 $360°/z$，再加工下一个齿槽，直到所有轮齿槽加工完毕。

仿形法加工的最大问题是适应性差，不同齿数、模数、压力角的齿轮渐开线的形状都不相同，要想获得准确的渐开线齿廓，刀具的种类势必极多，而刀具的制造费用一般都很高，只有在产品数量极大的大量生产中才比较经济，如大量齿轮的拉削法加工。

在中小批量生产中则采用适度降低加工精度的折中方案，普通市场上只可购买到 1～8 号标准齿轮铣刀，每一号铣刀仅加工表 6.5 所列的齿数范围内的齿轮。为了保证所加工的齿轮在啮合时不被"卡住"，铣刀刀刃的形状都按其加工齿数范围中最少齿数齿廓来制造。此外，由于仿形法铣削加工中，还必须有分齿运动和回退运动，又增加了产生误差的环节，加工效率也比较低。因此，一般只用于修配或小批生产中。

表 6.5　圆柱齿轮仿形铣刀的铣刀号和加工的齿数范围

铣刀号	1	2	3	4	5	6	7	8
加工齿数	12～13	14～16	17～20	21～24	25～34	35～54	55～134	>134

仿形法铣削加工的好处是只用普通铣床即可进行齿轮加工，不需要专用设备；还有加工直齿轮时不存在后面将要讨论的"根切"现象。

6.6.2　范成法齿廓加工原理简介

范成法也称展成法、共轭法、包络法，是目前齿廓加工的主流方法。范成法加工可以类比为齿轮的啮合（或者齿轮与齿条的啮合）过程。相啮合的一对齿轮中，一个等效为被加工的齿轮，另一个等效为加工齿轮的刀具，其刀刃的形状也与齿轮（或者齿条）的形状一致。

加工机床提供与齿轮啮合过程相同的相对运动和切削加工运动，利用齿轮啮合过程共轭齿廓的相互包络关系完成齿轮的成形。**最常用的是插齿和滚齿两种方法。**

1. 插齿加工原理介绍

插齿加工中插齿刀具有齿轮形刀具和齿条形刀具两种，加工原理如图 6.14（a）和（b）所示。齿轮形状刀具的刀刃形状与普通渐开线齿轮外形几乎完全一致，齿数为 z_1，待加工齿轮齿数为 z_2。齿条形刀具刀刃形状则和标准齿条的齿廓一致。插齿机床为刀具和齿坯提供加工所需的各种运动，完成齿轮的切削加工。插齿加工过程按以下五个运动步骤周期循环，直到加工完成。

（1）刀具切削：插齿刀具自上向下运动，完成对齿坯的一次切削。

（2）齿坯让刀：被加工齿轮移离刀具微小距离，防止刀具向上回退时刮伤切削好的齿面。

（3）刀具回位：插齿刀具向上运动退回到原来位置，准备下一次切削加工。

（4）齿坯回位：被加工齿轮向刀具移动，回到正确的加工位置。

（5）范成运动：齿轮形刀具加工时，刀具和被加工齿轮同时方向相反地转过微小角度，转动角度符合 $\Delta\varphi_2/\Delta\varphi_1 = z_1/z_2$；对于齿条形刀具被加工齿轮转过微小的角度 $\Delta\varphi_2$，刀具沿切向移动微小距离 Δs，运动量符合 $\Delta s/\Delta\varphi_2 = r_2$。

正是由于强制性的范成运动，保证了被加工齿廓与刀具齿廓之间的共轭关系，才得到了正确的被加工齿轮的齿廓。

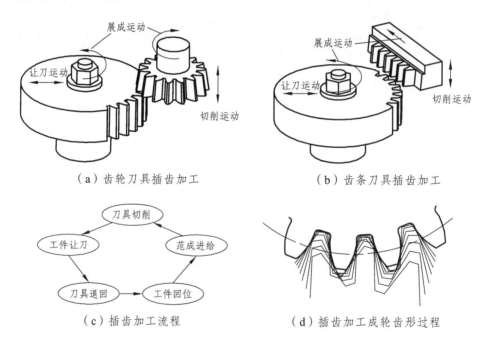

（a）齿轮刀具插齿加工　　　　　　（b）齿条刀具插齿加工

（c）插齿加工流程　　　　　　（d）插齿加工成轮齿形过程

图 6.14　插齿加工原理

实际生产中还要有初始的进给运动，在切削过程中刀具由远到近，逐渐到达准确的位置，然后才开始正常的切削循环过程。此外，刀具的齿顶圆比标准齿轮的齿顶圆大，以便加工出正确的齿根圆直径。当然，切削刀具必须有一定的后角才能进行切削，因此齿轮形刀具的外圆应有一定的锥度，刀具刃磨之后齿顶圆尺寸会减小；齿条形刀具也要有一定的斜度。

2. 滚齿加工原理简介

滚齿加工一般都近似地看做是齿条刀具范成加工的演变。实际生产中，受限于机床布局等因素，用齿条刀具加工齿轮的商用加工机床极为罕见，而普遍采用**滚齿机床加工**。滚齿机的原理及齿轮滚刀结构如图 6.15 所示。齿轮滚刀相当于以齿条刀刃为法截面齿廓的螺杆，由于螺旋形的刀具齿廓分布，加工时齿轮滚刀只需要切削转动，不需要齿条刀具范成运动中的移动。

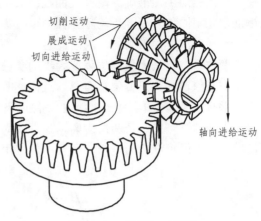

滚齿加工的范成运动是滚刀和被加工齿轮连续不停地转动，如果滚刀的螺纹线数为 1，滚刀转动一转，被加工齿轮转过一个齿廓。滚刀的转动也就是切削主运动，被加工齿轮的转动也就

图 6.15 滚齿加工原理

是切向进给运动。为了加工出整个齿轮宽度的齿廓，滚齿机床必须提供沿齿坯轴线方向缓慢的进给运动。

范成加工方法是齿轮齿廓加工的主流方法，其最突出优点是模数相同的齿轮，可以几乎不受齿数限制地用同一刀具加工。此外，它加工精度高，生产效率也较高，广泛地应用于各种生产批量的生产中。

6.6.3 标准齿轮和变位齿轮的加工

1. 标准齿轮的加工

按照第四节的有关公式确定的齿轮尺寸参数属于标准齿轮，加工标准齿轮时刀具与工件的相对位置与齿轮（或齿条）啮合分析的相对位置应该是一致的。由于在插齿加工中要考虑刀具磨损、刃磨等比较复杂的因素，后面仅分析滚齿加工的情形。

如图 6.16 所示，齿条刀具的齿廓与标准齿条有所不同，为了能够切削到齿根圆，刀具的齿顶高于标准齿条 $c^* m$，刀具两侧面和齿顶及齿根都有圆弧过渡，齿顶与侧面的过渡半径为 $0.38 m$，以保证侧面刀刃的直线段的长度与标准齿条一致。

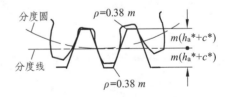

图 6.16 标准齿轮的加工

切削齿轮，先以轮坯的外圆对刀，再径向进刀约标准齿全高 $(2h_a^* + c^*)m$，刀具的分度线刚好与轮坯分度圆相切，刀具齿根与轮坯顶圆之间的顶隙也约为 $c^* m$，然后才进入正常范成包络切削过程。范成运动保证齿坯分度圆速度与齿条移动速度相等，只有如此才能加工出标准齿轮。由于齿轮的齿顶圆和齿根圆不参与齿轮的啮合，精度都不高，实际加工中一般通过精确测量弦齿厚或公法线长度来精确控制进刀量。

2. 变位齿轮的加工

由第三节中渐开线齿轮传动可分性可知，即便是齿轮中心距有所变化，其传动比也不变。

该性质反映在齿轮加工中，就意味着刀具与齿坯的相对距离即便是有所变化，只要传动比不变，仍然能加工出准确的渐开线曲线，只是渐开线的位置有所变化而已。这样加工出来的与标准齿轮不同的非标准齿轮称为**径向变位齿轮**，简称**变位齿轮**，因为是通过改变齿轮和刀具的相对径向位置而得到的，故取此名。

变位系数 x 是衡量变位程度大小的参数，实际移动的距离 $\Delta = xm$。规定当刀具远离齿坯时 x 取正值，称为**正变位**；刀具移近齿坯时 x 取负值，称为**负变位**。齿轮变位没有改变渐开线的形状，但改变了渐开线的位置，使得齿轮的齿厚发生了改变。如图6.17所示，正变位齿廓显得"胖"一些，负变位齿廓则显得"瘦"一些。变位齿轮在不增加任何成本的前提下，提供了改善齿轮性能的手段，有着重要应用。

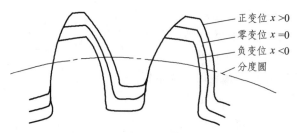

图 6.17　不同的变位齿轮比较

6.6.4　渐开线齿廓加工中的根切

1. 渐开线齿廓的根切现象

范成法加工渐开线齿轮时，不恰当的齿轮参数或工艺参数，会使刀具顶部切入被加工齿廓的根部，形成如图6.18（a）所示的加工结果，这就是渐开线齿廓的根切。根切降低轮齿的弯曲强度和重合度，对传动质量影响很坏，应该尽量避免。

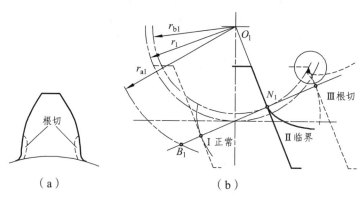

图 6.18　根切发生过程分析

根切的形成过程如图6.18（b）所示，齿条刀具的顶部过高，超过了基圆与啮合线的切点 N_1。加工过程中，齿轮逆时针转动，刀具向右移动，刀刃始终保持与渐开线相切。

（1）正常加工阶段 I：刀刃与齿廓的切点位于 N 点的左侧，刀刃与齿廓的切点在渐开线齿廓上；

（2）临界位置 II：刀刃与齿廓的切点与 N_1 点重合，刀刃的延长线通过齿坯中心；

（3）根切发生阶段Ⅲ：刀刃与齿廓的切点位于 N_1 点的右侧，但刀刃与齿廓的切点已经在渐开线的另一分支上，刀具顶端切入了加工好的渐开线齿廓。

由以上分析可知，滚齿加工时避免根切就要求刀具齿顶线不能超过基圆与啮合线的切点 N；而插齿加工时则要求刀具齿顶圆不能超过基圆与啮合线的切点 N，但应当注意刀具刃磨后刀具齿顶圆的将会变小。

2. 避免根切的条件

如图 6.19 所示，加工变位系数为 x 的齿轮，刀具由零变位的虚线位置下移到实线位置，移动距离为 xm。**"刀具齿顶线不能超过基圆与啮合线的切点 N"** 这一避免根切条件，就是要求图形左边所注的尺寸小于图形右边所注的两个尺寸距离之和，即

$$\frac{zm}{2}\sin^2\alpha + xm \geqslant h_a^* m$$

可以整理成以下两种形式：

$$\left. \begin{array}{l} z \geqslant \dfrac{2(h_a^* - x)}{\sin^2\alpha} \\[3mm] x \geqslant h_a^* - \dfrac{z\sin^2\alpha}{2} \end{array} \right\} \qquad (6.21)$$

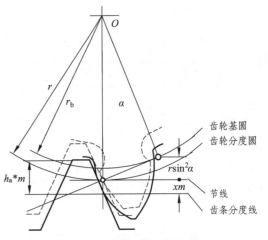

图 6.19　避免根切的条件

第一种形式用于计算不根切的齿数，第二种形式用于计算不根切的变位系数。对于国家推荐的标准齿轮，$h_a^* = 1$，$\alpha = 20°$，$x=0$ 不根切的最小齿数为 $z_{min} = 17$。对于小于 17 的标准齿轮，要是其不发生根切，所需要的最小变位系数为 $x_{min} = 1 - z/17$。

6.7　变位齿轮及其传动计算

变位作为一种重要的调整齿轮传动性能的手段，简便易行，几乎不需要增加任何工艺成本，在齿轮设计中，应尽量扩大变位齿轮的应用。它可以**应用于以下几方面：**

（1）避免轮齿根切。齿数较少的小齿轮可以使齿轮传动的结构更加紧凑。如前述分析，标准齿轮齿数小于 17 时会发生根切，此时可以采用正变位消除根切。

（2）配凑中心距。有些情况下齿轮的中心距和传动比受到特定的条件限制，标准齿轮不能满足要求。此时，可以通过齿轮变位调整中心距来满足其特定的要求。

（3）提高承载能力。正变位齿轮齿厚增加，强度也随之增加，负变位则会削弱齿轮强度。一般传动中，小齿轮较弱，而大齿轮较强。变位齿轮也常常是调整大小齿轮强度，使其寿命趋于一致，从而提高整个齿轮机构承载能力的手段之一。

（4）重要齿轮修复。一般齿轮传动中，小齿轮磨损较重，大齿轮磨损较轻，许多重要大齿轮往往也很昂贵。用负变位修复磨损较轻的大齿轮，重新配制一个正变位小齿轮，就可恢复其正常使用。

6.7.1 变位齿轮的计算

变位齿轮的尺寸计算见表6.6。

表6.6 变位齿轮的尺寸计算

名称	符号	齿轮1	齿轮2
齿数	z	z_1机器设计时确定	z_2机器设计时确定
模数、压力角、齿顶高系数、齿顶隙系数	m，α，h_a^*，c^*	按照国家标准推荐取值	
中心距	a'	机器设计时确定	
节圆直径	r'	$az_1/(z_1+z_2)$	$az_2/(z_1+z_2)$
啮合角	α'	$\arccos(mz_1\cos\alpha/2r_1')$，也等于 $\arccos(mz_2\cos\alpha/2r_2')$	
变位系数	x	$x_1+x_2=\dfrac{(z_1+z_2)(\mathrm{inv}\alpha'-\mathrm{inv}\alpha)}{2\tan\alpha}$ 可灵活分配 x_1、x_2	
中心距修正系数	y	$y=a'/m-(z_1+z_2)/2$	
齿顶高修正系数	σ	x_1+x_2-y	
分度圆直径	d	mz_1	mz_2
齿顶圆直径	d_a	$d_1+2(h_a^*+x_1-\sigma)$	$d_2\pm2(h_a^*+x_2-\sigma)$（内啮合－）
齿根圆直径	d_f	$d_1-2(h_a^*+c^*+x_1)$	$d_2\pm2(h_a^*+c^*+x_2)$（内啮合＋）

1. 径向尺寸

（1）分度圆直径 d：分度圆作为齿轮尺寸计算的参考基准，保持与标准齿轮一致，但变位之后分度圆上的齿厚和齿槽宽不再保持相等。

（2）基圆直径 d_b：齿轮加工的范成包络关系保证了齿轮基圆尺寸不变，这也可以由渐开线齿轮啮合的可分性质得到佐证。

（3）齿根圆直径 d_f：齿轮的齿根圆由齿条刀具的齿顶切削出来，由于刀具退后距离为 xm，齿根圆半径也增加了相同的量，故齿根圆直径为

$$d_f=d-2(h_a^*+c^*-x)m=[z-2(h_a^*+c^*-x)]m \tag{6.22}$$

（4）齿顶圆直径 d_a：齿顶圆直径也应相应增加，计算公式为

$$d_a=d+2(h_a^*+x-y)m=[z+2(h_a^*+x-\sigma)]m \tag{6.23}$$

式中，σ 称为齿高修正系数，由后面分析可知变位齿轮的无侧隙啮合会造成齿顶隙的改变，σ 正是考虑这一因素对齿顶圆进行修正。此外，过大的正变系数，可能使齿顶圆的齿厚很小，甚至完全消失，此时应减小齿顶圆直径，以保证齿顶圆齿厚 s_a 一般不小于（0.25～0.4）m。

（5）齿顶高 h_a 和齿根高 h_f：变位齿轮中齿根高、齿顶高仍然分别为齿根圆、齿顶圆与分度圆间的半径差，显然为

$$h_a = (h_a^* + x - \sigma)m, \quad h_f = (h_a^* + c^* - x)m \tag{6.24}$$

2．切向尺寸

图 6.20 反映了变位齿轮的单侧齿面的变化。图中的虚线表示标准齿轮加工时的刀具位置，实线表示变位齿轮加工时的刀具位置。节点 P 附近形成一个微小的直角三角形△KJI，其局部放大图中清晰地看出单侧齿面尺寸变化，KI 是径向尺寸变化量，值为 xm；由于分度圆与刀具节线纯滚动，KJ 是分度圆上单侧齿面切向尺寸变化量；PK 垂直于刀刃，反映的是单侧齿面法向（或基圆）尺寸变化量。因而，齿轮分度圆的齿厚和齿槽宽应当为

$$\left.\begin{array}{l} s = (\pi/2 + 2x\tan\alpha)m \\ e = (\pi/2 - 2x\tan\alpha)m \end{array}\right\} \tag{6.25}$$

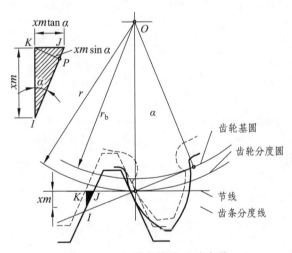

图 6.20　变位齿轮的尺寸变化

6.7.2　变位齿轮啮合传动计算

与标准齿轮传动有所不同，除了齿数、模数等基本参数外，变位齿轮中心距一般也是已知的。因为中心距是重要的规格尺寸，通常数值要圆整为整数或标准数值系列数值。其他参数如节圆直径、啮合角、变位系数等则由齿轮正常啮合条件来确定，大致按下列顺序来计算。

（1）变位齿轮节圆 r'：中心距 a' 已知的情况下，节点 P 按传动比分割了中心距，节圆半径为

$$\left.\begin{array}{l} r_1' = a'\dfrac{1}{1+i} = a'\dfrac{z_2}{z_1 + z_2} \\[2mm] r_2' = a'\dfrac{i}{1+i} = a'\dfrac{z_1}{z_1 + z_2} \end{array}\right\} \tag{6.26}$$

（2）变位齿轮的啮合角 α'：节圆直径已定，齿轮的基圆与标准齿轮相同，为 $r_b = r\cos\alpha$，齿轮的啮合角就等于节圆的压力角，其计算公式为

$$\alpha' = \arccos\left(\frac{r_{b1}}{r_1'}\right) = \arccos\left(\frac{r_{b2}}{r_2'}\right) \tag{6.27}$$

（3）变位系数 x：是按照齿轮无侧隙啮合条件确定的。由于齿轮传动中两节圆是纯滚动关系，无侧隙啮合也就是要求变位齿轮在节圆上齿槽宽和齿厚交错相等，即

$$s_1' = e_2'; \quad s_2' = e_1' \tag{6.28}$$

代入齿厚 s_1' 和齿槽宽 e_2' 基本常量关系式（6.6），为

$$\frac{s_1'}{r_1'} + 2\operatorname{inv}\alpha' = \frac{s_1}{r_1} - 2\operatorname{inv}\alpha = \left(\frac{m\pi}{2} + 2x_1 m\tan\alpha\right)/r_1 + 2\operatorname{inv}\alpha$$

$$\frac{e_2'}{r_2'} - 2\operatorname{inv}\alpha' = \frac{s_2}{r_2} + 2\operatorname{inv}\alpha = \left(\frac{m\pi}{2} - 2x_2 m\tan\alpha\right)/r_2 - 2\operatorname{inv}\alpha$$

上式分别乘以 r_1' 和 r_2' 得到

$$s_1' + 2r_1'\operatorname{inv}\alpha' = \left(\frac{m\pi}{2} + 2x_1 m\tan\alpha\right)\frac{r_1'}{r_1} + 2r_1'\operatorname{inv}\alpha$$

$$e_2' - 2r_2'\operatorname{inv}\alpha' = \left(\frac{m\pi}{2} - 2x_2 m\tan\alpha\right)\frac{r_2'}{r_2} - 2r_2'\operatorname{inv}\alpha$$

以上两式相减并化简可得

$$2(r_1' + r_2')(\operatorname{inv}\alpha' - \operatorname{inv}\alpha) = 2(x_1 + x_2)m\tan\alpha\frac{\cos\alpha}{\cos\alpha'}$$

$$2(r_1 + r_2)(\operatorname{inv}\alpha' - \operatorname{inv}\alpha) = 2(x_1 + x_2)m\tan\alpha$$

得到无侧隙啮合所需要的变位系数之和为

$$x_\Sigma = x_1 + x_2 = \frac{(z_1 + z_2)(\operatorname{inv}\alpha' - \operatorname{inv}\alpha)}{2\tan\alpha} \tag{6.29}$$

两齿轮的变位系数分配则可以根据其他原则灵活处理。

（4）中心距修正系数 y：非变位齿轮的标准中心距 a 与变位齿轮的中心距之差称为**中心距变动量 $\varDelta$**，中心距变动量与模数之比称为**中心距修正系数 y**，即

$$\left.\begin{array}{l} \varDelta = a' - a \\ y = \varDelta / m \end{array}\right\} \tag{6.30}$$

（5）齿顶高修正系数 σ：如果保持变位齿轮的齿顶高不变，齿顶隙将会发生变化，通常情况下要求改变齿顶高，来维持齿顶隙不变。变位齿轮的理论中心距 a'' 为标准齿轮中心距和两齿轮变位移动量之和

$$a'' = \frac{d_1 + d_2}{2} + (x_1 + x_2)m \tag{6.31}$$

正常齿高情况下，如果按照理论中心距安装齿顶隙将不变。因此，理论中心距与真实的中心距之差就是齿轮顶隙变化量 Δ'，顶隙变化量与模数之比称为齿顶高修正系数，用 σ 表示

$$\left.\begin{array}{l}\Delta' = a'' - a' = (a'' - a) - (a' - a)\\ \sigma = \Delta'/m = x_1 + x_2 - y\end{array}\right\} \qquad (6.32)$$

齿顶高修正使齿顶隙恢复为标准值。其他啮合参数如理论啮合线的长度、实际啮合线的长度、重合度等计算公式与标准齿轮完全相同，此处不再赘述。

6.7.3 变位齿轮传动类型

根据相互啮合齿轮变位系数之和的符号，**变位齿轮传动可分为零传动、正传动、负传动三种类型。**

（1）零传动：变位系数之和 $x_1 + x_2 = 0$ 或者写作 $x_1 = -x_2 \neq 0$，也称为**等变位齿轮传动**，又因为齿顶高发生了变化也被称为高度变位齿轮传动。此时齿轮的中心距、节圆、啮合角、理论啮合线长度等多数传动参数与标准齿轮都相同。少数啮合参数如实际啮合线长度、重合度等有些变化，但一般也都不大。

零传动可用于避免小齿轮根切的场合，小齿轮取正变位系数，大齿轮取数值相等的负变位系数，其他设计参数与标准齿轮相同，但要求两齿轮的齿数之和大于 $2z_{\min}$，否则必有一个齿轮要发生根切。零传动也可用于调整大小齿轮强度，使得大小齿轮的寿命趋于接近；还能改善齿轮的磨损情况。

（2）正传动：变位系数之和 $x_1 + x_2 > 0$，可以选择 x_1、x_2 都大于 0，也可选择其一大于零、其二小于 0。啮合参数中心距、节圆、啮合角、理论啮合线长度等都比标准齿轮传动有所增加；实际啮合线长度、重合度等则有一定程度的降低。

正传动的优点是齿轮机构的承载能力有较大提高。 但由于啮合角增大和实际啮合线段减短，故使重合度减小较多。

（3）负传动：变位系数之和 $x_1 + x_2 < 0$。与正传动相反，啮合参数中心距、节圆、啮合角、理论啮合线长度等都比标准齿轮传动有所降低；实际啮合线长度、重合度等则有一定程度的增加。

负传动的优缺点正好与正传动的优缺点相反，即其重合度略有增加，但轮齿的强度有所下降，所以**负传动只用于配凑中心距等一些特殊需要的场合中。**

正传动与负传动的啮合角不等于标准压力角，所以又称为**角度变位传动**。变位齿轮作为简便易行的调整齿轮传动性能的方法，在各种机械中被广泛采用。

6.8 斜齿圆柱齿轮机构

渐开线斜齿圆柱齿轮的齿廓是螺旋形地盘绕在圆柱面上的，和圆柱直齿轮相比具有承载能力大、运动平稳等优点，因而得到了广泛应用。

6.8.1 斜齿圆柱齿轮齿面及形成

如图 6.21 所示，半径为 r_b 的圆柱称为基圆柱，与基圆柱相切的平面称为发生面，发生面

上有一条与基圆柱轴线夹角为 β_b 的直线 KK'。当发生面在基圆柱上纯滚动时，直线 KK' 在空间形成一直纹曲面，该曲面称为**渐开线螺旋面**，它就是斜齿圆柱齿轮的齿廓曲面。

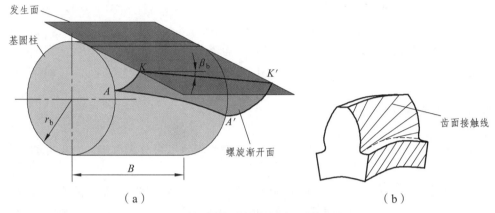

图 6.21 斜齿圆柱齿轮齿面的形成

显然，直线 KK' 上任意一点的轨迹都是渐开线，齿廓曲面上任意一点的法线也与基圆柱相切。每一条渐开线的起点在基圆柱上形成了一条螺旋线 AA'；β_b 也等于齿廓曲面在基圆柱上的**螺旋角**，当 $\beta_b = 0$ 时，斜齿圆柱齿轮的齿廓曲面就与直齿圆柱齿轮相同了。

图 6.22 是一对斜齿圆柱齿轮齿面啮合的情况。两个齿廓曲面形成接触，接触点上有相同的公共法线，公共法线又应当与两个基圆柱相切，故两基圆柱的公切面与齿廓曲面的交线就是齿廓曲面的接触线，它在啮合过程中沿着基圆柱的公切面移动，故称该公切面为**啮合面**，并且其接触线为倾斜的直线。

齿廓曲面上的接触情况如图 6.21（b）所示，接触线先由短变长，然后又逐渐变短，直至脱离啮合。这样的啮合过程使得重合度有较大的增加，传动的平稳性和承载能力也有较大的提高。

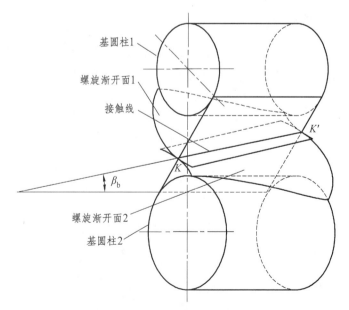

图 6.22 斜齿圆柱齿轮的啮合分析

6.8.2　斜齿圆柱齿轮的主要参数及其计算

1. 螺旋角、模数和压力角

对任何圆柱螺旋面来说不同直径上的螺旋角的数值是不同的，斜齿圆柱齿轮的基准螺旋角是指**分度圆上的螺旋角**，用 β 表示。为了直观地分析，将分度圆柱面展平，螺旋角指的就是如图 6.23 标出的角度。

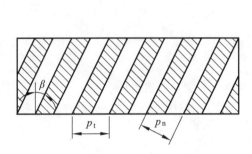 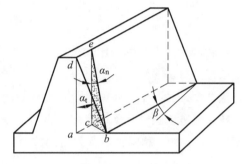

（a）法向和端面的齿距和模数　　　　　　　　　　（b）法向和端面的压力角

图 6.23　斜齿圆柱齿轮的法向和端面参数

由于螺旋角的存在，使得在法线方向和齿端测得的齿距数值不同，需要用**法向齿距 p_n** 和**端面齿距 p_t** 给予区分，相应地齿距与 π 相除得到**法向模数 m_n** 和端面模数 m_t，其值也是不同的，二者之间的关系应为

$$p_n = p_t \cos\beta ; \quad m_n = m_t \cos\beta \tag{6.33}$$

螺旋角的存在也使得沿着法向和端面测得的压力角数值不同。如图 6.23（b）所示，直角 $\triangle dab$ 中 $\angle d$ 是端面压力角 α_t；直角 $\triangle ccb$ 中 $\angle c$ 是法向压力角 α_n；直角 $\triangle abc$ 中 $\angle b$ 是螺旋角 β，很容易得到

$$\tan\alpha_n = \tan\alpha_t \cos\beta \tag{6.34}$$

为了能够和直齿圆柱齿轮使用相同的刀具进行切削加工，国家标准规定**法向模数和法向压力角为标准压力角**，其值和直齿轮相同，参见表 6.2。

2. 齿轮直径

斜齿圆柱齿轮的分度圆周长是端面齿距 p_t 与齿数 z 的乘积，与 π 相除可求得分度圆直径为

$$d = m_t z = \frac{m_n z}{\cos\beta} \tag{6.35}$$

齿顶圆直径是在分度圆直径上增加两倍齿顶高 $2m_n h_a^*$；齿根圆的直径是在分度圆的基础上减少两倍齿根高 $2m_n(h_a^* + c^*)$；基圆直径是分度圆直径与端面压力角余弦值的乘积。这些参数不仅公式与圆柱直齿轮相同，齿顶高系数、齿顶隙系数的数值也相同。

3. 啮合参数

与标准直齿圆柱齿轮相比，**两个斜齿圆柱齿轮正确啮合条件**除了满足标准模数和压力角相等之外，还要满足螺旋角相等。这样才能保证两齿轮的端面模数和端面压力角也分别相等，为了保证在齿宽方向上能够啮合，**外啮合时两齿轮的螺旋方向相反，内啮合则相同**。

标准斜齿圆柱齿轮无侧隙啮合的中心距为分度圆半径之和，应该为

$$a = \frac{m_t(z_1 + z_2)}{2} = \frac{m_n(z_1 + z_2)}{2\cos\beta} \tag{6.36}$$

一般情况下中心距是比较重要的参数，其数值应当先确定，依靠调整螺旋角来满足正确啮合条件。

重合度是另一个重要的啮合参数。如图 6.24 所示，下端首先进入啮合，上端最后退出啮合。从下端进入啮合到下端退出啮合对应出端面重合度，其计算公式与直齿圆柱齿轮重合度计算公式（6.19）相同，但压力角的数值应该用端面压力角，即

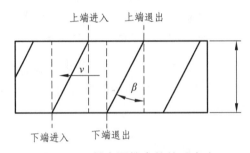

图 6.24　斜齿圆柱齿轮的重合度

$$\varepsilon_1 = \frac{z_1(\tan\alpha_{at1} - \tan\alpha_t') + z_2(\tan\alpha_{at2} - \tan\alpha_t')}{2\pi} \tag{6.37}$$

从下端退出到上端退出对应于宽度重合度，计算公式应当为

$$\varepsilon_b = \frac{B\tan\beta}{p_t} = \frac{B\sin\beta}{p_n} = \frac{B\sin\beta}{\pi m_n} \tag{6.38}$$

显然，**斜齿圆柱齿轮的重合度应为端面重合度和宽度重合度两部分之和**，即

$$\varepsilon = \varepsilon_t + \varepsilon_b \tag{6.39}$$

4. 当量齿轮和当量齿数

比较斜齿轮法向和直齿轮的齿廓，齿廓形状最接近斜齿轮的直齿轮称为该斜齿轮的**当量齿轮**。**当量齿轮的齿数称为当量齿数**。当量齿轮和当量齿数有三方面的用处：

（1）后续课程中有关齿轮强度计算中，直齿轮和斜齿轮的计算公式基本相同，当涉及有关斜齿轮齿廓对强度影响的因素处理时，用斜齿轮的当量齿数代替真实齿数。

（2）仿形法加工斜齿轮时和直齿轮所用的刀具是完全相同的，但是按照表 6.5 选择铣刀时，应按照当量齿数进行选择。

（3）用范成法加工斜齿轮时和直齿轮使用完全相同的刀具，符合标准的斜齿轮不发生根切的最小齿数不是 17，而是当量齿数为 17。

当量齿轮和当量齿数的计算如图 6.25 所示，过斜齿轮分度圆上一点 C，作轮齿螺旋线的法面剖面，分度圆柱的剖面图形为椭圆。该椭圆的长轴为 $d/(2\cos\beta)$，短轴为 d。在此剖面上，C 点附近的齿廓为斜齿轮法面齿廓。

再以椭圆上点 C 的曲率半径 ρ 为半径作一个圆，我们认为以该圆为分度圆，且模数、压力角与斜齿轮法向模数、压力角相等的齿轮为当量齿轮。该当量齿轮的齿廓与斜齿轮的法向齿廓最为接近，其齿数就是当量齿数。

代入椭圆短轴的曲率半径计算公式可算出当量齿轮的半径和当量齿数为

$$\left.\begin{array}{l} \rho = \dfrac{a^2}{b} = \dfrac{d}{2\cos^2\beta} \\[2mm] z_v = \dfrac{2\rho}{m_n} = \dfrac{d}{m_n\cos^2\beta} = \dfrac{m_t z}{m_n\cos^2\beta} = \dfrac{z}{\cos^3\beta} \end{array}\right\} \quad (6.40)$$

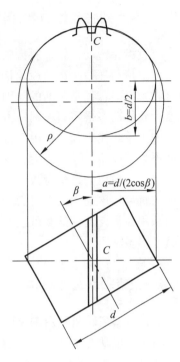

图 6.25　当量齿轮和当量齿数

显然，真实齿数必须是整数，当量齿数一般都不是整数。

标准斜齿圆柱齿轮传动几何尺寸计算过程大体按表 6.7 的顺序和公式进行。

表 6.7　标准斜齿圆柱齿轮几何参数计算

	名称	符号	计算公式
基本参数	齿数	z	机器设计时给定
	法向模数	m_n	按国家标准模数系列取值
	法向压力角	α_n	按国家标准一般 20°
	齿顶高系数	h_a^*	按国家标准一般取 1
	齿顶隙系数	c^*	按国家标准一般取 0.25
	螺旋角	β	一般取值 8°～20°，按中心距确定其精确值
	端面模数	m_t	$m_n/\cos\beta$
	端面压力角	α_t	$\tan\alpha_n = \tan\alpha_t\cos\beta$
主要齿轮尺寸	分度圆直径	d	$m_n z/\cos\beta$
	齿顶圆直径	d_a	$d + 2h_a^* m_n$
	齿根圆直径	d_f	$d - 2(h_a^* + c^*)m_n$
	基圆直径	d_b	$d\cos\alpha_t$
主要啮合参数	中心距	a	$(d_1 + d_2)/2 = (z_1 + z_2)m_n/(2\cos\beta)$，一般取圆整值
	端面重合度	ε_t	$\dfrac{z_1(\tan\alpha_{t1} - \tan\alpha'_{t1}) + z_2(\tan\alpha_{t2} - \tan\alpha'_{t2})}{2\pi}$
	齿宽重合度	ε_b	$B\sin\beta/(\pi m_n)$
	重合度	ε	$\varepsilon_t + \varepsilon_b$
其他	当量齿数	z_v	$z/\cos^3\beta$

6.8.3 斜齿圆柱齿轮的啮合特点

与直齿轮传动比较，斜齿轮传动的**主要优点如下：**

（1）传动平稳。在斜齿轮传动中，其轮齿的接触线为与齿轮轴线倾斜的直线，轮齿开始啮合和脱离啮合都是逐渐的，因而传动平稳、噪声小，也减小了制造误差对传动的影响。故高速齿轮传动多采用斜齿圆柱齿轮。

（2）承载能力较大。由于重合度较大，接触线也较长，降低了每对轮齿的载荷，从而相对地提高了齿轮的承载能力，延长了使用寿命。故一般动力传动中多采用斜齿圆柱齿轮。

（3）不根切的最少齿数少，可采用更小的主动齿轮，从而得到更为紧凑的机器结构。

与直齿轮传动比较，斜齿轮传动的主要缺点是传动时会产生轴向推力，对轴承的工作不利。采用人字齿轮，虽然可以使轴向力互相抵消，但制造较困难，随着轴承性能的提高，现在已经不多见了。

6.8.4 交错轴斜齿轮机构

交错轴斜齿轮机构用来传递交错轴之间的转动，就单个齿轮来说，与斜齿圆柱齿轮相同。

（1）正确啮合条件。图 6.26 所示为一对交错轴斜齿轮传动，两轮的分度圆柱相切，两齿轮轴线的夹角称为轴交角 Σ。啮合传动时要求满足：① 分度圆上两齿轮在齿廓方向上一致；② 法向齿廓参数相同。如果约定螺旋角右旋为正、左旋为负，两条件可以表示为

$$\left.\begin{array}{l} \Sigma = \beta_1 + \beta_2 \\ m_{n1} = m_{n2};\ \alpha_{n1} = \alpha_{n2} \end{array}\right\} \tag{6.41}$$

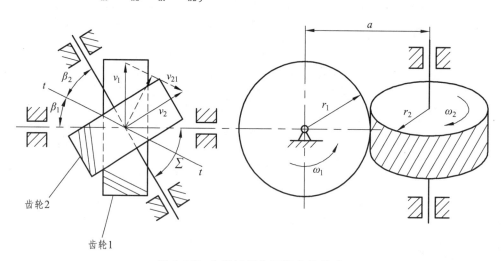

图 6.26 交错轴斜齿圆柱齿轮传动

（2）中心距。由于两齿轮在分度圆上相切，故中心距为两齿轮分度圆半径之和：

$$a = r_1 + r_2 = \frac{m_n}{2}\left(\frac{z_1}{\cos\beta_1} + \frac{z_2}{\cos\beta_2}\right) \tag{6.42}$$

（3）传动比与相对滑动速度。啮合时在分度圆接触点 P，两齿轮在齿廓的法向运动速度必须相等，据此可以导出传动比，传动比当然还是与齿数成反比例；在 P 点切向运动速度则不同，存在相对滑动速度 v_{12}：

$$\left.\begin{array}{l} i_{12} = \dfrac{\omega_1}{\omega_2} = \dfrac{z_2}{z_1} \\[2mm] v_{12} = \omega_1 r_1 \sin\beta_1 - \omega_2 r_2 \sin\beta_2 \end{array}\right\} \tag{6.43}$$

交错轴齿轮传动时，两齿廓为点接触，同时接触点存在较大滑动速度，接触应力大，齿轮磨损较快。所以只能用在低速轻载场合，现代机器中已经很少应用了。

6.9　直齿圆锥齿轮机构

圆锥齿轮机构用于传递两相交轴之间的转动，轮齿分布在圆锥面上。圆锥齿轮有**直齿、斜齿和曲线齿**之分。尽管斜齿和曲线齿圆锥齿轮有传动平稳、承载能力大等优点，应用范围逐渐扩大，但限于篇幅，本书只介绍应用范围更加广泛的直齿圆锥齿轮。

6.9.1　直齿圆锥齿轮齿廓曲面的形成

如图 6.27 所示，半锥角为 δ_b 的圆锥，称为基圆锥；与基圆锥相切的扇形平面称为发生面，且基圆锥的顶点与扇形发生面的圆心重合于 O 点；发生面上直线 KK'，其延长线也经过 O 点。当发生面绕着基圆锥纯滚动时，直线 KK' 所形成的直纹曲面，被称为球面渐开曲面，这就是圆锥直齿轮的齿廓曲面，直线上任意点 K 的轨迹称为球面渐开线；因为 K 点到 O 点的距离不变，故球面渐开线上的点在球面上，因而得名。显然，齿廓曲面的法线在发生面内，与基圆锥相切。要是直线 KK' 不通过 O 点，所形成的曲面就是斜齿圆锥齿轮的齿廓曲面。要是用平面曲线代替直线 KK' 所形成的曲面就是曲齿圆锥齿轮的齿廓曲面。

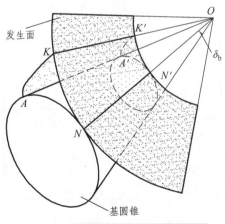

图 6.27　**直齿圆锥齿轮齿面的形成**

圆锥齿轮

6.9.2 直齿圆锥齿轮的主要几何参数及计算

1. 基本参数

圆锥齿轮的齿廓由外向内逐渐缩小，国家标准规定**大端为计算基准**，故大端模数、压力角、齿顶高系数、齿顶隙系数为标准规定值，按表 6.8 的规定系列取值。

表 6.8　**直齿圆锥齿轮的基本参数**（摘自 GB/T 12368—1990 和 GB/T 12669—1990）

模数 m（mm）	··· 1，1.125，1.25，1.375，1.5，1.75，2，2.25，2.5，3，3.25，3.5，3.75，4，4.5，5，5.5，6，6.5，7，8，9，10，11，12，14，18，20，22，25，30，32，36，40，45，50
压力角 α（°）	20
齿顶高系数 h_a^*	$h_a^* = 1$
齿顶隙系数 c^*	正常齿廓，$m>1$ 时 $c^* = 0.2$，$m \leqslant 1$ 时 $c^* = 0.25$；短齿齿廓 $c^* = 0.3$

2. 齿轮尺寸与计算

标准直齿圆锥齿轮的结构参数及啮合如图 6.28 所示，与直齿轮比较相似，区别和特点总结为如下 4 点。

（1）最明显的特点是圆柱齿轮中的分度圆、齿顶圆、齿根圆、基圆和节圆这五个"圆柱"，这里对应为分锥、顶锥、根锥、节锥和基锥。每个圆锥都有直径和锥角两个参数，各圆锥的直径名称和符号与直齿圆柱齿轮相同，且都以齿轮大端数值为准；每个锥角名称和符号分别为分锥角 δ、顶锥角 δ_a、根锥角 δ_f、基锥角 δ_b 和节锥角 δ'。

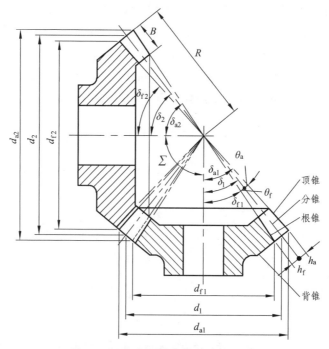

图 6.28　直齿圆锥齿轮的几何参数

考虑到制造方便，圆锥齿轮的大端并没有按球面制造，而是制成圆锥面，称为**背锥**，背锥的素线在齿轮大端与分锥的素线垂直。齿轮的齿顶高 h_a、齿根高 h_f 也都沿着背锥的素线方向测量。与齿顶高和齿根高对应的还有齿顶角 θ_a 和齿根角 θ_f 两个参数。直齿圆锥齿轮的齿顶隙有等顶隙和收缩顶隙两种，如图 6.29 所示，收缩顶隙齿轮的分锥、顶锥、根锥的顶点重合，齿顶隙由大端到圆锥顶点越来越小；等顶隙齿轮的顶锥的素线与相啮合另一齿轮的根锥的素线平行，齿顶隙保持相等。大部分直齿圆锥齿轮都采用收缩顶隙，但是等顶隙齿轮有许多制造方面的优点，有代替收缩顶隙齿轮的趋势。

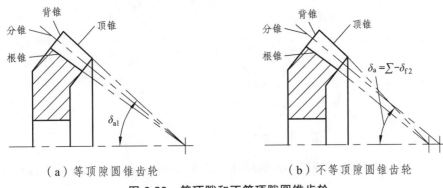

（a）等顶隙圆锥齿轮　　　　　　　　　（b）不等顶隙圆锥齿轮

图 6.29　等顶隙和不等顶隙圆锥齿轮

（2）与圆柱齿轮的齿宽对应的参数除了圆锥齿轮宽度 B 之外，还有锥距 R。通常 $B<R/3$。因为齿廓逐渐减小，过大的齿宽提高的承载能力十分有限，反而增加了加工的困难，甚至刀具不能通过齿轮小端的齿槽。锥距与分度圆半径的关系是明显的，当 $\Sigma = 90°$ 时应当为

$$R = \sqrt{r_1^2 + r_2^2} \tag{6.44}$$

（3）两圆锥齿轮轴线的夹角称为**轴交角** Σ 与圆柱齿轮的中心距相对应，尽管可以是任意角度，但绝大多数情况下为 90°。传动比对轴交角的划分关系应当为

$$\left.\begin{aligned}
i_{12} &= \frac{\omega_1}{\omega_2} = \frac{z_2}{z_1} = \frac{r_2}{r_1} = \frac{R\sin\delta_2}{R\sin\delta_1} = \frac{\sin\delta_2}{\sin\delta_1} \\
\Sigma &= 90° \text{ 时，} \quad i_{12} = \cot\delta_1 = \tan\delta_2
\end{aligned}\right\} \tag{6.45}$$

（4）此外，直齿圆锥齿轮正确啮合的条件，除了模数、压力角相等外，还要保证锥顶重合。

3. 当量齿轮与当量齿数

与斜齿圆柱齿轮相似，齿廓形状最接近直齿圆锥齿轮的直齿圆柱齿轮称为**当量齿轮**，当量齿轮的齿数称为**当量齿数**。其作用也和斜齿圆柱齿轮一样，在齿轮强度计算、仿形加工刀具选择和根切齿数判断等方面用到。当量齿轮的计算如图 6.30 所示，将背锥展平得到一扇形齿轮，其齿廓是大端齿廓在背锥上的直接反映，扇形齿轮的齿数与实际齿数相等。补足为完整的圆柱齿轮就是当量齿轮了。从图中可直接得出当量齿轮的半径和计算公式为

$$r_v = \frac{r}{\cos\delta}; \quad z_v = \frac{2r_v}{m} = \frac{z}{\cos\delta} \tag{6.46}$$

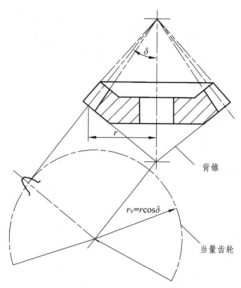

图 6.30　直齿圆锥齿轮的当量齿轮

根据以上特点，标准直齿圆锥齿轮的尺寸计算应按表6.9的顺序和公式进行计算。

表 6.9　直齿圆锥齿轮计算公式

参数名称		代号	计算公式
基本参数	齿数	z	z_1、z_2 机器设计时给出
	模数	m	按国家标准模数系列取值
	齿顶高系数	h_a^*	按国家标准推荐取值
	齿顶隙系数	c^*	按国家标准推荐取值
啮合参数	锥距	R	$R = \dfrac{1}{2} m \sqrt{z_1^2 + z_2^2}$
	轴角	Σ	一般情况均为 90°
	传动比	i_{12}	$z_2/z_1 = \sin\delta_2/\sin\delta_1$
齿廓参数	齿根高	h_f	$h_f = m\,(\,h_a^* + c^*\,)$
	齿根角	θ_f	$\theta_f = \arctan\left(\dfrac{h_f}{R}\right)$
	齿顶高	h_a	$h_a = m h_a^*$
	齿顶角	θ_a	不等顶隙齿廓 $\theta_a = \arctan\left(\dfrac{h_a}{R}\right)$；等顶隙齿廓 $\theta_a = \theta_f$
直径参数	分度圆直径	d	$d_1 = m z_1$，$d_2 = m z_2$
	分锥角	δ	$\delta_1 = \arcsin\,(\,d_1/2R\,)$，$\delta_2 = \arcsin\,(\,d_2/2R\,)$
	齿顶圆直径	d_a	$d_{a1} = d_1 + 2h_a\cos\delta_1$，$d_{a2} = d_2 + 2h_a\cos\delta_2$
	顶锥角	δ_a	$\delta_{a1} = \delta_1 + \theta_a$，$\delta_{a2} = \delta_2 + \theta_a$
	齿根圆直径	d_f	$d_{f1} = d_1 - 2h_f\cos\delta_1$，$d_{f2} = d_2 - 2h_f\cos\delta_2$
	根锥角	δ	$\delta_{f1} = \delta_1 - \theta_f$，$\delta_{f2} = \delta_2 - \theta_f$
其他	当量齿数	z_v	$z_{v1} = z_1/\cos\delta_1$，$z_{v2} = z_2/\cos\delta_2$

6.10　蜗杆机构

6.10.1　蜗杆机构的特性和分类

在空间交错轴传动中蜗杆机构应用最为普遍，其交错轴的夹角一般均为 90°。蜗杆机构由蜗杆和蜗轮两个运动构件组成，蜗杆的形状与普通螺杆相似，而蜗轮的形状与齿轮相似。蜗轮的转向取决于蜗杆转向和螺旋方向，判断方法很多，并不困难。

蜗杆的齿数（等同于螺杆的线数）都很少，而蜗轮齿数较多，故蜗杆机构的传动比都较大，结构很紧凑，传动平稳；由于蜗杆的螺旋升角较小，**大部分蜗杆机构都有反向传动自锁特性，只能由蜗杆驱动蜗轮，而不能由蜗轮驱动蜗杆**，故若用于起重设备中，即使驱动力消失也不会造成重物跌落事故；蜗杆传动的缺点是啮合接触处有相当高的相对滑动速度，摩擦功率损失和磨损都较大，故蜗轮常用减摩耐磨性能较好但价格较贵的青铜材料制造。

按蜗杆的形状可分为圆柱、圆环和圆锥几种，如图 6.31 所示。圆柱蜗杆因加工容易，应用比较普遍；圆环蜗杆的承载能力较大，故多用在动力传动中；圆锥蜗杆的突出特点是中心距较小。

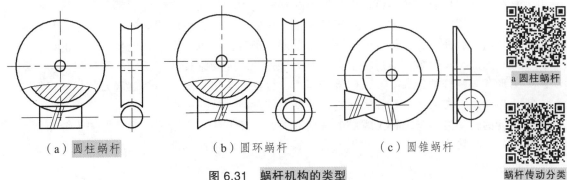

（a）圆柱蜗杆　　　　　　（b）圆环蜗杆　　　　　　（c）圆锥蜗杆

a 圆柱蜗杆

蜗杆传动分类

图 6.31　蜗杆机构的类型

应用普遍的圆柱蜗杆根据齿廓又可分为普通蜗杆和圆弧蜗杆两类，如图 6.32 所示。普通蜗杆都是用直线刀刃加工的；而圆弧蜗杆的轴剖面齿廓为圆弧，承载能力比普通蜗杆高，适合于动力传动。普通蜗杆根据加工方法的差异又可分为以下 4 种。

（1）阿基米德蜗杆：如图 6.32（a）所示，也称 ZA 蜗杆，在车床上加工，刀具的直线刀刃与蜗杆轴线共面，轴剖面的齿廓为直线，垂直于轴线剖面齿廓为阿基米德螺旋线。

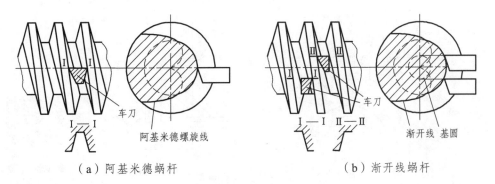

车刀

阿基米德螺旋线

车刀

渐开线　基圆

（a）阿基米德蜗杆　　　　　　　　　（b）渐开线蜗杆

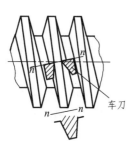

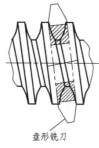

（c）法向直廓蜗杆　　　　（d）锥面包络蜗杆　　　　（e）圆弧蜗杆　　　　圆柱蜗杆的分类

图 6.32　圆柱蜗杆的分类

（2）渐开线蜗杆：如图 6.32（b）所示，也称 ZI 蜗杆，在车床上加工，刀具上下等距偏移，直线刀刃与蜗杆轴线不共面，在等距偏移剖面内齿廓为直线，垂直于轴线剖面齿廓为渐开线。

（3）法向直廓蜗杆：如图 6.32（c）所示，也称 ZN 蜗杆，在车床上加工，刀具前刀面垂直于蜗杆分度圆螺旋线，法向剖面的齿廓为直线，垂直于轴线剖面齿廓，形状取决于直线刀刃是否与蜗杆轴线相交，相交时为阿基米德螺旋线，不相交则为渐开线。

（4）锥面包络蜗杆：如图 6.32（d）所示，也称 ZK 蜗杆，在铣床上加工，盘形铣刀的刀刃为直线，旋转形成锥面，该锥面包络形成蜗杆齿廓，任何剖面的齿廓都不是直线。

四种普通蜗杆的加工方法适用于不同螺旋角的蜗杆，其传动性能差异不大，设计计算方法基本相同，后面的分析计算针对阿基米德蜗杆进行，但也适用于其他普通蜗杆的计算。

蜗轮的加工一般多在滚齿机上完成，为了保证蜗轮与蜗杆实现正确的线接触啮合，滚刀的刀刃形状与蜗杆的齿廓一致，但外径略大，以便加工出顶隙。当然，滚刀与蜗轮齿坯的中心距、传动比等参数，也要和实际啮合传动时的参数一致。

蜗轮的转动方向与蜗杆上螺纹的旋向有关，判断方法与判断螺纹运动方向十分相似。把蜗轮上与蜗杆接触点附近部分假想地看作螺母，就可以按照判断螺母运动方向的办法确定出蜗轮的转动方向了。

6.10.2　阿基米德蜗杆的啮合原理

图 6.33 所示为阿基米德蜗杆的啮合情形和几何参数。**过蜗杆轴线并垂直于蜗轮轴线的剖面称为蜗杆机构的主截面**。在主截面内蜗杆的齿廓为直线，蜗轮的齿廓为渐开线，蜗轮与蜗杆的啮合等同于标准齿轮与齿条的啮合。主截面内几何参数的计算也和齿轮齿条相似。

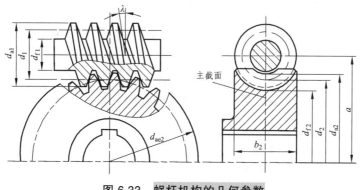

图 6.33　蜗杆机构的几何参数　　　　圆柱蜗杆传动几何参数

　　显然，为了保证蜗杆机构正确啮合，主截面内蜗杆轴向模数 m_x 和压力角 α_x 要分别与蜗轮的端面模数 m_t 和压力角 α_t 相等；此外，蜗轮与蜗杆啮合处螺旋线方向必须相同，轴夹角 $\Sigma = 90°$ 时，蜗轮的螺旋角要与蜗杆的螺旋升角相等，即

$$\left.\begin{array}{l} m_{x1} = m_{t1} = m \\ \alpha_{x1} = \alpha_{t2} = \alpha \\ \gamma_1 = \beta_2 \end{array}\right\} \tag{6.47}$$

6.10.3　阿基米德蜗杆的尺寸计算

　　1. 基本参数

　　蜗杆机构的基本参数和齿轮基本相同，有模数 m、压力角 α、齿顶高系数 h_a^* 和齿顶隙系数 c^*。标准数值参见表 6.10。

表 6.10　蜗杆机构的标准参数系列及其选择（摘自 GB/T 10087—1998 和 GB/T 10088—1088）

模数系列 （mm）	第一系列	1、1.25、1.6、2.0、2.5、3.15、4.0、6.3、8.0、10.0、12.5、16.0、20.0、25.0、31.5、40.0			
	第二系列	1.5、1.75、3.0、3.5、4.5、5.5、6.0、7.0、12.0、14.0、18.0、22.0、30.0、36.0			
蜗杆直径系列 （mm）		10、11.2、12.5、14、16、18、20、22.4、25、28、31.5、35.5、40、45、50、56、63、71、80、90、100、112、125、140、160、180、200、224、250、280、315、355、400			
模数与直径 系数搭配	模数（mm）	1～1.75	2～8	10～20	>20
	直径系数	28～10	25～7	20～6	15～6

　　注：优先采用模数的第一系列。

　　2. 蜗杆尺寸参数

　　蜗杆尺寸参数主要包括蜗杆齿数 z_1（也称为头数或线数）、分度圆直径的 d_1、分度圆的螺旋升角 λ 等。如前所述，加工蜗轮的滚刀要求蜗杆的形状一致，为了避免过多的蜗杆直径尺寸造成混乱和浪费，国家标准将蜗杆分度圆直径规定为标准系列值，数值及其与模数的搭配参见表 6.10，分度圆直径与模数之比定义为**蜗杆直径系数**，并用 q 表示，即

$$d_1 = mq \tag{6.48}$$

齿顶圆直径 d_{a1} 和齿根圆直径 d_{f1} 与一般齿轮一样，即

$$\left.\begin{array}{l} d_{a1} = d_1 + 2h_a^* m \\ d_{f1} = d_1 - 2(h_a^* + c^*) \end{array}\right\} \tag{6.49}$$

　　分度圆柱面与蜗杆齿廓的螺旋面的交线为**螺旋线**，该螺旋线的切线与蜗杆轴线夹角的余角就是分度圆的**螺旋升角 λ**。将分度圆柱面展开，很容易得到

$$\lambda = \arctan\left(\frac{z_1 m\pi}{d_1 \pi}\right) = \arctan\left(\frac{z_1}{q}\right) \tag{6.50}$$

螺旋升角并不是直接测量控制的参数，但它与自锁、效率、磨损等传动性能关系密切。

3. 蜗轮尺寸参数

蜗轮的齿数用 z_2 表示，主截面内分度圆直径 d_2 与直齿圆柱齿轮相同，即

$$d_2 = mz_2 \tag{6.51}$$

因为在标准蜗杆减速器或其他标准传动装置设计中，中心距作为重要的标准设计参数，常要求圆整或选取标准数值系列。蜗杆和蜗轮的分度圆半径之和一般不会刚好是标准数值系列的数值，此时，需要采用变位蜗轮来适应中心距的特定数值。如果标准数值系列中心距为 a，不进行变位的中心距 a' 和蜗轮变位系数 x_2 的计算公式为

$$\left.\begin{array}{l} a' = \dfrac{m(q + z_2)}{2} \\[2mm] x = \dfrac{a - a'}{m} \end{array}\right\} \tag{6.52}$$

当然，对于非标准传动装置或者机器内部所用的蜗杆机构，中心距可以不受标准数值系列的限制，变位系数常为 0。

齿根圆直径 d_{f2} 和齿顶圆直径 d_{a2} 一般都要按照变位齿轮来计算：

$$\left.\begin{array}{l} d_{a2} = d_2 + 2h_a + 2xm = m(q + 2h_a^* + 2x) \\[2mm] d_{f1} = d_1 - 2h_f + 2xm = m(q - 2h_a^* - 2c^* + 2x) \end{array}\right\} \tag{6.53}$$

此外，蜗杆宽度 b_1、蜗轮宽度 b_2 和最大直径 d_{e2} 是要求不严格的尺寸，可参照有关设计手册确定之。

6.11 其他齿轮机构简介

本节简要地介绍摆线齿轮机构、摆线针轮机构、非圆齿轮机构和圆弧齿轮机构。

6.11.1 摆线齿轮机构

在图 6.34（a）中，半径为 r_1' 的圆是齿轮 1 的节圆，节圆外面半径为 R_1 的圆称为**外滚圆**，节圆内半径为 R_2 的圆称为**内滚圆**。节圆固定，外滚圆沿着节圆纯滚动时，外滚圆上的点的轨迹是**外摆线**；内滚圆沿着节圆纯滚动时，内滚圆上的点的轨迹是**内摆线**。摆线齿轮的齿廓曲线由一段外摆线和一段内摆线在 P 点连接而成。相啮合的另一个摆线齿轮，内滚圆的半径为 R_1，外滚圆的半径为 R_2。

N_1、N_2 点是外滚圆和内滚圆在滚动过程中与节圆的切点，K_1、K_2 点是与 N_1、N_2 相对应

的齿廓曲线上的点。N_1、N_2 点也是滚动过程中两滚圆的绝对瞬心，K_1、K_2 点的切线必然分别垂直于 K_1N_1、K_2N_2，故 K_1N_1、K_2N_2 就是齿廓曲线在 K_1、K_2 点的法线。齿廓上任意点的法线是该点到滚圆与节圆切点的连线。

摆线齿轮的啮合过程如图 6.34（b）所示，某瞬时两齿廓的接触点为 K，对齿廓 1 来说 K 点所在的齿廓段是外摆线，对齿廓 2 来说 K 点所在的齿廓段是内摆线。点 K 的公法线经过瞬心点 P，由于法线是 K 点到滚圆与节圆切点的连线，滚圆与两节圆的切点将保持在 P 点不变，换言之，啮合过程中滚圆保持不变，啮合接触点沿着滚圆移动，啮合线与滚圆重合。当啮合点移动到虚线齿廓接触位置时，啮合线与下方的滚圆重合。

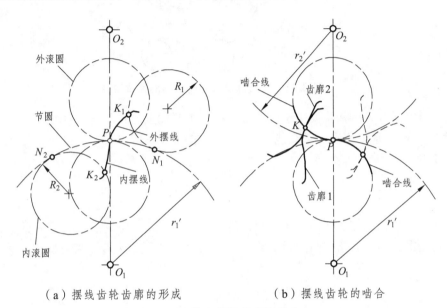

（a）摆线齿轮齿廓的形成　　　　　（b）摆线齿轮的啮合

图 6.34　摆线齿轮的齿廓和啮合

摆线齿轮的优点有：① 重合度较大；② 接触点齿廓为凸-凹接触，故接触应力较小；③ 磨损比较均匀；④ 无根切现象。缺点有：① 中心距要求严格；② 啮合过程中啮合角变化，传动平稳性较差；③ 范成加工刀具齿轮比较复杂。

6.11.2　摆线针轮机构

摆线针轮机构中一个齿轮的齿廓为小圆柱形，故称为**针轮**；另一个齿轮的齿廓为摆线或延伸摆线的等距曲线。内啮合摆线针轮主要用在大传动比的行星传动中，应用很广；而外啮合摆线针轮机构多见于钟表行业。在此，仅简单介绍内啮合摆线针轮机构。

内啮合摆线针轮机构的齿廓形成如图 6.35 所示。假定内齿轮的节圆固定不动，外齿轮节圆套在内齿轮的节圆上纯滚动，外齿轮节圆上任意一点的轨迹称为外摆线，外齿轮节圆之外的任意一点的轨迹称为延伸外摆线，以延伸外摆线为圆心，以针轮半径做一系列圆，其包络线称为延伸外摆线的等距线，这就是外齿轮的齿廓。它使用一条完整的延伸外摆线的等距线为齿廓，必须要求齿廓曲线封闭，且不能自行相交，可以证明实质上是要求内齿轮和外齿轮的齿数差必须为 1。

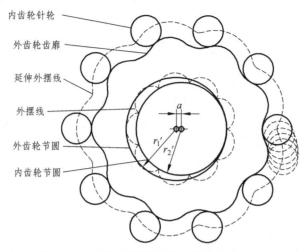

图 6.35   内啮合摆线针轮机构的齿廓形成

内啮合摆线针轮机构主要用于行星传动中，主要优点有：① 传动比很大；② 结构十分小巧紧凑；③ 传动效率高，承载能力大；④ 工作可靠，寿命长。主要缺点是制造要求高，一般需要专用设备加工。

6.11.3   非圆齿轮机构

非圆齿轮机构能实现变传动比传动，传动过程中节点的位置沿着齿轮中心连线移动，节线也不再是圆，而是一条非圆的封闭瞬心线。如图 3.36 所示为非圆齿轮机构的两个例子。

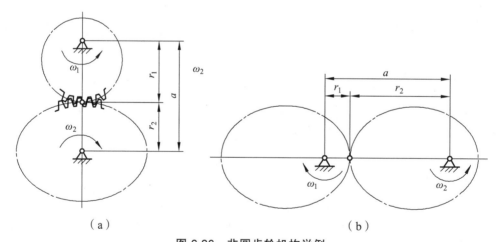

（a）   （b）

图 6.36   非圆齿轮机构举例

非圆齿轮机构在传动过程中应当满足三项条件：① 转速之比与节线向径成反比；② 节线向径之和等于中心距；③ 大齿轮节线长度必须是小齿轮节线长度的整数倍。其表达式为

$$\left.\begin{aligned} i_{12} &= \frac{\omega_1}{\omega_2} = \frac{r_2}{r_1} \\ a &= r_1 + r_2 \\ s_1 &= ns_2 \ (n为整数) \end{aligned}\right\} \tag{6.54}$$

6.11.4　圆弧齿轮机构

图 6.37 所示为单圆弧齿轮传动，它是法向齿廓为圆弧的斜齿轮，小齿轮的齿面为凸的圆弧螺旋面，大齿轮的齿面为凹的圆弧螺旋面。显然，圆弧齿轮的齿廓曲线不是共轭齿廓，理论上是点接触啮合，啮合过程中接触点沿轴向移动，端面重合度为 0，只有齿宽重合度，所以它必须是斜齿轮才能保证连续传动。但由于它在接触点上为凸-凹接触，再经历充分跑合，接触应力小，承载能力反而比线接触的渐开线齿轮大，在重载传动中得到广泛应用。

圆弧齿轮的主要优点有： ① 承载能力大，为同尺寸渐开线齿轮的 1.5~2 倍；② 接触点沿轴向移动速度，且以滚动为主，润滑状况很好，故磨损小、寿命长；③ 对齿廓误差和受载荷变形不敏感；④ 无根切现象。

圆弧齿轮的主要缺点有： ① 中心距误差和齿深误差会显著降低承载能力；② 点接触承载齿轮轴弯曲较严重；③ 凸齿和凹齿要用不同的刀具加工。

现在实际应用中大多采用双圆弧齿轮，理论上为两个接触点，传动性能更好。

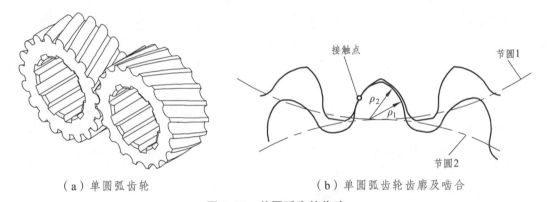

（a）单圆弧齿轮　　　　　　　　　　（b）单圆弧齿轮齿廓及啮合

图 6.37　单圆弧齿轮传动

✍【本章小结】

1. 了解齿轮机构的分类及特性，齿轮机构主要是按照运动副进行分类的。按齿轮与机架之间转动副轴线的相对位置分三类：（1）平行轴齿轮机构；（2）相交轴齿轮传动；（3）交错轴齿轮机构。按两齿轮间高副齿形方向分三类：（1）直齿齿轮；（2）斜齿齿轮；（3）曲线齿轮；按齿轮高副齿廓形状分两大类：（1）渐开线齿轮；（2）非渐开线齿轮。

2. 牢固掌握渐开线直齿圆柱齿轮机构的啮合原理，主要内容有四项：（1）齿轮啮合基本定律，节点、节圆、共轭齿廓；（2）渐开线及其性质，基圆、发生线、压力角、展角、滚动角、向径间的几何关系；（3）渐开线齿廓的啮合性质，中心距、基圆半径、理论啮合线、啮合角之间的几何关系；（4）轮齿啮合轮替过程，正确啮合条件，实际啮合线、重合度的计算。

3. 牢固掌握渐开线直齿圆柱齿轮机构的尺寸计算，主要内容有四项：（1）模数、压力角、齿顶高系数、齿顶隙系数等齿轮基本参数的标准数值；（2）齿距、齿槽宽、齿厚等齿轮周向几何参数的计算；（3）分度圆、齿顶圆、齿根圆、基圆、齿顶高、齿根高等齿轮径向几何参数的计算；（4）节圆、中心距、啮合角、重合度等齿轮啮合参数的计算。

4. 了解齿轮仿形加工和范成加工的一般原理；掌握齿轮跟切发生的条件；掌握变位齿轮的变位加工原理、变位传动的类型、变位齿轮的特点及应用。

5. 了解斜齿圆柱齿轮、直齿圆锥齿轮、蜗杆机构的啮合原理；掌握斜齿圆柱齿轮、直齿圆锥齿轮、蜗杆机构的尺寸计算；掌握斜齿圆柱齿轮、直齿圆锥齿轮的当量齿数及其应用。

思 考 题

6-1　已知两齿轮中心位置、传动比和其中一个齿轮的齿廓，怎样确定节点和齿啮合接触点？

6-2　渐开线上都有哪些常用参数？哪些参数随着渐开线上点的位置而改变，哪些参数是不随位置改变的？

6-3　衡量两条同一基圆的渐开线相对远近的参数有哪些？哪些参数与到基圆中心距离有关，哪些无关？

6-4　外啮合渐开线齿廓的啮合线是基圆的内公切线，内啮合渐开线齿廓的啮合线如何画？

6-5　渐开线圆柱齿轮传动共有 5 个圆，哪些圆在单个齿轮上存在？哪些圆只有在一对齿轮啮合的时候才存在？

6-6　标准齿条上的分度线、齿顶线、齿根线分别与齿轮上什么圆对应？齿轮的基圆在齿条上反映在哪里了？

6-7　什么是渐开线齿轮传动的实际啮合线？渐开线直齿轮传动的实际啮合线的长度是如何确定的？

6-8　渐开线直齿轮正确啮合最根本的条件是什么？还有哪些说法？

6-9　渐开线圆柱直齿轮无侧隙啮合的条件是什么？标准的渐开线直齿圆柱齿轮的中心距如何计算？

6-10　渐开线标准外啮合圆柱直齿轮非标准安装时，安装中心距增大时啮合角、极限啮合线长度、实际啮合线长度如何变化？

6-11　用齿条形刀具范成加工圆柱直齿轮时，刀具与被加工齿轮的相对位置如何？

6-12　用齿条形刀具范成加工圆柱直齿轮时，如何确定被加工齿轮的渐开线的起始点？

6-13　若用齿条形刀具加工的渐开线圆柱齿外齿轮不发生根切，当改用齿轮形刀具加工时会不会发生根切？为什么？

6-14　变位圆柱直齿轮与渐开线标准圆柱直齿轮相比，哪些参数不变？哪些参数发生变化？

6-15　渐开线变位圆柱齿轮传动有哪三种传动类型？区别传动类型的依据是什么？

6-16　渐开线斜齿圆柱齿轮的齿面是如何形成的？平行轴斜齿轮传动有哪些特点？

6-17　平行轴斜齿圆柱齿轮传动的正确啮合条件是什么？

6-18　直齿圆锥齿轮的齿面是如何形成的？

6-19　等顶隙圆锥齿轮和收缩顶隙圆锥齿轮的基本特征是什么？

6-20　蜗杆传动是如何分类的？有哪些特点？

6-21　学过的各种齿轮中，分度圆计算公式不是 $d = mz$ 的有哪些？齿顶圆计算公式不是 $d_a = d + mh_a^*$ 的有哪些？

6-22　各种齿轮传动中，中心距不等于分度圆半径之和的是什么传动？

练习题

6-1　一渐开线基圆半径 $r_b = 50$ mm，试求渐外线上向径 = 50 mm、60 mm、70 mm 处的压力角 α_k、曲率半径 ρ_k、滚动角 φ_k、展角 θ_k。

6-2　根据上题的数据画出该渐开线。要求先定三个点的位置，再定此三点的切线方向，然后再画曲线。

6-3　同一基圆的两条渐开线，在向径 $r_k = 100$ mm 的圆上弧长为 $s_k = 50$ mm，压力角 $\alpha_k = 30°$。试求：（1）基圆半径 r_b；（2）向径分别为 r_b、100 mm、120 mm 圆上的弧长 s_k、圆心角 ψ_k、弦长；（3）指出公法线的长度。（渐开线的分支方向任意选取）

6-4　对标准正常齿高渐开线直齿圆柱齿轮，请推导基圆小于齿根圆时齿数应满足的条件。

6-5　一标准正常齿高的直齿外圆柱齿轮，齿数模数 $m = 4$ mm、压力角为 $\alpha = 20°$、齿数 $z = 32$。请完成：（1）计算分度圆直径 d、齿顶圆直径 d_a 和齿根圆直径 d_f；（2）计算分度圆、基圆、齿顶圆三个圆上的齿厚所对应的圆心角（ψ，ψ_b，ψ_a）、弧长（s，s_b，s_a）和弦长（$\bar{s}$，$\bar{s}_b$，$\bar{s}_a$）。

6-6　如题图 6-6 所示，有齿数 $z = 24$ 的标准渐开线直齿圆柱齿轮，跨过两齿和三齿的公法线长度分别为 $W_2 = 47.643$ mm 和 $W_3 = 77.167$ mm。请完成：（1）求出法向齿距 p_n、基圆齿距 p_b 和基圆直径 d_b；（2）估算模数 m 和压力角 α；（3）求出分度直径 d、齿顶圆直径 d_a 和齿根圆直径 d_f。

6-7　有一对标准渐开线直齿圆柱齿轮啮合。已知齿数 $z_1 = 20$、$z_2 = 24$、模数 $m = 5$ mm、压力角 $\alpha = 20°$。请完成：（1）求出两齿轮的分度圆直径 d、基圆直径 d_b、齿顶圆直径 d_a

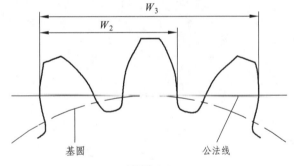

题图 6-6

和中心距 a；（2）绘出该对齿轮啮合图（不画啮合齿廓），并标出极限啮合线长度和实际啮合线长度；（3）求出实际啮合线长度、基圆齿距 p_b 和重合度 ε。

6-8　由直齿圆柱齿轮重合度计算公式，试证明当 $z_2 \to \infty$ 时的公式为标准齿轮齿条啮合的重合度公式。

6-9　用标准齿条刀具加工一标准直齿圆柱齿轮，齿数 $z = 45$，压力角 $\alpha = 20°$。请计算齿轮渐开线起点的直径。

6-10　设计一对外啮合直齿圆柱齿轮，模数 $m = 10$ mm，压力角 $\alpha = 20°$，齿顶高系数 $h_a^* = 1$，齿数 $z_1 = z_2 = 12$，中心距 $a = 130$ mm，试完成：（1）计算这对齿轮的节圆半径和啮合角；（2）按两齿轮变位系数相等原则确定变位系数。

6-11　一对外啮合斜齿圆柱齿轮，模数 $m_n = 2$，齿数 $z_1 = 21$，$z_2 = 22$，中心距 $a = 45$ mm。

请完成：（1）计算斜齿轮的螺旋角 β；（2）计算端面模数 m_t 和端面压力角 α_t；（3）计算分度圆直径 d、齿顶圆直径 d_a 和齿顶圆端面压力角 α_{at}；（4）计算端面重合度 ε_t、齿宽重合度 ε_b 和总重合度 ε。

6-12　一对等顶隙标准直齿圆锥齿轮，模数 $m = 3$ mm，齿数 $z_1 = 24$，$z_2 = 32$，压力角 $\alpha = 20°$，齿顶高系数 $h_a^* = 1$，齿顶隙系数 $c^* = 0.2$，轴角 $\Sigma = 90°$。请完成：（1）计算两齿轮分度圆直径和分锥角；（2）计算两齿轮齿顶圆直径、齿根圆直径和顶锥角、根锥角；（3）计算当量齿数。

6-13　一阿基米德蜗杆传动，齿数 $z_1 = 1$，$z_2 = 40$，模数 $m = 5$ mm，直径系数 $q = 10$，压力角 $\alpha = 20°$，齿顶高系数 $h_a^* = 1$，齿顶隙系数 $c^* = 0.2$，蜗轮变位系数为 0。请完成：（1）计算蜗杆的分度圆直径 d_1、齿顶圆直径 d_{a1}、齿根圆直径 d_{f1}、螺距 p_x 和螺旋升角 λ；（2）计算蜗轮主截面上的分度圆直径 d_2、齿顶圆直径 d_{a2}、齿根圆直径 d_{f2}；（3）计算中心距 a。

第 7 章　轮　系

☞【本章要点】

1. 正确区分定轴轮系、周转轮系和混合轮系。计算传动比是本章的主要内容。传动比有大小和方向。

2. 定轴轮系传动比的计算公式应熟记，会使用标注箭头法或"+""−"号确定主、从动轮的转动方向。定轴轮系传动比计算是周转轮系和混合轮系计算的基础。

3. 用反转法计算周转轮系的传动比。利用转化轮系计算周转轮系传动比的应用条件。

4. 混合轮系采用分解的方法，将其划分为定轴轮系和周转轮系，利用分别列方程、联立求解的方式求传动比。

轮系是指多个齿轮或其他传动轮组成的传动系统。它广泛应用于各种机器之中，实现复杂的传动功能。本章的重点是在轮系中各传动齿轮的齿数和主动齿轮转速已知的情况下，计算其他齿轮的转速，或者计算任意两齿轮的转速之比——**传动比**。

7.1　轮系及其分类

第 6 章研究的是一对齿轮的啮合原理和几何设计等问题，由一对齿轮啮合组成的传动系统是齿轮传动最简单的形式。在实际机械传动中，为了获得大传动，实现变速、换向及远距离传动等各种不同的工作需要，经常采用若干个相互啮合的齿轮传递运动和动力。**这种由一系列齿轮构成的传动系统称为轮系。**

根据轮系在运转过程中各轮几何轴线在空间的相对位置关系是否固定，可以将轮系分为**定轴轮系和周转轮系两大类。**

7.1.1　定轴轮系

轮系运转时，**所有齿轮几何轴线的位置都固定不变的轮系称为定轴轮系**，如图 7.1 所示。定轴轮系中，若各齿轮的几何轴线相互平行，则称为**平面定轴轮系**，如图 7.1（a）所示；否则称为**空间定轴轮系**，如图 7.1（b）所示。

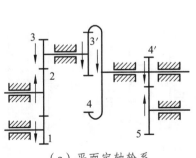

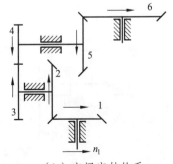

（a）平面定轴轮系　　　　　　　　　（b）空间定轴轮系

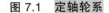

图 7.1　**定轴轮系**

轮系转化机构

7.1.2 周转轮系

轮系运转时，**至少有一个齿轮几何轴线的位置相对机架不固定的轮系称为周转轮系**，如图 7.2 所示。周转轮系中，几何轴线固定的齿轮称为**中心轮或太阳轮**，如图 7.2 中的齿轮 1 和齿轮 3，用符号 K 表示，中心轮可以是转动的，也可以是固定的；几何轴线位置不固定，既可以自转又可以公转的齿轮称为**行星轮**，如图 7.2 中的齿轮 2；支持行星轮作自转和公转的构件称为**行星架**，也称为**转臂或系杆**，用符号 H 表示。一个周转轮系中，中心轮和行星架的几何轴线必须重合，否则周转轮系不能运动。

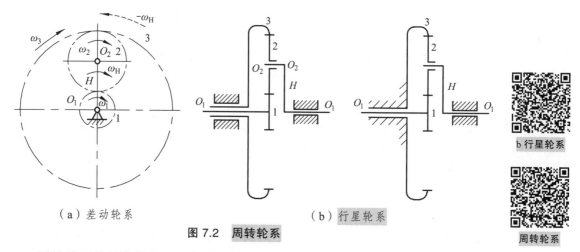

（a）差动轮系　　　　　　　　　　（b）行星轮系

图 7.2　周转轮系

周转轮系的种类很多，通常可以按照以下两种方法分类。

（1）按照周转轮系所具有的自由度数目分类。

① **差动轮系**：自由度数目为 2 的周转轮系，如图 7.2 所示。为了使其具有确定的运动，该轮系需要 2 个独立运动的主动件。

② **行星轮系**：自由度数目为 1 的周转轮系。在如图 7.2 中，如果齿轮 1 或齿轮 3 固定，该轮系只需要 1 个独立运动的主动件即可有确定的运动。

（2）根据周转轮系中基本构件的不同分类。

① **2K–H 型周转轮系**：该轮系中具有 2 个中心轮，其结构有 3 种不同的型式，如图 7.3（a）、（b）、（c）所示。

② **3K 型周转轮系**：该轮系具有 3 个中心轮，轮系中虽然具有行星架，但是仅起支承行星轮的作用，不传递动力，如图 7.3（d）所示。

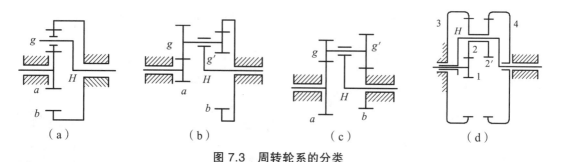

（a）　　　　　（b）　　　　　（c）　　　　　（d）

图 7.3　周转轮系的分类

7.1.3 混合轮系

在工程实际中，除了采用单一的定轴轮系和单一的周转轮系外，还经常采用既含定轴轮系部分又含周转轮系部分或由几部分周转轮系所组成的复杂轮系，称**混合轮系或复合轮系**，如图 7.4 所示，由定轴轮系（1-2-2′-3）和周转轮系（H-4-5-6-7）组成。

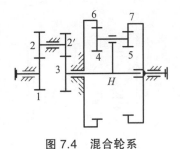

图 7.4 混合轮系

7.2 定轴轮系传动比的计算

轮系中任意两轴的转速（或角速度）之比称为传动比，用 i_{ab} 表示，其中 a、b 分别为所指定的构件的代号。含有 n 个转动构件的轮系共有 $n(n-1)$ 种传动比。

如图 7.5 所示，设齿轮 1 为主动轴（输入轴），齿轮 5 为该轮系的从动轴（输出轴），其传动比为 i_{15}。若各轮的齿数分别为 z_1、z_2、z_2'、z_3、z_3'、z_4、z_4'、z_5，各轮的转速分别为 ω_1、ω_2、ω_2'、ω_3、ω_3'、ω_4、ω_4'、ω_5，则可以计算出轮系中各对齿轮间的传动比为

$$i_{12} = \frac{\omega_1}{\omega_2} = \frac{z_2}{z_1}$$

$$i_{2'3} = \frac{\omega_{2'}}{\omega_3} = \frac{\omega_2}{\omega_3} = \frac{z_3}{z_{2'}}$$

$$i_{3'4} = \frac{\omega_{3'}}{\omega_4} = \frac{\omega_3}{\omega_4} = \frac{z_4}{z_{3'}}$$

$$i_{4'5} = \frac{\omega_{4'}}{\omega_5} = \frac{\omega_4}{\omega_5} = \frac{z_5}{z_{4'}}$$

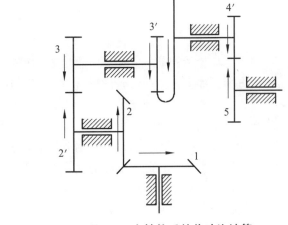

图 7.5 定轴轮系的传动比计算

将以上各式连乘后可以得到

$$i_{15} = i_{12} i_{2'3} i_{3'4} i_{4'5} = \frac{\omega_1}{\omega_2} \frac{\omega_2}{\omega_3} \frac{\omega_3}{\omega_4} \frac{\omega_4}{\omega_5} = \frac{\omega_1}{\omega_5}$$

$$= \frac{z_2}{z_1} \frac{z_3}{z_{2'}} \frac{z_4}{z_{3'}} \frac{z_5}{z_{4'}} = \frac{z_2 z_3 z_4 z_5}{z_1 z_{2'} z_{3'} z_{4'}} \quad (\omega_1 \to, \omega_5 \uparrow) \tag{7.1}$$

式（7.1）说明，**定轴轮系的传动比等于该轮系中各对齿轮传动比的乘积，也等于轮系中所有从动齿轮齿数的连乘积与所有主动齿轮齿数的连乘积之比**，即

$$i = \frac{\omega_{主动齿轮}}{\omega_{从动齿轮}} = \frac{所有从动齿轮齿数的连乘积}{所有主动齿轮齿数的连乘积} \tag{7.2}$$

式（7.2）也可以用于轮系中任意从动齿轮转速和传动比的计算。

计算轮系的传动比，不仅要确定传动比的大小，还要确定主、从动轴的转动方向。

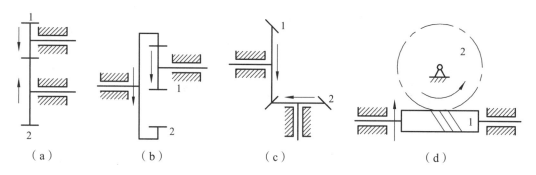

图 7.6　齿轮传动的转动方向

定轴轮系各轮的相对转动方向通过在每个齿轮旁逐个标注箭头或转速前添加 "＋" "－" 符号来表示，其标注规则是：

（1）若视图的方向是齿轮的正面，用绕齿轮中心的圆弧形箭头标注，如图 7.6（d）中的蜗轮。

（2）若视图的方向是齿轮的侧面，用直线箭头标注出齿轮上距离观测者最近处的速度方向，如图 7.6 中的其他齿轮。

（3）对于轴线相互平行的齿轮，也可在转速前添加 "＋" "－" 符号来表示各轴的转动方向，所有为 "＋" 转速的齿轮转动方向相同；所有为 "－" 转速的齿轮转动方向也相同，但与 "＋" 齿轮的转动方向相反。轴线不平行时，角速度为空间矢量，不能用正负号表示相对转动方向。如果任意两齿轮的轴线平行，转动方向有相同和相反两种情况，若相同则规定传动比为正，若相反则规定传动比为负；如果任意两齿轮的轴线不平行，此时角速度向量为空间向量，不能用正负号区别相对转动方向，故传动比规定其实际转速之比。

（4）如图 7.6（a）所示，一对外啮合齿轮，两轮转向相反，用方向相反的箭头表示，其传动比应当为负值，此时节点的速度方向垂直纸面向里。如图 7.6（b）所示，一对内啮合齿轮，两轮转向相同，用方向相同的箭头表示，其传动比应当为正值，此时节点的速度方向垂直纸面向外。如图 7.6（c）所示，一对圆锥齿轮，表示转向的箭头同时离开或指向节点，传动比规定为正，但已经不代表具体转动方向了，此时节点的速度方向垂直纸面向前。

蜗轮蜗杆的转向不仅与蜗杆的转向有关，还与蜗杆的旋向有关。图 7.6（d）所示蜗杆横置于蜗轮下方，螺旋线向左上方倾斜表示右旋蜗杆，此时可以用**右手原则判断**，令四指弯曲与蜗杆的转动方向一致，则大拇指的指向即为蜗杆所受轴向力的方向，因此蜗轮所受驱动力的方向为大拇指指向的相反方向，故该蜗轮的转向如图 7.6（d）所示。同理，若螺旋线向右上方倾斜，则是左旋蜗杆，此时应该使用**左手原则判断**。

在某些轮系当中，个别齿轮同时与另外两个齿轮啮合，在两个齿轮中间起传递运动和动力的作用，该齿轮既是从动齿轮又是主动齿轮，只起改变转动方向的作用，而不会影响轮系的传动比，这类齿轮称为**惰轮或过桥齿轮**，如图 7.1（a）中的齿轮 2。

【例 7.1】　如图 7.7 所示为一滚齿机工作台的传动机构，已知 $z_1 = z_{1'} = 20$，$z_2 = 35$，$z_{4'} = 1$（右旋），$z_5 = 40$，滚刀 $z_6 = 1$（左旋），$z_7 = 28$。若要加工一个 $z_{5'} = 64$ 的齿轮，试求传动比 $i_{2'4}$，

并在图中用箭头表示出各轮转向之间的关系。

【解】 如图 7.7 所示，在滚齿加工时，通过更换齿轮 1-2-2′-3-4 齿轮方法，来保证滚刀 6 和齿轮毛坯 5′保持固定的传动比。本题要求 $i_{2'4}$，对于传动路线（2′-3-4）是没法求的，只有通过传动路线（2-1-1′-7-6-5′-5-4′）求得。根据公式（7.2），有

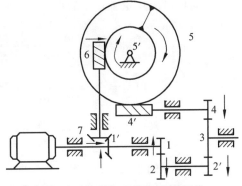

图 7.7 滚齿机工作台传动机构

$$i_{2'4} = i_{2'4} = \frac{z_1 \cdot z_7 \cdot z_{5'} \cdot z_{4'}}{z_2 \cdot z_{1'} \cdot z_6 \cdot z_5} = \frac{20 \times 28 \times 64 \times 1}{35 \times 20 \times 1 \times 40} = 1.28$$

7.3 周转轮系传动比的计算

由于周转轮系中的行星轮既有自转又有公转，因此其传动比不能直接使用定轴轮系的传动比计算公式。根据运动的相对性原理，如果将行星架固定，并保持周转轮系中各构件间的相对运动速度不变，则可以将周转轮系转化为一个假想的定轴轮系，如图 7.8 所示。此时，可以应用定轴轮系传动比计算公式（7.2）计算出该转化轮系的传动比，继而可以得到周转轮系中各构件的绝对速度，并求出周转轮系的传动比，这种方法称为**相对速度法或反转法**。

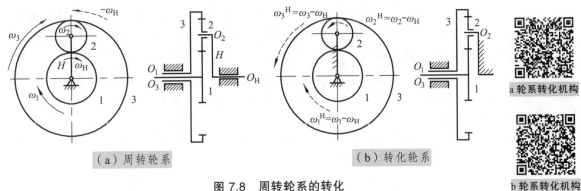

图 7.8 周转轮系的转化

a 轮系转化机构

b 轮系转化机构

在图 7.8（a）所示周转轮系中，设中心轮的转速分别为为 ω_1、ω_3，齿数分别为 z_1、z_3；行星轮的转速为 ω_2，齿数为 z_2；行星架的转速为 ω_H。若将该轮系转化为定轴轮系，如图 7.8（b）所示，则根据运动的相对性，此时各构件的相对速度变化如表 7.1 所示。

表 7.1 周转轮系及相应转化轮系中各构件的速度

构件	周转轮系中速度	转化轮系中速度 （相对于行星架的速度）
1	ω_1	$\omega_1^H = \omega_1 - \omega_H$
2	ω_2	$\omega_2^H = \omega_2 - \omega_H$
3	ω_3	$\omega_3^H = \omega_3 - \omega_H$
H	ω_H	$\omega_H^H = \omega_H - \omega_H = 0$

此时可以应用定轴轮系的计算公式得到

$$i_{13}^{H} = \frac{\omega_1^H}{\omega_3^H} = \frac{\omega_1 - \omega_H}{\omega_3 - \omega_H} = -\frac{z_2}{z_1}\frac{z_3}{z_2} = -\frac{z_3}{z_1}$$

$$i_{12}^{H} = \frac{\omega_1^H}{\omega_2^H} = \frac{\omega_1 - \omega_H}{\omega_2 - \omega_H} = -\frac{z_2}{z_1} \qquad (7.3)$$

$$i_{23}^{H} = \frac{\omega_2^H}{\omega_3^H} = \frac{\omega_2 - \omega_H}{\omega_3 - \omega_H} = \frac{z_3}{z_2}$$

式（7.3）的第二式是齿轮 1、2 的啮合关系，第三式是齿轮 2、3 的啮合关系，第一式可以由二、三两式相乘得到，故三个方程中仅有两个独立的方程。如果三个齿轮的齿数都已知，只要告诉两个转速就可以求出另外两个转速以及所有的传动比。这里请大家认真思考一下行星齿轮 2 的转速 ω_2 究竟是什么转速。

一般来说，对于任何轮系总可以对每一个啮合点列出一个方程，组成完全独立的方程组，进而求出所有的转动速度和传动比。由式（7.3）推广可知，对于任意周转轮系的转化轮系，若周转轮系中的任意齿轮 k、j，系杆为 H，**其传动比为**

$$i_{jk}^{H} = \frac{\omega_j - \omega_H}{\omega_k - \omega_H} = \pm\frac{转化轮系中各从动齿轮齿数的连乘积}{转化轮系中各主动齿轮齿数的连乘积} \qquad (7.4)$$

计算出的传动比为转化机构的传动比，其值为正即为正号机构，其值为负即为负号机构。式（7.4）中，可以由各齿轮的齿数计算出 i_{jk}^{H}，只要知道 ω_j、ω_k、ω_H 中的任意两个，即可求出第 3 个构件的转速，从而可以计算出周转轮系的传动比。

使用式（7.4）时，**一定要注意所涉及的各齿轮在转化轮系中必须是定轴轮系**。如果超出了范围，肯定会得到错误的计算结果。另外周转系的转速关系不易直观获得，计算时务必按上述原理进行计算。

【例 7.2】　如图 7.9 所示行星轮系，已知各轮齿数为 $z_1 = 100$，$z_2 = 101$，$z_{2'} = 100$，$z_3 = 99$。求输入件 H 对输出件 1 的传动比 i_{H1}。

【解】　齿轮 1、2-2′、3 和系杆 H 构成行星轮系，由公式（7.4）知

$$i_{13}^{H} = \frac{z_2 z_3}{z_1 z_{2'}} = \frac{101 \times 99}{100 \times 100} = \frac{9\,999}{10\,000}$$

$$i_{13}^{H} = \frac{\omega_1 - \omega_H}{\omega_3 - \omega_H} = \frac{\omega_1 - \omega_H}{0 - \omega_H} = 1 - i_{1H}$$

所以

$$i_{H1} = \frac{1}{i_{1H}} = 10\,000$$

结合本例思考一下怎样安排齿数来获得大传动比。

【例 7.3】　如图 7.10 所示，$z_1 = z_3 = 80$，$z_2 = 50$，$n_1 = 50$ r/min，$n_3 = 30$ r/min。求 n_H。

【解】　$$i_{13}^{H} = \frac{n_1^H}{n_3^H} = \frac{n_1 - n_H}{n_3 - n_H} = -\frac{z_3}{z_1} = -\frac{80}{80} = -1$$

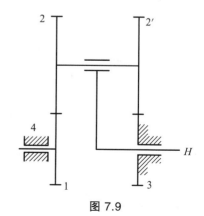

图 7.9

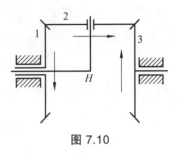

$$\frac{50 - n_H}{30 - n_H} = -1$$

即 $n_H = 40 \text{ r/min}$

本例中齿轮 2 的运动为空间运动，绝对运动的转速是方向变化的空间矢量，详尽的讨论参阅理论力学中有关空间运动的内容。

图 7.10

7.4 混合轮系传动比的计算

在实际机械中，经常使用结构更为复杂的混合轮系，其结构如图 7.11 所示。

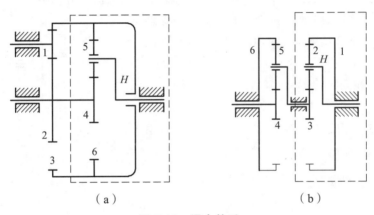

（a）   （b）

图 7.11   混合轮系

混合轮系传动比既不能直接按定轴轮系的传动比米计算，也不能直接按周转轮系的传动比来计算，而应当将复合轮系中定轴轮系部分和周转轮系部分区分开来分别计算。因此，混合轮系传动比计算的方法及步骤如下：

（1）**分清轮系**。正确地划分定轴轮系和基本周转轮系。根据周转轮系具有行星轮的特点，首先要找出行星轮，也就是轴线不固定的齿轮；再找出行星架（注意行星架不一定是呈杆状），以及与行星轮相啮合的所有中心轮。分出一个基本的周转轮系后，还要判断是否有其他行星轮被另一个行星架支承，每一个行星架对应一个周转轮系，在逐一找出所有基本周转轮系后，剩下的便是定轴轮系了。

（2）**分别计算**。定轴轮系部分应当按定轴轮系传动比方法来计算，而周转轮系部分必须按周转轮系传动比来计算，应分别列出它们的计算式。

（3）**联立求解**。根据轮系各部分列出计算式，进行联立求解。

对于特别复杂的周转轮系，可以考虑每一个啮合点列出一个方程，然后再进行求解。

【例 7.4】   如图 7.12 所示，各轮齿数 $z_1 = 20$，$z_2 = 40$，$z_{2'} = 20$，$z_3 = 30$，$z_4 = 80$。求 i_{1H}。

【解】   首先分解轮系：齿轮 3 轴线不固定，与其相连的齿轮 3、2′、4 组成周转轮系；剩余的齿轮 1、2 组成定轴轮系。可列出方程组：

$$\begin{cases} i_{12} = \dfrac{n_1}{n_2} = -\dfrac{z_2}{z_1} = -\dfrac{40}{20} = -2 & ① \\[3mm] i_{2'4}^{H} = \dfrac{n_2 - n_H}{0 - n_H} = -\dfrac{z_4}{z_2'} & ② \end{cases}$$

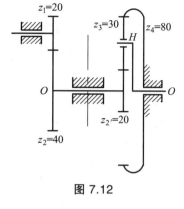

由②式可求得

$$i_{2'H} = 1 - i_{2'4}^{H} = 1 - \left(-\dfrac{z_4}{z_{2'}} \right) = 1 + \dfrac{80}{20} = 5$$

然后，将①、②式联立求解，得

图 7.12

$$i_{1H} = i_{12} \cdot i_{2'H} = -2 \times 5 = -10$$

思考本例中若还要求出与齿轮 3 有关的传动比，应当如何列方程呢？

【例 7.5】　在图 7.13 所示的双级行星齿轮减速器中，各齿轮的齿数为 $z_1 = z_6 = 20$，$z_3 = z_4 = 40$，$z_2 = z_5 = 10$，试求：

（1）固定齿轮 4 时的传动比 i_{1H_2}；

（2）固定齿轮 3 时的传动比 i_{1H_2}。

【解法 1】

（1）当齿轮 4 固定时，轮系②为行星轮系，轮系①为定轴轮系。

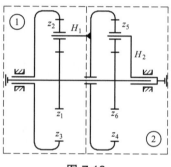

图 7.13

$$\omega_1 = \omega_6$$

$$i_{64}^{H_2} = \dfrac{\omega_6 - \omega_{H_2}}{\omega_4 - \omega_{H_2}} = \dfrac{\omega_6 - \omega_{H_2}}{0 - \omega_{H_2}} = 1 - i_{6H_2} = -\dfrac{z_4}{z_6}$$

$$i_{1H_2} = i_{6H_2} = 1 + z_4/z_6 = 1 + 40/20 = 3$$

（2）当齿轮 3 固定时，轮系①为行星轮系，轮系②仍为差动轮系，这是一个混合轮系。

$$i_{13}^{H_1} = \dfrac{\omega_1 - \omega_{H_1}}{0 - \omega_{H_1}} = 1 - \dfrac{\omega_1}{\omega_{H_1}} = -\dfrac{z_3}{z_1} = -2$$

即

$$\omega_{H1} = \omega_1 / 3$$

$$i_{64}^{H_2} = \dfrac{\omega_6 - \omega_{H_2}}{\omega_4 - \omega_{H_2}} = -\dfrac{z_4}{z_6} = -2$$

得

$$i_{1H_2} = \omega_1 / \omega_{H_2} = 1.8$$

【解法 2】

（1）列出啮合方程和固定连接关系：

$$\dfrac{\omega_1 - \omega_{H_1}}{\omega_3 - \omega_{H_1}} = -\dfrac{z_3}{z_1}; \quad \dfrac{\omega_4 - \omega_{H_2}}{\omega_6 - \omega_{H_2}} = -\dfrac{z_6}{z_4}; \quad \omega_1 = \omega_6; \quad \omega_{H_1} = \omega_4$$

（2）令 $\omega_4 = 0$，求此时的传动比 i_{1H_2}：

$$\frac{\omega_1 - 0}{\omega_3 - 0} = -\frac{z_3}{z_1}; \quad \frac{0 - \omega_{H_2}}{\omega_1 - \omega_{H_2}} = -\frac{z_6}{z_4}$$

i_{1H_2} 直接由第二式求出：$i_{1H_2} = \omega_1 / \omega_{H_2} = 3$。

（3）令 $\omega_3 = 0$，求此时的传动比 i_{1H_2}：

$$\frac{\omega_1 - \omega_4}{0 - \omega_4} = -\frac{z_3}{z_1}; \quad \frac{\omega_4 - \omega_{H_2}}{\omega_1 - \omega_{H_2}} = -\frac{z_6}{z_4}$$

两式联立可以求出：$i_{1H_2} = \omega_1 / \omega_{H_2} = 1.8$。

7.5　周转轮系设计中的若干问题

周转轮系在机械传动中得到了广泛的应用。周转轮系设计涉及多方面内容，如同通常机械设计一样有几何尺寸计算、强度计算、结构设计等。但在机构运动方案设计阶段，**周转轮系设计的主要任务是：合理选择轮系的类型，确定各轮的齿数，选择适当的均衡装置。**

7.5.1　周转轮系类型的选择

轮系类型的选择，主要从传动比范围、效率高低、结构复杂程度以及外廓尺寸、重量等几方面综合考虑。

（1）**当设计的轮系主要用于传递运动时**，首要的问题是考虑能否满足工作所要求的传动比，其次兼顾效率、结构复杂程度、外廓尺寸和重量。

设计轮系时，若工作所要求的传动比不太大，则可根据具体情况选用负号机构，图 7.14 给出了几种常用的 2K-H 型负号机构的型式及其传动比适用范围。根据周转轮系的传动比计算公式，负号机构的传动比只比其转化机构传动比的绝对值大 1，可以满足传动比不大的场合，同时还具有较高的效率。

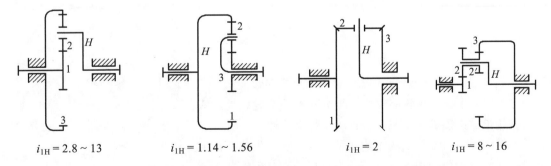

$i_{1H} = 2.8 \sim 13$　　　　$i_{1H} = 1.14 \sim 1.56$　　　　$i_{1H} = 2$　　　　$i_{1H} = 8 \sim 16$

图 7.14　几种常用的 2K-H 型负号机构的型式及其传动比适用范围

由于负号机构的传动比大小主要取决于转化机构的传动比，如果要利用负号机构实现大的传动比，会使得轮系外廓尺寸过大。因此，若希望获得比较大的传动比又不致使机构外廓尺寸过大，可考虑选用混合轮系。

　　通过前面的例题可以看出，正号机构可以获得很大的传动比，且当传动比很大时，转化机构的传动比接近于1，因此，机构的尺寸不致过大，但正号机构的效率较低。所以，若设计的轮系是用于传动比大而对效率要求不高的场合，可考虑选用正号机构。需要注意的是，正号机构用于增速时，随着传动比的增加，效率会急剧下降，甚至会出现自锁现象。

　　（2）**当设计的轮系主要用于传递动力时**，首先要考虑机构效率的高低，其次兼顾传动比、外扩尺寸、机构复杂程度和重量。

　　由于负号机构具有较高的传动效率，所以在动力传动中一般采用负号机构。如果要求具有较大的传动比，而单级负号机构不能满足要求时，则可将负号机构串联起来使用，或和定轴轮系联合组成混合轮系。

7.5.2　周转轮系中各轮齿数的确定

　　（1）周转轮系用来传递运动，必须实现工作所要求的传动比，因此**各轮齿数必须满足第一个条件——传动比条件**。如图 7.15 所示的单排 $2K\text{-}H$ 型负号机构行星轮系，根据传动比条件，则有

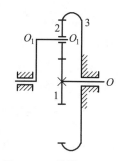

$$i_{1H} = 1 - i_{13}^{H} = 1 + \frac{z_3}{z_1}$$

即

$$z_3 = (i_{1H} - 1)z_1$$

　　（2）周转轮系是一种共轴式的传动装置，为了保证装在系杆上的行星轮在传动过程中始终与中心轮正确啮合，必须使行星架的转轴与中心轮的轴线重合，这就要求**各轮齿数必须满足第二个条件——同心条件**。如图 7.15 所示的行星轮系，齿轮节圆半径满足：

图 7.15　单排 $2K\text{-}H$ 型负号机构行星轮系

$$r_1' + r_2' = r_3' - r_2' \tag{7.5}$$

　　若三个齿轮均为标准齿轮或高度变位齿轮传动，则各轮节圆半径可用模数和齿数来表示，各轮模数相等，则上式可改写为

$$z_1 + z_2 = z_3 - z_2$$

即

$$z_2 = (z_3 - z_1)/2 = z_1(i_{1H} - 2)/2 \tag{7.6}$$

　　上式表明**两中心轮的齿数应同时为奇数或偶数**。

　　（3）要使多个行星轮能够均匀地分布在中心轮四周，就要求**各轮齿数必须满足第三个条件——装配条件**。

　　如图 7.16 所示，设有 k 个均布的行星轮，则相邻两行星轮间所夹的中心角为 $2\pi/k$。将第一个行星轮在位置 Ⅰ 装入，设轮 3 固定，H 沿逆时针方向转过 $\varphi_H = 2\pi/k$ 到达位置 Ⅱ。这时中心轮 1 转过角 φ_1。

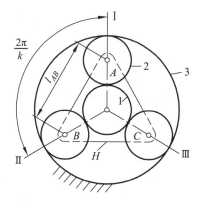

图 7.16　周转轮系的装配条件

$$\frac{\varphi_1}{\varphi_H} = \frac{\varphi_1}{2\pi/k} = \frac{\omega_1}{\omega_H} = i_{1H} = 1 - i_{13}^H = 1 + \frac{z_3}{z_1}$$

则

$$\varphi_1 = \left(1 + \frac{z_3}{z_1}\right)\frac{2\pi}{k}$$

若在位置 I 又能装入第二个行星轮，则此时中心轮 1 的转角 φ_1 对应于整数个齿。

$$\varphi_1 = N\frac{2\pi}{z_1} = \left(1 + \frac{z_3}{z_1}\right)\frac{2\pi}{k}$$

则

$$N = \frac{z_1 + z_3}{k} = \frac{z_1 i_{1H}}{k} \tag{7.7}$$

因此，这种周转轮系的装配条件为：**两中心轮的齿数 z_1、z_3 之和应能被行星轮个数 k 所整除。**

（4）为了不让相邻两个行星轮的齿顶产生干涉和相互碰撞，在由上述三个条件确定了各轮齿数和行星轮个数后，还必须进行这方面的校核，这就必须满足**第四个条件——邻接条件。**

如图 7.16 所示，为了不让相邻两个行星轮的齿顶产生干涉和相互碰撞，如采用标准齿轮，则

$$l_{AB} > d_{a2}$$

即

$$2(r_1 + r_2)\sin\frac{\pi}{k} > 2(r_2 + h_a^* m)$$

$$(z_1 + z_2)\sin\frac{\pi}{k} > z_2 + 2h_a^* \tag{7.8}$$

为了设计时便丁选择各轮的齿数，通常把前三个条件合为一个总的配齿公式，即

$$z_1 : z_2 : z_3 : N = z_1 : \frac{z_1(i_{1H} - 2)}{2} : z_1(i_{1H} - 1) : \frac{z_1 i_{1H}}{k} \tag{7.9}$$

7.5.3 周转轮系的均衡装置

周转轮系之所以具有体积小、重量轻、承载能力高等优点，主要是由于在结构上采用了多个行星轮均布分担载荷，并合理地利用了内啮合传动的空间。如果各个行星轮之间的载荷分配是均衡的，则随着行星轮数目的增加，其结构将更为紧凑。但由于零件不可避免地存在着制造误差、安装误差和受力变形，往往会造成行星轮间的载荷不均衡，其优点难以充分实现。

可以采用提高行星轮、中心轮和行星架的制造与安装精度的方法来实现周转轮系的均载，但由于受到工艺条件的限制，很难达到，而且也不经济。目前，普遍采用的均载方法是从结构设计上采取措施，使各构件间能够自动补偿各种误差，从而达到每个行星轮受载均匀的目的。常见的均载方法如下：

1. 采用基本构件浮动的均衡装置

基本构件浮动最常用的方法是采用双齿或单齿式联轴器。三个基本构件中有一个浮动即可起到均衡作用，若两个基本构件同时浮动，则效果更好。如图 7.17（a）、（b）所示为中心外齿轮浮动的情况，图 7.17（c）、（d）所示为中心内齿轮浮动的情况。

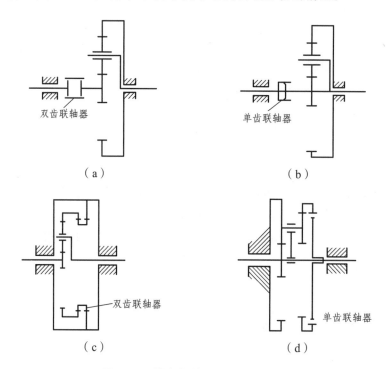

（a）　　　　　　　　　　（b）

（c）　　　　　　　　　　（d）

图 7.17　基本构件浮动的均衡装置

2. 采用弹性元件的均衡装置

这类均衡装置主要是**通过弹性元件的弹性变形使各行星轮之间的载荷得以均衡**。其优点是具有良好的减振性，结构比较简单；缺点是载荷不均衡系数与弹性元件的刚度及总制造误差成正比。

弹性均衡装置形式很多。如图 7.18 所示为这种均衡装置的几种结构。图（a）为行星轮装在弹性心轴上；图（b）为行星轮装在非金属弹性套环上。它们均可用于行星轮数目大于 3 的周转轮系中。

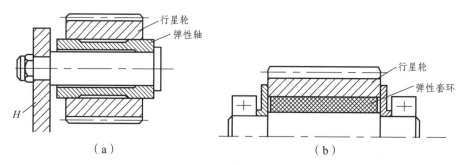

（a）　　　　　　　　　　（b）

图 7.18　弹性均衡装置

3. 采用杠杆联动的均衡装置

这种均衡装置中**装有偏心的行星轮轴和杠杆系统**。当行星轮受力不均衡时,可通过杠杆系统的联锁动作自行调整达到新的平衡位置。其优点是均衡效果较好,缺点是结构较复杂。

如图 7.19 为具有 3 个行星轮的均载装置。3 个偏心的行星轮轴互为 120° 布置,每个偏心轴与平衡杠杆刚性连接,杠杆的另一端由一个能在本身平面内自由运动的浮动环支承。当作用在 3 个行星轮轴上的力互不相等时,则作用在浮动环上的 3 个力也不相等,环即失去平衡,产生移动或转动,使受载大的行星轮减载,受载小的增载,直至达到平衡为止。

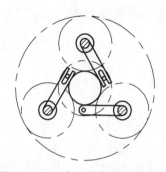

图 7.19　三个行星轮的均衡装置

7.6　常见行星传动简介

机械中还越来越多地采用其他一些行星传动,如渐开线少齿差行星传动、摆线针轮行星传动和谐波齿轮传动,现简单介绍如下。

7.6.1　渐开线少齿差行星传动

渐开线少齿差行星传动是一种特殊的周转轮系,如图 7.20 所示,由固定的渐开线内齿轮 2、行星轮 1、行星架 H 及等角速度比输出机构 V 组成。因齿轮 1 和 2 采用渐开线齿廓,且两者齿数相差很少,一般为 1~4,故称为渐开线少齿差行星传动。工程中以 K 代表中心轮,H 代表行星架,V 代表输出机构。因此又称为 K-H-V 型轮系。

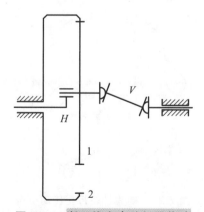

图 7.20　渐开线少齿差行星传动

少齿差速器

该轮系以行星架 H 为输入运动构件,行星轮 1 为输出运动构件。因行星轮做平面运动,输出为行星轮的绝对转动速度,故专门采用输出机构 V,将行星轮的绝对运动变为定轴转动。该轮系的传动比为

$$i_{12}^{H} = \frac{\omega_1 - \omega_H}{\omega_2 - \omega_H} = \frac{z_2}{z_1}$$

由 $\omega_2 = 0$，经整理得

$$i_{H1} = \frac{\omega_H}{\omega_1} = \frac{z_1}{z_1 - z_2} \tag{7.10}$$

由式（7.10）可以看出，该轮系可以获得较大传动比，当 $z_2 - z_1 = 1$ 时，也即轮 1 和轮 2 只差一个齿，则 $i_{H1} = -z_1$，此时轮系的传动比为最大值，常称为渐开线一齿差行星传动。负号表示输出行星轮 1 与输入构件 H 的转向相反。

渐开线少齿差行星传动具有传动比大、结构简单、体积小、重量轻、加工维修容易、效率高（可达 80% ~ 94%）等优点。但齿数相差很少的内啮合轮齿易出现干涉，设计加工时需要用变位等特殊方法，目前在轻工、化工、仪表、机床及起重机械设备中获得广泛应用。

7.6.2　摆线针轮行星传动

摆线针轮行星传动属于一齿差的 K–H–V 型行星传动。其传动原理、运动输出机构等均与渐开线一齿差行星传动相同，其区别在于外齿轮的齿廓为圆柱，内齿轮则为延伸摆线。

如图 7.21 所示，中心轮 1 固定在机壳上，它是由装在机壳内的许多带套筒的圆柱销所组成，故称为针轮；行星轮 2 为摆线齿轮，行星架 H 为偏心轴。行星轮的运动依靠等角速比的孔销输出机构传到输出轴上。摆线针轮行星传动的传动比为

$$i_{HV} = -z_2$$

摆线针轮传动克服了渐开线少齿差传动容易出现干涉的弱点，还有传动比大、体积小、重量轻、效率高（一般可达 0.90 ~ 0.94）、承载能力大、传动平稳、磨损小、使用寿命长等优点。因此，在国防、冶金、矿山、纺织、化工等部门得到广泛应用。

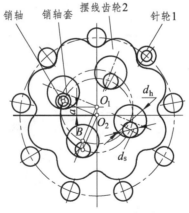

图 7.21　摆线针轮行星传动机构

摆线针轮行星减速器

7.6.3　谐波齿轮传动

谐波齿轮传动是利用行星传动原理而发展起来的新型传动，它由刚轮 1、柔轮 2 和波发生器 H 组成，如图 7.22 所示。刚轮是一个刚性内齿圈，柔轮为一易变形的薄壁外齿圈，其齿

形细密，数目很大，二者齿距相同，齿数不同。波发生器由一个转臂及几个滚子组成。通常波发生器为主动件，柔轮为输出端，刚轮固定。

当波发生器装入柔轮后，由于转臂长度大于柔轮内孔直径，将柔轮撑为椭圆形。椭圆长轴两端柔轮外齿与刚轮内齿相啮合，短轴两端两者完全脱开。当波发生器转动时，柔轮的齿逐一被推入刚轮的齿槽中进行啮合。由于柔轮的齿数 z_2 比刚轮齿数 z_1 少，波发生器转动一周，柔轮相对刚轮沿相反方向转过（$z_1 - z_2$）个齿的角度，即反转（$z_1 - z_2$）/z_2 周。因此，传动比为

$$i_{H2} = \frac{n_H}{n_2} = -\frac{z_2}{z_1 - z_2} \tag{7.11}$$

由于在**传动过程中柔轮产生的弹性变形波近似于谐波，故称之为谐波齿轮传动**。

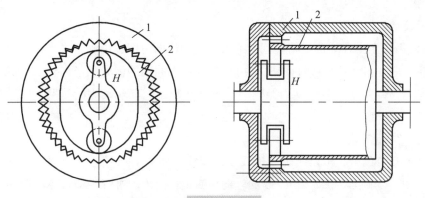

图 7.22　谐波齿轮传动

谐波齿轮

谐波齿轮传动的优点为：传动比大；体积小、重量轻；同时啮合的齿数多，传动平稳，承载能力较大；摩擦损失小，传动效率高；结构简单，安装方便。缺点是柔轮易疲劳破损，而且启动力矩较大。谐波传动已广泛用于机床、汽车、船舶、起重运输、纺织、冶金等机械设备中，机器人活动关节也多采用谐波传动减速。

7.7　轮系的应用

轮系被广泛应用于各种机械中，其主要功能有：

（1）**实现远距离两轴之间的传动**。

当主动轴和从动轴之间的距离较远时，如果仅用一对齿轮来传动，如图 7.23 中的齿轮 1 和齿轮 2，齿轮的尺寸就很大，既占空间又费材料，且制造安装都不方便。若改用图中四个小齿轮 3、4、5、6 组成的轮系来传动，就可以缩小齿轮尺寸，便于制造和安装。

（2）**实现大传动比传动**。

使用一对齿轮传动，其传动比一般不大于 8。否则小齿轮会因尺寸太小而寿命较低，大齿轮尺寸较大而占用较大的空间，如图 7.24 中的齿轮 1 和 2，此时若采用多级齿轮传动，则可以获得很大的传动比，尤其行星齿轮机构的传动比可以达到数千乃至更大。但是当传动比较大时齿轮较多，结构复杂，因而传动效率较低。

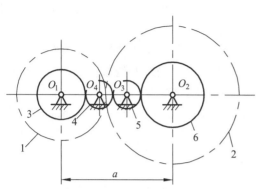

图 7.23　定轴轮系的远距离传动

图 7.24　定轴轮系的**大传动比传动**

轮系应用

（3）实现分路传动。

如图 7.25 为滚齿机上实现滚刀与轮坯范成运动的传动简图。图中由轴 Ⅰ 进来的运动和动力经锥齿轮 1、2 传给滚刀，同时又由与锥齿轮 1 同轴的齿轮 3 经齿轮 4、5、6、7 传给蜗杆 8，再传给蜗轮 9 而至轮坯。这样实现了运动和动力的分路传动。

（4）**实现变向、变速传动**。

磁带倒带机

通过不同齿轮的啮合组合，可以实现变速及变向操作。如图 7.26 所示为某汽车上的三轴四速变速箱传动简图。当改变双联齿轮 4—6 的轴向位置时，使传动过程中通过不同的齿轮啮合，从而获得不同的变速比。

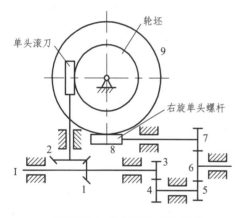

图 7.25　滚齿机的部分传动

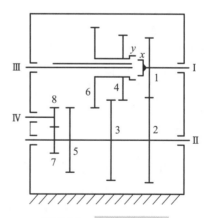

图 7.26　**变速箱的机构**

变速箱

图 7.26 中轴 Ⅰ 为输入轴，轴 Ⅲ 为输出轴，轴 Ⅱ 和 Ⅳ 为中间传动轴。当牙嵌离合器的 x 和 y 半轴接合，滑移齿轮 4、6 不啮合时，Ⅲ 轴得到与 Ⅰ 轴同样的高转速；当离合器脱开，运动和动力由齿轮 1、2 传给 Ⅱ 轴，当移动滑移齿轮使 4 与 3 啮合，或 6 与 5 啮合，Ⅲ 轴可得中速或低速挡；当移动齿轮 6 与 Ⅳ 轴上的齿轮 8 啮合，Ⅲ 轴转速反向，可得低速的倒车挡。

（5）实现运动的分解和合成。

利用差动轮系的双自由度特点，可以将一根轴的运动分解为两根轴的运动，也可以将两

根轴的运动合成为一根轴的运动。由图 7.27 所示的差动轮系不难导
出其转速关系为

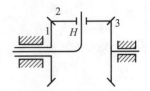

$$n_H = \frac{n_1 + n_3}{2} \qquad (7.12)$$

图 7.27 差动轮系

它可以实现运动的合成，将齿轮 1 和齿轮 3 的转速合成为转臂
H 的转速；也可以相反地将转臂 H 的转速分解。如图 7.28 所示的汽车后桥就是利用该差动轮
系的这一特性进行工作的。两车轮的转速相当于 n_1 和 n_3，传动轴的转速相当于 n_H，汽车转
弯时内外车轮的转速应当是不同的，以避免车轮与地面之间发生剧烈摩擦。后
桥中差动轮系的作用是汽车行进中能自然适应不同转弯过程和直线行进中的
内外车轮之间的速度差异。目前各种轮式车辆的行驶系统几乎都采用了这一传
动技术，这是差动轮系最典型的应用。

轮系应用

轮系还能实现行星轮上指定点的轨迹等其他功能。

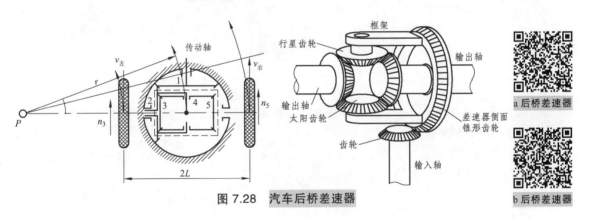

图 7.28 汽车后桥差速器

a 后桥差速器

b 后桥差速器

【本章小结】

1. 识记传动比、定轴轮系、周转轮系、行星轮系、差动轮系、平面轮系、空间轮系，太
阳轮、行星轮、转、摆线针轮传动、谐波传动。

2. 领会定轴轮系、周转轮系和混合轮系的特点。

3. 具有定轴轮系传动比计算的能力；具有混合轮系传动比计算的能力。

思 考 题

7-1　什么是轮系？轮系可以分为哪几种基本类型？它们各有什么特点？

7-2　什么是差动轮系？差动轮系是如何构成的？它具有什么特点？

7-3　什么是行星轮系？行星轮系由哪些基本构件组成？它们各作什么运动？

7-4　如何计算定轴轮系的传动比？定轴轮系中各轮的转向如何确定？

7-5　什么是惰轮？惰轮有什么特点？为什么要使用惰轮？

7-6　什么是周转轮系的转化轮系？为什么要进行这种转化？

7-7   什么是混合轮系？混合轮系的传动比如何计算？

7-8   在确定行星轮系各轮齿数时，应遵循哪些条件？这些条件各起什么作用？

7-9   轮系的主要功能有哪些？请举例说明。

练 习 题

7-1   已知题图 7-1 所示轮系中各轮的齿数分别为 $z_1 = z_3 = 15$，$z_2 = 30$，$z_4 = 25$，$z_5 = 20$，$z_6 = 40$。求传动比 i_{16}，并标出各齿轮的转向。

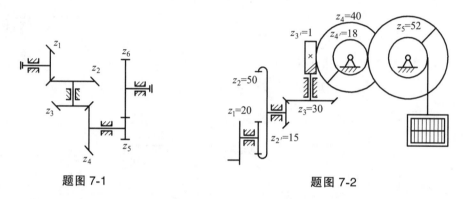

题图 7-1   题图 7-2

7-2   题图 7-2 所示为一手摇提升装置，其中各轮齿数均为已知，试求传动比 i_{15}，并标出当提升重物时手柄的转向。

7-3   题图 7-3 所示轮系中，已知 $z_1 = 20$，$z_2 = 30$，$z_3 = 18$，$z_4 = 68$，齿轮 1 的转速 $n_1 = 150$ r/min。求行星架 H 的转速 n_H 的大小和方向。

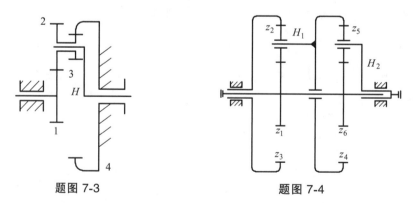

题图 7-3   题图 7-4

7-4   在题图 7-4 所示双级行星齿轮减速器中，各齿轮的齿数为 $z_1 = z_6 = 20$，$z_3 = z_4 = 40$，$z_2 = z_5 = 10$，试求：

（1）固定齿轮 4 时的传动比 i_{1H_2}；

（2）固定齿轮 3 时的传动比 i_{1H_2}。

7-5   题图 7-5 所示为一装配用电动螺丝刀齿轮减速部分的传动简图。已知各轮齿数为 $z_1 = z_4 = 7$，$z_3 = z_6 = 39$。若 $n_1 = 3\,000$ r/min，试求螺丝刀的转速。

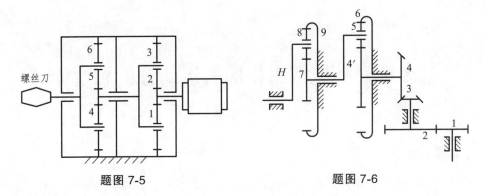

题图 7-5　　　　　　　　　　题图 7-6

7-6　在题图 7-6 所示的复合轮系中，设已知 $n_1 = 3\,549$ r/min，又知各轮齿数为 $z_1 = 36$，$z_2 = 60$，$z_3 = 23$，$z_4 = 49$，$z_{4'} = 69$，$z_5 = 31$，$z_6 = 131$，$z_7 = 94$，$z_8 = 36$，$z_9 = 167$。试求行星架 H 的转速 n_H。

7-7　在题图 7-7 所示的电动三爪卡盘传动轮系中，设已知各轮齿数为 $z_1 = 6$，$z_2 = z_{2'} = 25$，$z_3 = 57$，$z_4 = 56$。试求传动比 i_{14}。

7-8　在双螺旋桨飞机的减速器中，已知 $z_1 = z_6$，$z_2 = z_{2'} = 20$，$z_4 = 30$，$z_5 = z_{5'} = 18$，齿轮 1 的转速 $n_1 = 15\,000$ r/min，求螺旋桨 P 和 Q 的转速 n_P、n_Q 的大小和方向。

7-9 题图 7-9 所示为手动起重葫芦，所起吊重物由轮 A 吊起，手动驱动力由轮 B 输入，已知 $z_1 = z_{2'} = 10$，$z_2 = 20$，$z_4 = 40$，轮 A、B 的直径如图中所示。求轮 A、B 边缘的速度比。

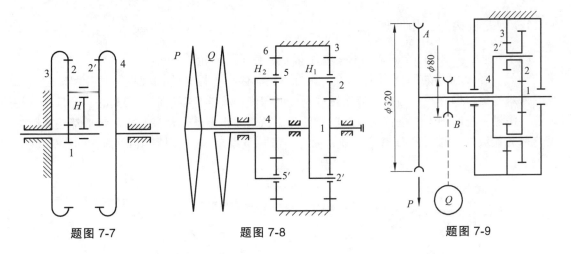

题图 7-7　　　　　　　题图 7-8　　　　　　　题图 7-9

第8章 其他常用机构的运动分析和设计

☞【本章要点】

1. 识记棘轮、棘爪、槽轮、销轮、锁止弧、运动特性系数、万向联轴节。
2. 领会棘轮机构、槽轮机构、不完全齿轮机构和万向联轴节等四种常见机构的原理和类型。
3. 重点理解棘轮机构和槽轮机构等间歇运动机构及其运动设计。

各种机器和仪器中，除了平面连杆机构、凸轮机构和齿轮机构外，还常常用到许多功能奇特、种类繁多但又不易归类的其他机构，如棘轮机构、槽轮机构、不完全齿轮机构、万向铰链机构（万向联轴节）等，本章将对这些**机构的工作原理、基本类型、特性及应用、设计要点**做简明扼要的介绍。

8.1 棘轮机构

8.1.1 棘轮机构的工作原理

图8.1为最典型的啮合棘轮机构。它由摇杆、棘爪、棘轮、止回棘爪、机架和弹簧组成。机构通常以往复摆动的摇杆为主动件，棘轮为从动件。当摇杆连同棘爪顺时针摆动时，棘爪卡入棘轮的齿槽底部，并推动棘轮转过相应的角度；当摇杆以逆时针摆动时，棘爪从棘轮齿顶上滑过，止回棘爪阻止棘轮跟随摇杆反转，棘轮静止不动。棘爪和止回棘爪都是利用弹簧与棘轮始终保持接触和分离。这样，摇杆连续往复摆动时，棘轮得到单向的间歇转动。

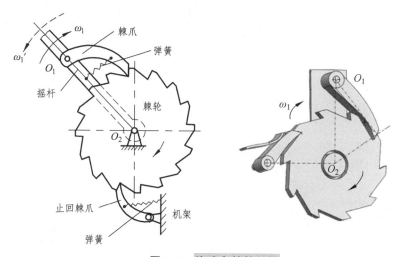

图 8.1　**外啮合棘轮机构**

外棘轮机构

8.1.2　棘轮机构的类型

棘轮机构按不同方式分为：① 轮齿式、摩擦式；② 单动式、双动式；③ 可变向、不可变向；④ 内啮合、外啮合；⑤ 调速、不可调速等类型。

1. 常用棘轮机构的类型、结构和特点

常用棘轮机构的类型、结构和特点如表 8.1 所示。

表 8.1　常用棘轮机构的类型、结构和特点

类型		结构		特点
		单动式	双动式	
轮齿式	外啮合	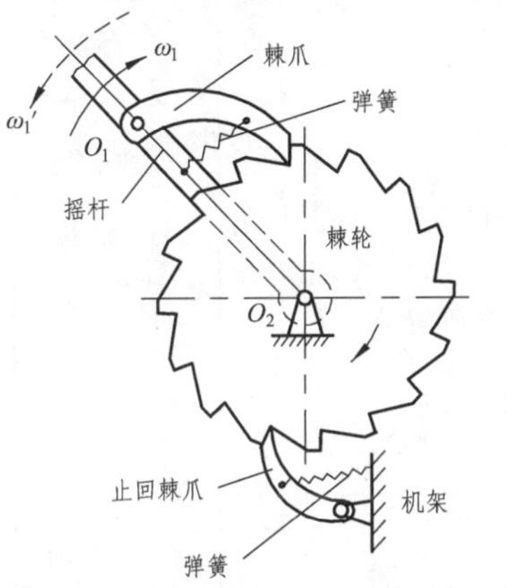 当摇杆顺时针摆动时，其上铰接的棘爪插入棘轮的齿内，推动棘轮同向转动一定角度；当摇杆逆时针摆动时，止回棘爪阻止棘轮反向转动，此时棘爪在棘轮的齿背上滑回原位，棘轮静止不动，从而实现将主动件棘爪的连续摆动转换为从动棘轮的单向步进间歇转动。	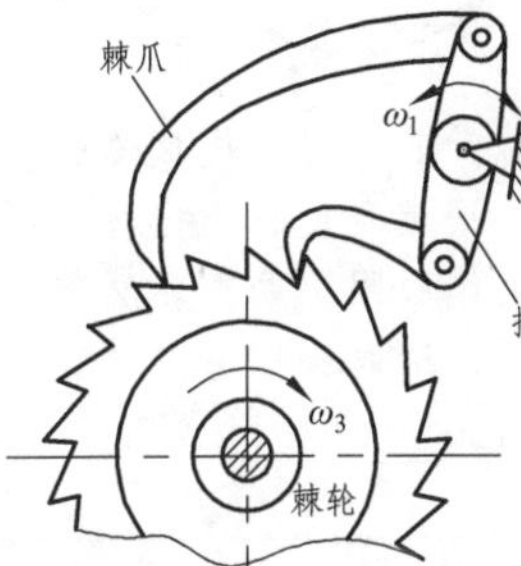 当主动摇杆往复摆动时，分别带动两个棘爪交替使棘轮向同一方向单向转动。从而实现将主动件棘爪的连续摆动转换为从动棘爪的单向步进间歇转动。	（1）运动可靠； （2）转角只能单方向地有级调节； （3）高速时噪声较大； （4）承载能力受棘轮轮齿的弯曲与挤压强度限制。
	内啮合	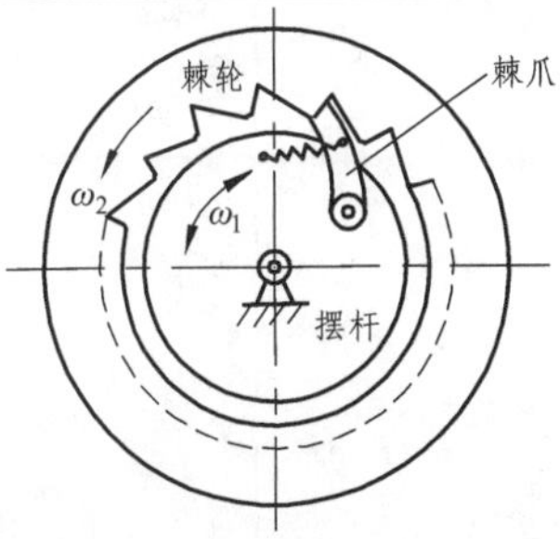 当摆杆逆时针旋转时，与之铰接的棘爪插入棘轮的内齿中，推动棘轮同向转动一定角度；当摆杆顺时针旋转时，棘爪在弹簧作用下沿棘轮的齿背滑向原位，棘轮静止不动，从而实现将主动件的连续摆动转换为从动棘轮的单向步进间歇转动。	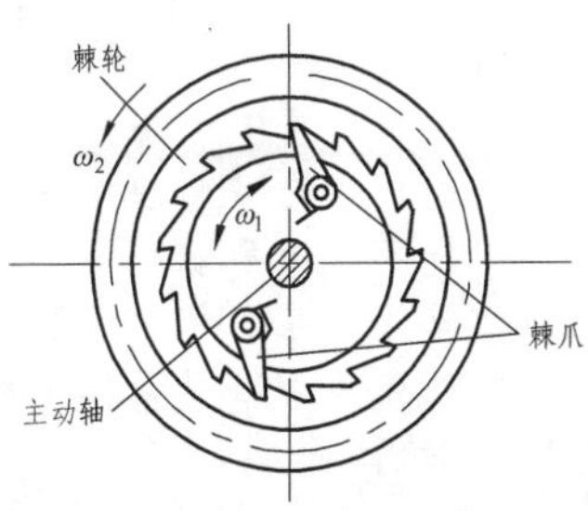 当主动轴逆时针旋转时，其上铰接的两个棘爪插入棘轮齿内，分别推动棘轮同向转动一定角度，可实现将主动轴的连续转动转换为从动棘轮的单向步进间歇转动。双棘爪可提供更大的作用力。	（1）运动可靠； （2）结构紧凑，尺寸较小； （3）内棘齿加工较复杂。

续表 8.1

类型		结构		特点
		单动式	双动式	
摩擦式	外接	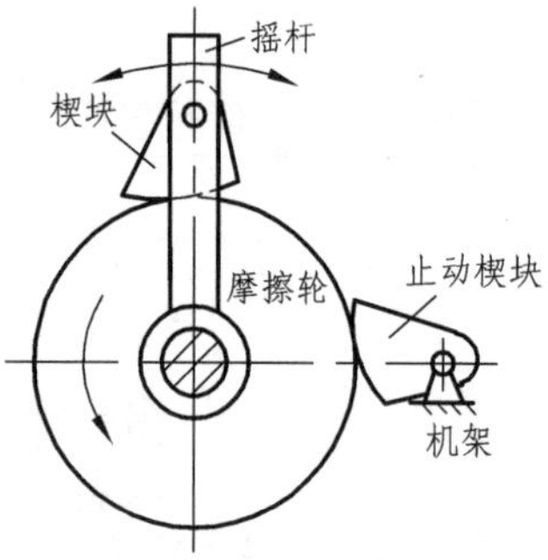 　当主动件摇杆做逆时针转动时，楔块（驱动棘爪）在摩擦力作用下推动摩擦轮同向转动一定角度；当摇杆做顺时针转动时，止动楔块（止动棘爪）的自锁作用阻止摩擦轮反转，摩擦轮静止不动。利用摇杆不断地往复运动，从而实现将主动件的连续摆动转换为摩擦轮的单向间歇步进运动。		（1）转动可无极调节；（2）传动平稳、噪声较小；（3）承载能力受工作时接触强度的限制；（4）传动的准确性差。
	内接	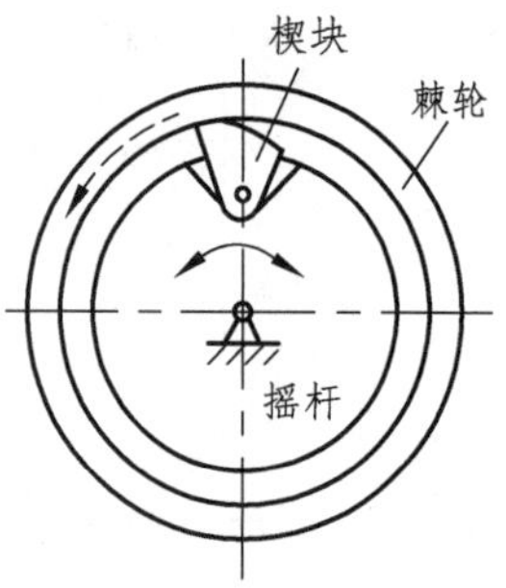 　当摇杆逆时针摆动时，其上铰接的楔块在摩擦力作用下推动棘轮同向转动一定角度；当摇杆顺时针摆动时，楔块沿棘轮滑回原位，棘轮静止，实现将主动摆杆的连续摆动转换为从动棘轮的单向步进转动。	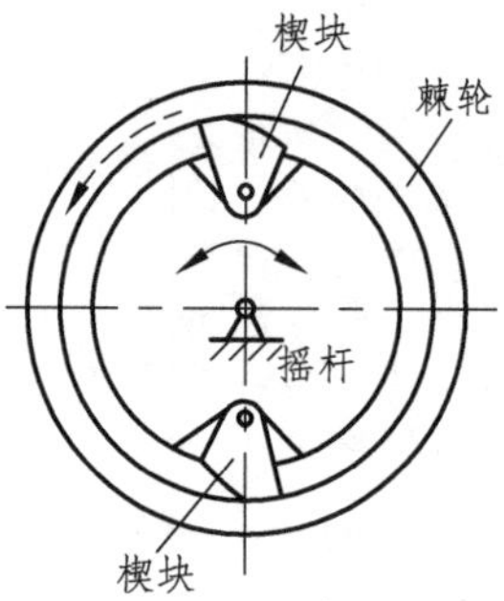 　当摇杆逆时针摆动时，两个楔块在摩擦力作用下分别推动棘轮同向转动一定角度，实现将主动摆杆的连续摆动转换为从动棘轮的单向步进转动。	（1）转动可无极调节；（2）尺寸紧凑。

2. 其他形式棘轮机构

其他形式的棘轮机构如表 8.2 所示。

表 8.2　其他形式棘轮机构

类型	图例	特点	
棘条机构	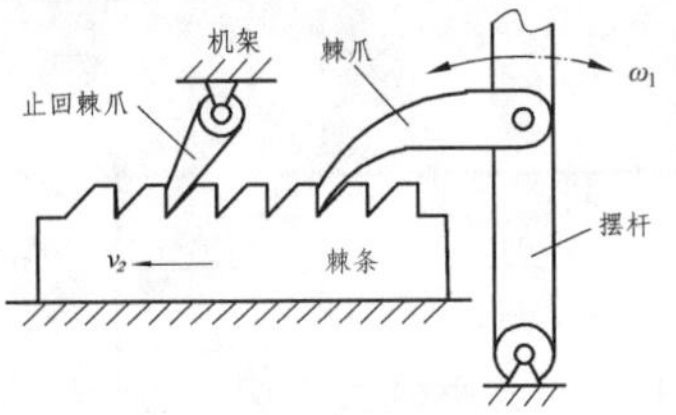 止回棘爪　机架　棘爪　ω_1 v_2　棘条　摆杆	轮齿式外啮合棘轮机构。当棘轮直径为无穷大时，演变为棘条。当摆杆逆时针摆动时，棘爪可推动棘条向左移动；当摆杆顺指针摆动时，棘爪划过棘条背，棘条静止不动。	 移动棘轮
可变向棘轮机构	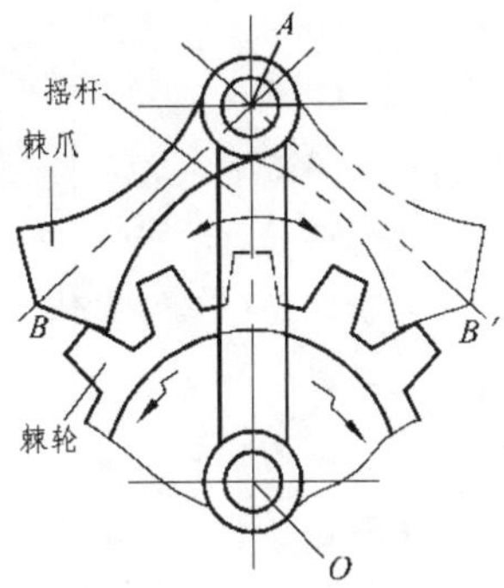 摇杆　棘爪　A　B　B'　棘轮　O	对称梯形齿棘轮的可变向棘轮机构。当棘爪处于实线位置时，棘轮可实现逆时针单向间歇转动；当棘爪翻转到图示双点画线位置时，棘轮做顺时针方向的单向间歇转动。	 可换向棘轮机构 （对称梯形）
可变向棘轮机构	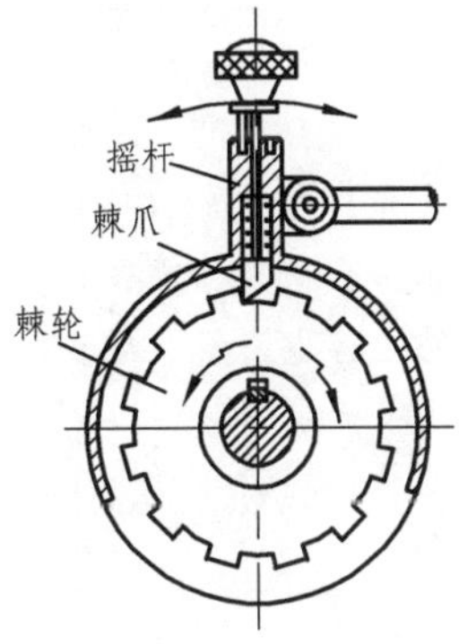 摇杆　棘爪　棘轮	对称矩形棘轮的可变向棘轮机构。当棘爪方向为图示位置时，棘轮可实现逆时针单向间歇转动；如将棘爪提起并绕自身轴线转过 180° 后放下，则棘轮可做顺时针方向的单向间歇转动；如将棘爪提起并绕自身轴线转过 90° 放置在壳体的平台上，使棘爪和棘轮脱离，则棘爪随主动件往复摆动时，棘轮静止不动。	 可换向棘轮机构 （对称矩形）
单向离合器	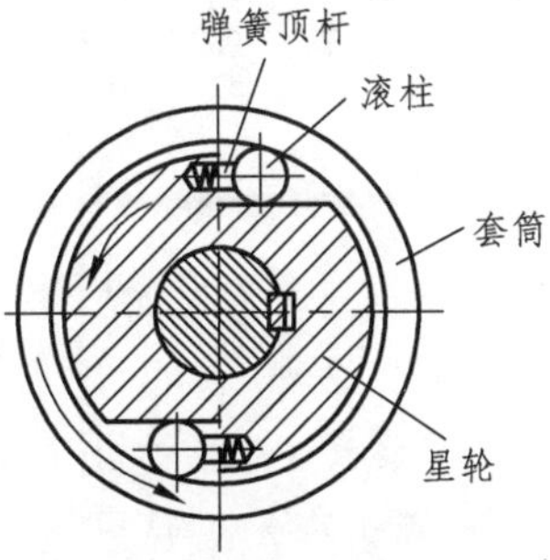 弹簧顶杆　滚柱　套筒　星轮	内接摩擦式棘轮机构的一种。它由星轮、套筒、弹簧顶杆和滚珠等组成。当星轮逆时针回转时，滚珠借摩擦力而滚向楔形空隙的小端，并将套筒楔紧，使其随星轮一同回转；当星轮顺时针回转时，滚珠被滚到空隙的大端，将套筒松开，套筒静止不动。	 摩擦式超越离合器

8.1.3　棘轮机构的特点和应用

棘轮机构的**优点**是结构简单、容易制造、运动可靠、使用方便，棘轮转角和动停比可调节；棘轮是在动棘爪的突然撞击下启动的。其**缺点**是运动准确性差，存在刚性冲击和噪声。

棘轮机构是主动件连续运动、从动件间歇运动的机构，**主要用于低速、载荷不大、运动精度要求不高的间歇运动场合**，如进给机构、送料机构和防逆转机构等。棘轮机构的几种应用如表 8.3 所示。

直动棘轮机构

表 8.3　棘轮机构的几种应用

名称	结构	特点
自行车后轮轴上的棘轮机构	链轮（棘轮）　链条　棘爪　车轮轴	当自行车脚蹬踏板 1 时，经链条 2 传动带动内圈具有棘齿的链轮 3 顺时针转动，再通过棘爪的作用，使后轮轴顺时针转动，从而驱使自行车前进。当自行车前进时，如果踏板不动，后轮轴便会超越链轮而转动，让棘爪在棘轮齿背上划过，从而实现不蹬踏板时的自由滑行。
提升机的棘轮止动器	*W*	起重机、卷扬机等常用齿式棘轮机构的止动爪使重物停在任何位置，可防止停电、链条或皮带断裂等原因造成的事故。
牛头刨床的间歇送进机构	进给运动　刨刀运动方向　工作台　摇杆　棘轮　连杆　曲柄	牛头刨床中摇杆的摆动，使棘轮做单向的间歇运动，实现刨床工作台的进给运动。棘轮机构可变向，实现刨床工作台双向（图中实线和虚线方向）进给运动。

超越离合器

起重机防坠机构

牛头刨床

8.1.4　棘轮机构转角调节方法

常用的棘轮机构转角调节方法有两种形式，如表 8.4 所示。

表 8.3　常用的棘轮机构转角调节方法

调节方法	结构	特点
改变摇杆摆角	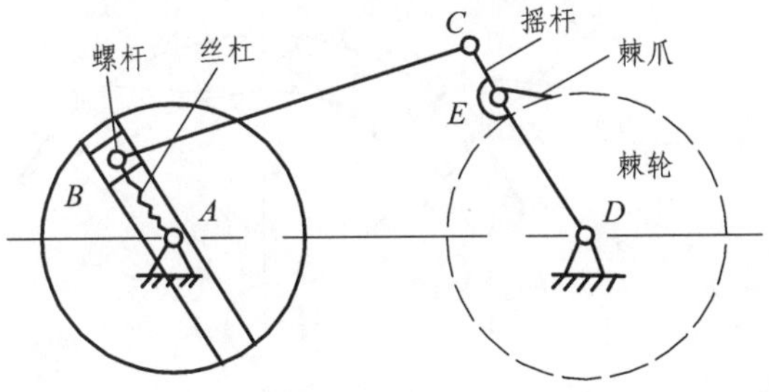	通过改变曲柄摇杆机构中曲柄长度来改变装有驱动棘爪的摇杆摆角的大小，从而实现机构转角大小的调整。
采用棘轮罩	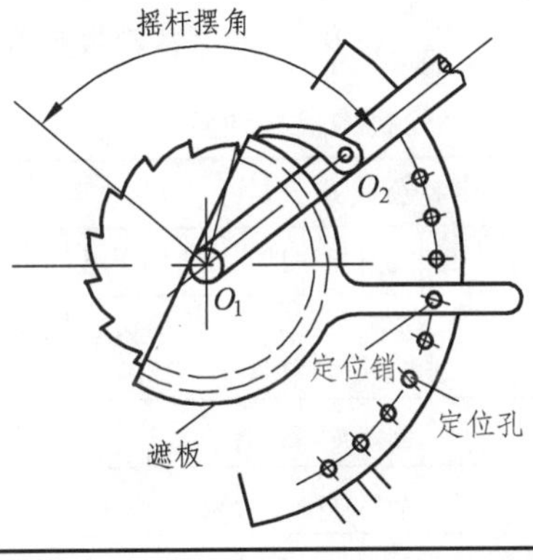	在棘轮外罩上有一块带缺口的调位遮板，调位遮板不随棘轮转动。改变调位遮板缺口的位置，使部分行程的棘爪在遮板上滑过，插入棘轮齿槽的棘爪推动棘轮转动，从而实现棘轮转角大小的调整。

8.1.5　棘轮机构的设计

棘轮机构的设计主要考虑：**棘轮齿形的选择、模数及齿数的确定、棘爪顺利进入齿槽的条件、棘轮转角的调节方法**等问题，下面主要探讨棘爪顺利进入齿槽的条件。如图 8.2 所示，棘轮与棘爪在 A 点接触，为使棘爪受力最小，应使棘轮齿顶 A 和棘爪的转动中心 O_1 的连线近似垂直于棘轮半径 O_2A，即 $\angle O_1AO_2 = 90°$。轮齿对棘爪的作用力有：正压力 F_n 和摩擦力 F_f。为了保证棘爪机构正常工作，必须使棘爪顺利落到齿根而又不至于与轮齿脱开，要求轮齿工作面相对棘轮半径朝齿体内偏斜一角度 θ，θ 称为棘轮齿面倾角。

为使棘爪顺利进入齿槽，应棘爪滑入齿槽的力矩（F_n 所产生的力矩）大于阻止棘爪滑入齿槽的摩擦力矩（F_f 所产生的力矩），即

$$F_n L \sin\theta > F_f L \cos\theta \tag{8.1}$$

用 $F_f = F_n f$ 、 $f = \tan\varphi$ 代入上式得

$$\tan\theta > \tan\varphi \tag{8.2}$$

即

$$\theta > \varphi \tag{8.3}$$

式中，f 为棘爪与棘轮接触面的摩擦系数，φ 为摩擦角。当 $f = 0.2$ 时，$\varphi \approx 11.5°$。为安全起见，通常取 $\theta = 20°$。

棘轮机构参数及外啮合轮齿式棘轮机构尺寸及计算见图 8.3 和表 8.4。

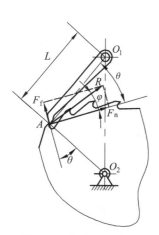

图 8.2　棘爪受力分析

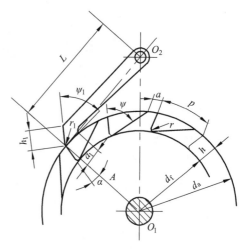

图 8.3　外啮合轮齿式棘轮参数

表 8.4　外啮合轮齿式棘轮机构尺寸计算

名称		符号	计算公式或尺寸
棘轮	模数	m	0.6　0.8　1　1.25　1.5　2　2.5　3　4　5　6　8　10　12　14　16　18　20　22　24　26　30
	齿数	z	据棘爪最小摆角应大于齿距角 $2\pi/z$ 选定，当载荷较大时取 $z=6\sim30$，在轻载的进给机构中取 $z\leqslant250$
	顶圆直径	d_a	$d_a = mz$
	齿距	p	$p = \pi m$
棘轮	齿高	h	0.8　1.0　1.2　1.5　1.8　2　2.5　3　3.5　4 $\quad h=0.75m$
	根圆直径	d_f	$d_f = d_a - 2h$
	齿顶弦厚	a	$a=(1.2\sim1.5)m$ 　　　　　$a=m$
	齿根圆角半径	r	0.3　　0.5　　　1　　　　1.5
	齿面倾斜角	α	$10°\sim15°$
	齿槽夹角	ψ	55°　　　　60°
	轮宽	b	$(1\sim4)m$
棘爪	工作面高度	h_1	3　4　5　5　5　6　6　8　10　12　14　14　16　18　20　20　22　25
	底面长度	a_1	2　3　3　4　4　6　6　8　8　12　12　14　14　14　16
	爪尖圆角半径	r_1	0.4　　0.8　　　1.5　　　　2
	齿形角	ψ_1	50°　　55°　　　　60°
	长度	L	按结构定　　　$L=2p$

注：①表中模数根据棘齿的强度确定，选标准值。
　　②表中名称符号与图 8.3 相对应。

8.2　槽轮机构

8.2.1　槽轮机构的工作原理和类型

1. 槽轮机构的工作原理

槽轮机构又称马耳他机构，最为典型的槽轮机构如图 8.4 所示，是由带圆销 A 的主动拨盘、具有径向槽的从动槽轮和机架组成的间歇运动机构。当拨盘匀速转动时，通过拨销驱动槽轮时转时停地单向间歇运动。当拨盘上圆销 A 未进入槽轮径向槽时，由于槽轮的内凹锁止弧 S_2 被拨盘的外凸圆弧 S_1 卡住，故槽轮静止不转动。图示位置是圆销 A 刚开始进入槽轮径向槽时的情况，这时锁止弧已有一半脱离锁止位置，此时处于非锁紧状态，因此槽轮受圆销 A 的驱动开始沿顺时针方向转动；当圆销 A 离开径向槽时，槽轮的下一个内凹锁止槽又被拨盘的外锁止槽卡住，致使槽轮静止，直到圆销 A 再进入槽轮另一径向槽时，两者又重复上述的运动循环，从而将拨盘的连续转动转变为槽轮的间歇运动，即拨盘旋转一周，槽轮转过一个槽口，完成一次间歇运动。

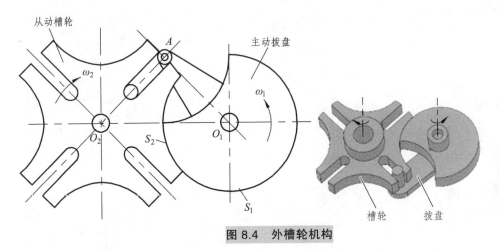

图 8.4　外槽轮机构

等径均布
槽轮机构

2. 槽轮机构的类型

槽轮机构按不同方式分为：① 平面槽轮、空间槽轮；② 外槽轮、内槽轮；③ 单销槽轮、多销槽轮；④ 圆销均匀分布槽轮、圆销非均匀分布槽轮；⑤ 等臂多销槽轮、不等臂多销槽轮；⑥ 转动槽轮、移动槽轮；⑦ 等径槽轮、不等径槽轮；⑧ 等速槽轮、不等速槽轮机构等类型。

移动槽轮

槽轮机构基本形式是**外槽轮机构**和**内槽轮机构**。外槽轮机构如图 8.4 所示，槽轮上径向槽的开口向外，主动件拨盘与槽轮的转向相反。内槽轮机构如图 8.5 所示，槽轮上径向槽的开口朝向圆心，主动件拨盘与槽轮的转向相同。内槽轮机构传动较平稳、停歇时间短、所占空间少。其他槽轮机构如表 8.5 所示。

不等径均布
槽轮机构

不等速槽轮机构

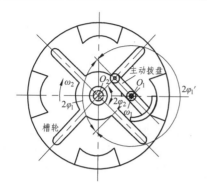
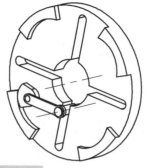

内槽轮机构

图 8.5 内槽轮机构

表 8.5 其他槽轮机构的类型

类 型		图 例	特 点
平面槽轮机构（传递平行轴的间歇运动）	圆销非均匀分布的槽轮机构	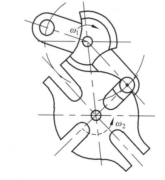 等径非均布槽轮机构	拨盘上的两个圆销在圆周上不是均匀分布，使得槽轮机构停歇的时间间隔不相等
	不等臂多销槽轮机构	 不等径不均布槽轮机构	拨盘上的圆销在圆周上不均匀分布，回转半径也不相等。主动构件拨盘旋转一周时，槽轮不但停歇的时间间隔不相等，而且槽轮每次运动的时间也不相等
空间槽轮机构（传递两垂直相交轴的间歇运动）	球面槽轮	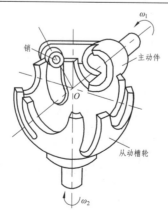 空间槽轮机构	球面槽轮机构中的从动槽轮呈半球形，主动件的轴线与销的轴线都通过球心 O。当主动件连续转动时，从动槽轮可间歇转动。空间槽轮机构一般只有一个圆销。无论槽轮的槽数多少，其运动时间和停歇时间都是相等的

8.2.2 槽轮机构的主要参数和运动分析

槽轮机构的主要参数是槽数 z 和拨盘圆销数 K。

如图 8.6 所示的单销外槽轮机构中，为避免圆销 A 与槽轮发生刚性冲击，使槽轮启动和停歇时的瞬时角速度为零，圆销进入或脱出径向槽的瞬时，径向槽的中心线应切于圆柱销中心的运动圆周，即 O_2A 应与 O_1A 垂直。当槽轮转过 $2\varphi_2$ 角度时，拨盘相应转过的转角为

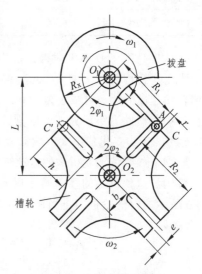

图 8.6 外啮合槽轮机构

$$2\varphi_1 = \pi - 2\varphi_2 = \pi - \frac{2\pi}{z} \qquad (8.4)$$

式中，$2\varphi_1$ 为运动角，槽轮完成一次转位时拨盘的转角；$2\varphi_2$ 为分度角，槽轮上相邻两轮槽之间的夹角，$2\varphi_2 = 2\pi/z$；z 为均匀分布的径向槽数。

在一个运动循环内，槽轮的运动时间 t' 与主动拨盘转一周的总时间 t 之比，称为槽轮机构的运动特性系数，用 τ 表示。当拨盘匀速转动时，时间之比可用槽轮与拨盘相应的转角之比来表示。如图 8.6 所示，只有一个圆销的槽轮机构，t'、t 分别对应于拨盘的转角为 $2\varphi_1$、2π。因此，该槽轮机构的运动特性系数 τ 为

$$\tau = \frac{t'}{t} = \frac{2\varphi_1}{2\pi} = \frac{\pi - 2\pi/z}{2\pi} = \frac{z-2}{2z} = \frac{1}{2} - \frac{1}{z} \qquad (8.5)$$

由式（8.5）可知：

（1）为保证槽轮运动，应有 $\tau > 0$，槽轮的径向槽数 $z \geqslant 3$，一般 z 取 4～8。

（2）这种单拨销槽轮机构的运动系数 τ 恒小于 0.5，即**槽轮运动时间总小于静止时间**。

（3）如要求槽轮每次转动的时间大于停歇的时间，即槽轮机构的运动系数 τ 大于 0.5，可在拨盘上安装多个圆销。设拨盘上均匀分布的圆销数为 K，当拨盘转一整周时，槽轮将被拨动 K 次。因此，槽轮的运动时间为单圆销时的 K 倍，即

$$\tau = \frac{K(z-2)}{2z} \qquad (8.6)$$

$\tau = 1$，表示槽轮与拨盘一样作连续转动，不能实现间歇运动，所以运动系数 τ 小于 1，故由上式得

$$K < \frac{2z}{z-2} \qquad (8.7)$$

由此得出槽轮径向槽数 z 与圆销数 K 之间的关系如表 8.6 所示，供选用。

表 8.6   槽数 z 与圆销数 K 之间的关系

槽轮槽数 z	3	4	5	≥6～9	>9
圆销数 K	1～5	1～3	1～3	1～2	不常用
运动系数 τ	1/6～5/6	1/4～3/4	3/10～9/10	1/3～7/9	

从提高生产效率角度看，希望槽数 z 小些为好，此时 τ 也相应减小，槽轮静止时间（一般为工作行程时间）增大，可提高生产效率；从动力特性考虑，槽数 z 适当增大较好，此时槽轮角速度减小，可减小振动和冲击，有利于机构正常工作。槽数过多，槽轮机构尺寸较大，且转动时惯性力矩增大，所以槽数 $z>9$ 的槽轮机构比较少见；且 $z>9$ 时，槽数虽增加，运动特性系数 τ 的变化却不大，故常取 z 为 4～8。

（4）如要使槽轮机构的运动时间与静止时间相等，即 $\tau=0.5$，则可得 $K=2$、$z=4$ 的外槽轮机构。这种机构的径向槽和圆销均匀分布，并且两圆销到回转轴心的距离也相等。对于图 8.6 所示的内槽轮机构，当槽轮运动时，主动拨盘的圆销完成一次转动所对应的转角 $2\varphi'_1$ 为

$$2\varphi'_1 = 2\pi - 2\varphi_1 = 2\pi - (\pi - 2\varphi_2) = \pi + 2\varphi_2 = \pi + \frac{2\pi}{z}$$

所以内槽轮机构的运动特性系数 τ 为

$$\tau = \frac{t'}{t} = \frac{2\varphi'_1}{2\pi} = \frac{z+2}{2z} = \frac{1}{2} + \frac{1}{z} \tag{8.8}$$

由式（8.8）可知，内槽轮机构的运动特性系数 τ 总大于 0.5，为了保证槽轮有停歇时间，要求 $\tau<1$，所以**内槽轮槽数** $z\geqslant 3$。

内槽轮机构槽数与销数的关系同理可推出为

$$K < \frac{2z}{z+2} \tag{8.9}$$

当槽数 $z>2$ 时，K 总小于 2，所以内槽轮机构只可以有一个圆销（$K=1$）。

8.2.3 外啮合槽轮机构几何尺寸计算

设计槽轮机构，先根据工件要求确定槽轮的槽数 z 和圆销数 K，再按照受力情况和实际机器所允许的空间安装尺寸，确定中心距 L 和圆销半径 r。按图 8.6 所示的几何关系，根据表 8.7 所列公式计算外槽轮机构的几何尺寸。

表 8.7   外槽轮机构的几何尺寸计算

名称	符号	计算公式	备注
圆销回转半径	R_1	$R_1 = L\sin\varphi_2 = L\sin(\pi/z)$	L 为中心距
圆销半径	r	$r \approx 1/6 R_1$	
槽轮回转半径	R_2	$R_2 = L\cos\varphi_2 = L\cos(\pi/z)$	
槽底高	h	$h \geqslant R_2 - b$	

名称	符号	计算公式	备注				
径向槽深度	b	$b = L - (R_1 + r)$	或 $b = L - (R_1 + r) - (3 \sim 5)$				
拨盘轴直径	d_1	$d_1 < 2 (L - R_2)$					
槽轮轴直径	d_2	$d_2 < 2 (L - R_2 - r)$					
拨盘锁止弧张角	γ	$\gamma = 2\pi/K - 2\varphi_1 = 2\pi (1/K + 1/z - 1/2)$					
锁止弧半径	R_x	$R_x = K_x (2R_2)$ 或 $R_x = R_x - r - e$	z	3	4	5	6	8
			K_x	0.7	0.35	0.24	0.17	0.10
齿顶一侧壁厚	e	$e = (0.6 \sim 0.8) r$，但 $e \geqslant 3$ mm					

8.2.4 槽轮机构的特点及应用

槽轮机构的**优点**是结构简单、工作可靠、机械效率高、分度准确、运动平稳；**缺点**是圆柱销突然进入和脱离径向槽，使槽轮在运转中有较大的动载荷，存在柔性冲击，其冲击大小随槽数的增加而减少，故只能用于**定转角的速度较低的自动机械、轻工机械和仪器仪表的间歇运动机构中，不适用于高速场合**。此外对一个已定的槽轮机构，其转角是不能调节的。图8.7 为槽轮机构用于电影放映机的间歇卷片机构。图 8.8 为单轴六角自动车床砖塔刀架的转位机构。与从动槽轮固连的砖塔刀架可装六种刀具，所以从动槽轮上开有 6 个径向槽，拨盘每转一周，从动槽轮转过 60°，使下一工序的刀具转到工作位置上。

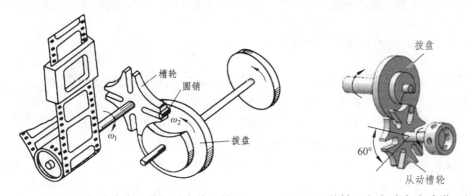

图 8.7 电影放映机的间歇卷片机构图   图 8.8 单轴六角自动车床砖塔刀架的转位机构

8.3 不完全齿轮机构

8.3.1 不完全齿轮机构的工作原理、类型

不完全齿轮机构是由普通渐开线齿轮机构演化而成的间歇运动机构，如图 8.9 所示。这种机构的主动轮只有一个或几个齿，从动轮由若干个与主动轮相啮合的正常齿以及带锁止弧 S_2 的厚齿彼此相间地组成。轮齿啮合时从动轮就转动；当无轮齿啮合时，从动轮停止不动。

因而当主动轮连续转动时，从动轮获得时转时停的间歇运动。图 8.9（a）、（b）所示不完全齿轮机构，主动轮齿数 Z_1，从动轮齿数 Z_2，当主动轮连续转过 1 周时，从动轮被驱动 $2\pi z_1/z_2$ 角度，图 8.9（a）、（b）从动轮分别间歇地转过 1/8 和 1/4 周。从动轮停歇时，主、从动轮上的锁止弧 S_1、S_2 互相配合锁住，保证了从动轮停歇位置的准确和可靠。

不完全齿轮机构有**外啮合**（见图 8.9）和**内啮合**（见图 8.10）两种形式。外啮合的不完全齿轮机构两轮转向相反；内啮合的不完全齿轮机构两轮转向相同。当从动轮的直径为无穷大时，变为不完全齿轮齿条，这时从动轮的转动变为齿条的移动。

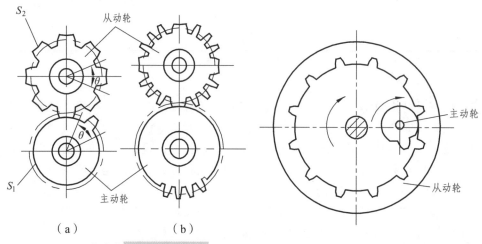

（a）　　　　　　　　（b）

图 8.9　外啮合不完全齿轮机构　　　　图 8.10　内啮合不完全齿轮机构

不完全齿轮机构

8.3.2　不完全齿轮机构的运动特点和应用

完全齿轮机构与其他间歇机构相比，其**优点是结构简单、容易制造、设计灵活，容易实现在一个周期内的多次动停时间不等的间歇运动**。主动轮和从动轮的分度圆直径、锁止弧的段数、锁止弧之间的齿数均可在较大范围内选取，故当主动轮等速转动一周时，从动轮停歇的次数、每次停歇的时间及每次转动的转角的变化范围要比槽轮机构和棘轮机构大得多，即从动轮的运动时间和静止时间的比例不受机构结构的限制，因而设计灵活。

不完全齿轮机构

不完全齿轮机构的**缺点是加工较复杂；从动轮在进入和退出啮合时，角速度有突变，引起刚性冲击**。因此一般只用于低速、轻载的场合，如在多工位自动机床和半自动机床中用于工作台的间歇转位机构，以及要求具有间歇运动的进给机构、计数机构等。

为了改善从动轮的动力特性，可在两轮上加装瞬心线附加板，如图 8.11 所示。附加板的作用是首轮进入啮合前，附加板先接触，这样从动轮的速度从零逐渐增到 ω_2，此时两轮在啮合线上啮合，随后首齿和其他齿相继在啮合线上啮合；当末齿退出啮合时，借助另一个附加板（图中未画出），从动轮速度从 ω_2 逐渐降为零，避免冲击。

图 8.12 是一个六位计数器，轮 1 位输入轮，它的左端只有 2 个齿，中间轮 2 和轮 4 上午右端有 20 个齿，左端也只有 2 个齿（轮 4 左端无齿），格轮之间通过过轮 3 联系。

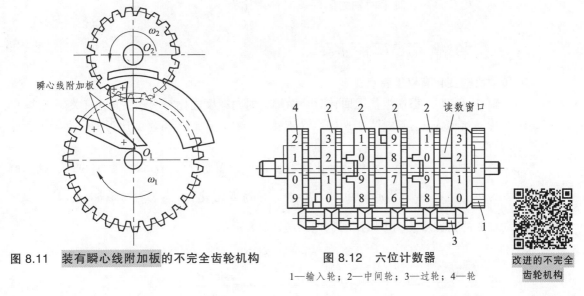

图 8.11　装有瞬心线附加板的不完全齿轮机构

图 8.12　六位计数器

1—输入轮；2—中间轮；3—过轮；4—轮

当轮 1 转一圈时，相邻左侧轮 2 转过 1/10 圈，依此类推，从右到左读数窗口的读数分别代表个、十、百、千、万和十万。

8.4　万向联轴节（万向铰链机构）

万向联轴节主要用于传递两相交轴间的动力和运动，在传动过程中两轴之间的夹角可以变动，它广泛应用于汽车、机床、冶金机械等传动中。

8.4.1　单万向联轴节

如图 8.13 所示为单万向联轴节的结构简图。主动轴 1 和从动轴 3 端部开叉，两叉与十字头组成转动副 B、C。轴 1 和轴 3 与机架组成转动副 A、D。转动副 A 和 B、B 和 C、C 和 D 的轴线分别相互垂直，并均相交于十字头的中心点 O，输入轴 1 和输出轴 3 所夹锐角为 β。单万向联轴节是一种特殊的球面四杆机构。当主动轴 1 回转一周时，从动轴 3 随之转一周，但两轴的瞬时传动比不为常数，会随转动的位置不同而变动。

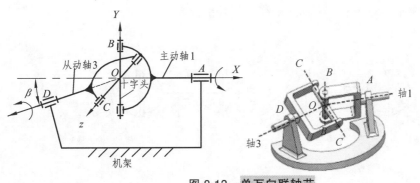

图 8.13　单万向联轴节

可以推导出单万向联轴节两轴之间的瞬时传动比为

$$i_{31} = \frac{\omega_3}{\omega_1} = \frac{\cos\beta}{1 - \sin^2\beta\cos^2\varphi_1} \tag{8.10}$$

其传动比的变化有以下特点：

（1）轴 1 和轴 3 都在做整周回转时，两轴瞬时角速度之比与两轴夹角 β 有关。当 $\beta = 0°$ 时，瞬时传动比恒为 1，这相当于两轴刚性连接；当 $\beta = 90°$ 时，角速度比为零，即两轴不能传递运动。

（2）若两轴夹角 β 不变，则角速度比随着 φ_1 的变化而变化。当 $\varphi_1 = 0°$ 或 180°时，角速度比最大，为 $\omega_{3\max} = \dfrac{\omega_1}{\cos\beta}$；当 $\varphi_1 = 90°$ 或 270°时，角速度比最小，为 $\omega_{3\min} = \omega_1\cos\beta$。

从动轴 3 的角速度波动可以用不均匀系数 δ 来表示：

$$\delta = \frac{\omega_{3\max} - \omega_{3\min}}{\omega_{3\mathrm{m}}} = \frac{\omega_1\left(\dfrac{1}{\cos\beta} - \cos\beta\right)}{\omega_1} = \frac{\sin^2\beta}{\cos\beta} \tag{8.11}$$

式中，$\omega_{3\mathrm{m}}$ 为轴 3 的平均角速度。两轴的平均角速度比为 1，所以 $\omega_{3\mathrm{m}} = \omega_1$。在实际使用过程中，$\beta$ 一般不超过 35°~45°。

8.4.2 双万向联轴节

单万向联轴节从动轴 3 的角速度 ω_3 做周期性的变化，引起传动系统产生附加动载荷，使轴系产生振动。为消除这一缺点，可采用双万向联轴节，如图 8.14 所示。

双万向联轴节用一个中间轴 2 和两个单万向联轴节将输入轴 1 和输出轴 3 连接起来。中间轴 2 分两部分采用滑键连接，以允许两轴的轴向距离有所变动。双万向联轴节所连接的输入、输出两轴，既可为相交轴，也可为平行轴。

为保证传动中主、从动轴的角速度相等，即角速比恒等于 1，通常要满足下列 3 个条件：

（1）轴 1、轴 3 和中间轴 2 应位于同一平面内。

（2）主动轴与中间轴的夹角必须等于从动轴与中间轴的夹角，即 $\beta_1 = \beta_3$，连接形式有两种，分别如图 8.14（a）、（b）所示。

（3）中间轴两端相连的两个十字轴的轴线要相互平行。

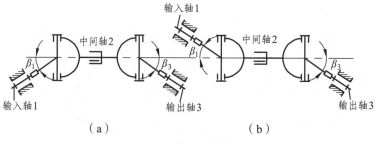

（a）   （b）

图 8.14 双万向联轴节

　　单万向联轴节的特点是当两轴夹角变化时仍可继续工作，但影响其瞬时角速比的大小。

　　双万向联轴节能连接两轴交角较大的相交轴[见图 8.14（a）]或径向偏距较大的平行轴[见图 8.14（b）]的传动。它的特点是：**在运动时轴交角或偏距可以不断地改变，并能保证等角速比，其径向尺寸小**，故在机械中得到广泛应用。

　　图 8.15 是双万向联轴节在汽车后桥驱动系统中的应用。为了减小运动过程中汽车的振动，后桥与车体之间通过减振弹簧连接。当汽车行驶时，道路不平会引起变速箱的输出轴和后桥的输入轴之间的相对位置不断发生变化，所以在变速箱与后桥传动装置之间采用双万向联轴节连接以适应这种位置的变化，同时又能保证动力的正常传递。

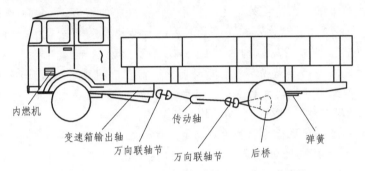

内燃机　　变速箱输出轴　　万向联轴节　　传动轴　　万向联轴节　　后桥　　弹簧

图 8.15　汽车后桥驱动系统中的双万向联轴节

　　随着自动化生产程度的提高，间歇运动机构、组合机构等应用日趋广泛。本章只对最常用的棘轮机构、槽轮机构、万向联轴节及不完全齿轮机构做了介绍，此外还有多种形式的运动机构满足生产上的各种要求，限于篇幅，本章未予以介绍。

　　✍【**本章小结**】

1. 棘轮机构是一种可调的间歇运动机构，存在刚性冲击和噪声。
2. 槽轮机构的槽数 z 取值通常在 4～8 之间，存在柔性冲击，用于定转角的间歇运动机构中。
3. 不完全齿轮机构有刚性冲击，运动和静止时间的比例不受限制。
4. 万向联轴节分单万向联轴节和双万向联轴节，传递夹角可变的运动和动力。

思　考　题

8-1　棘轮机构的工作原理是什么？棘轮转角的大小如何调节？

8-2　棘轮机构如何保证棘爪与棘轮轮齿接触处的作用力通过棘爪销轴中心？

8-3　槽轮机构有什么特点？何谓运动特性系数 τ？为什么 τ 必须大于 0 而小于 1？

8-4　槽轮机构的槽数 z 和圆销数 K 应当满足什么关系？

8-5　试将槽轮处于运动状态的槽轮机构高副低代，并指出它属于哪一类的四杆机构？

8-6　如何减小不完全齿轮机构在啮合开始和终止时产生的冲击？从动轮停歇期间，如何防止其运动？

8-7　若万向联轴节连接既不平行也不相交的两轴转动，而且要使主、从动轴角速度相等，需要满足什么条件？

练习题

8-1 已知一外啮合轮齿式棘轮机构，棘轮模数 $m = 5$ mm，齿数 $z = 12$，试确定机构的几何尺寸。

8-2 在牛头刨床的横向进给机构中，已知工作台的横向进给量 $s = 0.1$ mm，进给螺杆的导程 $l = 3$ mm，棘轮模数 $m = 6$ mm，棘爪与棘轮之间的摩擦系数 $f = 0.15$。试求：（1）棘轮齿面倾角 θ；（2）棘轮的齿数 z；（3）棘轮的尺寸 d_a、d_f、p；（4）确定棘爪的长度 L。

8-3 六角自动车床的六角头外槽轮机构中，已知槽轮的槽数 $z = 6$，一个运动循环中，静止时间是运动时间的 2 倍，试求：（1）槽轮机构的运动特性系数 τ；（2）所需的 圆销数 K。

8-4 某自动机上的外槽轮机构的槽数 $z = 6$，圆销数 $K = 2$。若主动拨盘的转速 $n_1 = 40$ r/min，试求槽轮在一个运动循环中，运动时间和静止时间及运动系数 τ 的大小。

8-5 欲将一粗绳张紧在两立柱之间，用手作为动力。要求手松开后，张紧的绳子不会自行松脱。试问可采用何种机构？画出其机构的示意图。

8-6 在转动轴线互相平行的两构件中，主动件做往复摆动，从动件做单向间歇转动。若要求主动件每往复一次，从动件转 1/4 周。试问：（1）实现上述运动可采用什么机构；（2）试画出其机构示意图；（3）简单说明设计该机构应注意哪些问题。

8-7 某自动机上装有一个单销六槽的外槽轮机构。已知槽轮停歇时进行工艺动作，其所需时间为 30 s。试确定主动拨盘的转速。

8-8 某加工自动线上有一工作台要求有 5 个转动工位，为了完成加工任务，要求每个工位停歇的时间为 12 s。如选择单销外槽轮机构来实现工作台的转位，试求：（1）槽轮机构的运动特性系数 τ；（2）拨盘的转速 n；（3）槽轮的运动时间。

8-9 在单万向联轴节中，轴 1 以 1 500 r/min 等角速度转动，轴 3 变速转动，其最高转速为 1 732 r/min。试求：（1）轴 3 的最低转速；（2）在轴 1 的一转中，φ_1 为何值时两轴转速相等；（3）轴 3 的速度波动不均匀系数；（4）轴 3 处于最高转速与最低转速时，轴 1 的叉面处于什么位置。

8-10 设单万向联轴节的主动轴 1 以等角速度 157.081 rad/s 转动，从动轴 2 的最大瞬时角速度为 181.281 rad/s。求轴 2 的最小角速度 ω_{min} 及两轴的夹角 β。

第 9 章　平面机构受力分析及平衡

☞【本章要点】

1. 运动中构件的惯性力和惯性力矩的分析及计算。
2. 运动中运动副中摩擦的分析及总反力计算和图解。
3. 考虑摩擦时机构的力分析。
4. 动态静力分析方法介绍。
5. 转子的动静平衡及动静平衡的关系。
6. 机构对机架的平衡。

　　机构力分析就是在机构的构件尺寸及运动副连接关系已知，机构的运动及部分外力也已知的前提下，求出机构各构件的受力，为构件进一步的强度等设计提供依据。机器的平衡就是通过合理的构件质量分布设计，使得高速运动机器的惯性力相互抵消，以减少机器运动时的振动。本章的学习重点是考虑运动副摩擦但不考虑惯性力的**机构准静力分析**和**刚性转子的平衡**两个问题。

9.1　概　述

9.1.1　机构力分析问题的分类

　　机构上的受力可以分为**内力和外力**。内力主要是机构各**运动副的约束力**；外力是机构之外的其他物体对机构组成构件所**施加的力**。在机构外力中，与运动速度方向一致（或夹角 0°～90°）的外力是**驱动力**，能使机器运动加速；与运动速度方向相反（或夹角 90°～180°）的外力是**阻力**，能使运动减速。阻力又可分工作阻力和有害阻力两种，**工作阻力**是实现机器功能所需要克服的阻力，如切削机床的切削力等；**有害阻力**则是与机器功能无关，但要完成机器功能又无法避免的阻力。考虑摩擦的运动副约束力总能分解为正压力和摩擦力，机器运转时正压力不做功，摩擦力总是做负功。对于机器的运动来说摩擦力一般是有害的，但对于利用摩擦现象实现功能的机器则例外。

　　根据受力分析中需要求解的未知参数不同，**机构力分析可以分为两类问题：**

　　（1）机构运动和一部分外力已知，求解另一部分未知的机构外力和各运动副的约束力。最典型的情况是知道工作阻力，求主动构件所需的驱动力和各运动副的约束力。

（2）机构的全部外力已知，求机构的运动和各运动副的约束力。此类问题也称为机器的真实运动求解，将在下一章中用能量分析方法进行分析。

受力分析的完整结果能告诉我们**各个构件任意时刻受到所有力的大小、方向和作用点**。

当机器的运动速度较低，忽略构件惯性力的问题称为机构的**准静力分析**。本章中准静力分析主要采用静力学平衡分析方法。机器的运动速度较高时，必须考虑构件的惯性力，此类问题为机构的**动力分析**问题。本章中动力分析主要采用达朗倍尔原理进行分析。

如果机器的运动速度很高，惯性力的影响更大，往往引起机器的强烈振动，此时需要进行**机构的平衡**。所谓平衡就是让机构的惯性力尽可能地相互抵消，以消除引起机器振动的振源。本章中平衡问题主要采用**质量等效法**。

本章的**学习重点是考虑运动副摩擦的机构准静力分析和刚性转子的平衡两个问题。**

9.1.2 平面机构动力分析的求解步骤和定解条件

本章平面机构动力分析主要采用达朗倍尔原理（也称**动态静力法**），分析一般应当遵照以下步骤：

（1）先对机构进行运动分析，确定机构在指定位置处各构件质心的加速度和构件转动的角加速度。

（2）求出各质心的惯性力和惯性力偶矩，并将它们分别加在相应的构件上。对于忽略惯性力的准静力分析则无须步骤（1）、（2）。

（3）将各构件的驱动力或阻力施加到所作用的构件上。

（4）将各构件所受的运动副约束力施加到所作用的构件上。

（5）对各构件列出平衡方程，或用图解法求出未知的力的数值。人工求解时，一般求解顺序是从外力已知的构件开始求解，按照传动的顺序依次进行。

现在讨论平面机构力分析的定解问题，也就是在机构力分析中，未知数的数目与独立的平衡方程数目是否相等。假定某平面机构有 n 个运动构件，运动副有 p_L 个低副和 p_H 个高副，则机构的自由度 $F = 3n - 2p_L - p_H$。

对于上述第一类分析问题，平面机构的运动已知，则全部惯性力已知，阻力也已知。未知参数和平衡方程的数目为：

（1）未知的驱动力的数目与主动构件的数目相等，也就等于自由度的数目 F。

（2）平面移动副约束力的方向已知，而大小和作用点未知；平面转动副约束力的作用点已知，而大小和方向未知，p_L 个低副共有 $2p_L$ 个未知参数。

（3）平面高副约束力的方向和作用点已知，而大小未知，p_H 个高副共有 p_H 个未知参数。

（4）每一个运动构件受力均假定为平面力系，能列三个平衡方程，共有 $3n$ 个平衡方程。

由自由度计算公式可见，第一类分析问题平衡方程数目和未知参数数目相等，满足定解条件，应当有确定的解答。对于第二类分析问题，与自由度数目对应的未知参数是主动构件的加速度参数，求出加速度后通过积分可以求出速度参数和位移参数，也符合定解条件。

考虑运动副摩擦时，摩擦系数应当是已知的。此时，每个运动副增加一个未知的摩擦力，但同时，每个运动副又增加了一个摩擦方程。故考虑运动副摩擦的力分析问题仍然满足定解条件，有确定的解答。

9.2　考虑运动副摩擦的平面机构准静力分析

本节的力分析问题中，忽略各构件的惯性力，但要考虑运动副滑动摩擦的影响，滚动摩擦一般都很小，一般被忽略。首先介绍运动副中的摩擦问题的处理方法，然后通过具体分析举例学习考虑运动副摩擦的平面机构准静力分析方法。

9.2.1　平面运动副中的摩擦

平面机构中的**运动副有移动副、转动副和平面高副**三种。平面高副的摩擦问题和移动副相似，故这里仅重点分析**移动副和转动副中的摩擦问题**。此外，鉴于机构一般都处于运动状态，一般总认为运动副的相对运动速度的方向已知。

1. 移动副中的摩擦力

实际机器中的移动副有平面和楔形（如常见的 V 形导轨等）两种具体形式，现分述如下。

（1）平面移动副中的摩擦力。

图 9.1 表示平滑块 A 与平面 B 组成的平面移动副，其摩擦系数为 f，相对运动速度 v_{AB}。

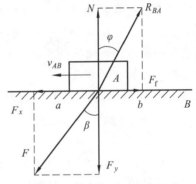

图 9.1　移动副中的摩擦分析

移动副的摩擦

滑块 A 在总外力 F 的作用下，在运动副的法线方向将产生正压力 N；同时，由于相对运动将在与 v_{AB} 相反的方向产生摩擦力 F_f。由库仑滑动摩擦基本定律可知

$$F_f / N = f \tag{9.1}$$

从另一方面看，**摩擦力 F_f 和正压力 N，可以合成为一个全反力 R_{BA}**，其方向与移动副接触面法线方向的夹角称为**摩擦角**，用 φ 表示，它们之间的关系为

$$\begin{cases} R_{BA} = \sqrt{N^2 + F_f^2} \\ \tan\varphi = f \end{cases} \text{或} \begin{cases} F_f = R_{BA}\sin\varphi \\ N = R_{BA}\cos\varphi \end{cases} \tag{9.2}$$

基于以上分析，当进行有摩擦问题的机构力分析时，移动副中的约束力有两种表示方法：

① 将约束力表示成正压力和摩擦力，两个力的方向都是确定的，大小和作用点都是待求的，同时，还要在求解方程中增添摩擦方程式（9.1）。

② 将约束力表示成全反力，处于运动状态时，全反力的方向是确定的，大小和作用点都是待求的，无须再增添摩擦方程。

第一种表示方法适合于计算机自动求解，第二种表示方法适合于人工求解。推荐大家练习中多用第二种表示方法，该表示法需要求解的参数比较少。练习中还必须注意，摩擦力的方向和摩擦角的偏向都应按照阻碍构件相对运动方向来确定；如果还需要移动副约束力在接触面上的作用点，一般可以用三力汇交定理或者力矩平衡方程来确定。

如果总外力的方向 F 与移动副接触面法线方向的夹角为 β，将达朗倍尔原理应用于图中

滑块进行分析得到

$$\sum F_n = 0, \ R_{BA}\cos\varphi - F\cos\beta = 0 \\ \sum F_\tau = 0, \ R_{BA}\sin\varphi - F\sin\beta + ma = 0$$

(9.3)

也就是运动副中的正压力与外力的法向分力大小相等，外力的切向分力 F_τ 与摩擦力 F_f 之差与惯性力相等。定性关系为：

① 当 $\beta < \varphi$ 时，$F_\tau < F_f$，运动中的滑块 A 将减速运动；若滑块 A 原来不动，则 $F_\tau = F_f$，无论外力 F 的大小如何，滑块 A 都不能运动。这种不管驱动力多大，**由于摩擦力的作用而使机构不能运动的现象称为自锁。**

② 当 $\beta = \varphi$ 时，$F_\tau = F_f$，即外力 F 的作用线与总反力 R_{AB} 的作用线重合。若滑块 A 已经处于运动状态，则加速度为 0；若滑块 A 原来不动，则 A 保持不动，是自锁的临界状态。

③ 当 $\varphi < \beta$ 时，$F_f < F_\tau$，此滑块 A 作加速运动。

平面高副中的摩擦计算和移动副是基本相同的，所不同的是高副约束力的作用点就是高副的接触点，是已知的。

在以上的讨论中，外力 F 的作用线通过接触表面范围之内，这时滑块 A 与平面 B 之间仅有一面受力。但对图 9.2 所示的情况，外力 F 的作用线位于接触表面范围的外边，滑块 A 除了移动之外，还要发生倾转，这时移动副的上下两面都将发生约束力，反力的大小和位置不仅随接触表面和外力的性质以及构件的尺寸而异，而且与接触处的压力分布规律有关。如果材料很硬，则可近似地认为该反力是集中在接触范围的边界点。在图 9.2（a）所示的一般情形中，外力 F 与移动轴线成一任意角 θ，滚子直动从动件凸轮机构的从动件便属于这种情形。在图 9.2（b）所示的特殊情形中，外力 F 平行于移动轴线，平底直动从动件凸轮机构的从动件和摇臂钻床的摇劈便属于这种情形。

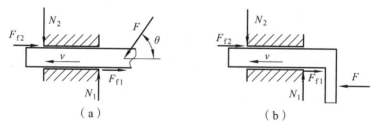

（a）　　　　　　　　　　　　（b）

图 9.2　外力作用线处于接触面之外

（2）楔形面移动副中的摩擦力。

如图 9.3（a）所示，楔形滑块 A 被载荷 Q 压在夹角为 2θ 的楔形槽 B 中，已知与 A、B 同材料的平面摩擦的摩擦系数为 f。如果沿楔形槽轴线 z 的方向加一驱动力 F 后，楔形滑块以等速在楔形槽中滑动，这时滑块的两个接触面各有一正压力 N 和一个摩擦力 F_f。以滑块为示力体，根据其平衡条件得

$$\sum F_x = 0, \ N_1\cos\theta - N_2\cos\theta = 0 \\ \sum F_y = 0, \ N_1\sin\theta + N_2\sin\theta - Q = 0 \\ \sum F_z = 0, \ N_1 f + N_2 f - F = 0$$

(9.4)

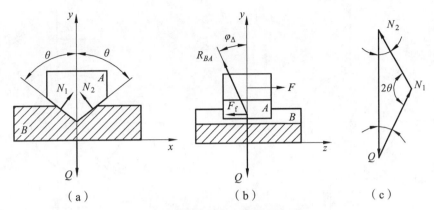

图 9.3　楔面移动副中的摩擦分析

式（9.4）中消去正压力可求得摩擦力 F_f 与外力 Q 的关系为

$$F = 2F_f = Q\frac{f}{\sin\theta} = Qf_\Delta \ 即 \ f_\Delta = \frac{f}{\sin\theta} \tag{9.5}$$

式中，f_Δ 称为楔形滑块的**当量摩擦系数**，其值恒大于 f，即楔形滑块的摩擦总大于平滑块的摩擦，因此**楔形结构适用于需要增加摩擦力的摩擦传动**（如 V 带传动和楔形轮缘的摩擦轮传动）和普通螺纹。又因为楔形槽有承受侧向推力的作用，所以也应用于机床的导轨上。

与平滑块相同，可以定义楔形槽当量摩擦角 φ_Δ，满足 $\tan\varphi_\Delta = f_\Delta$。**楔形槽作用于楔形滑块的总反力 R_{BA} 应与移动方向偏 90° + φ_Δ。**

2. 转动副中的摩擦力

在实际机构中的转动副都由轴承实现。载荷与轴线垂直的轴承称为径向轴颈，如图 9.4（a）所示；载荷作用线与轴线重合的轴承称为止推轴颈，如图 9.4（b）所示。两种轴承的受力及摩擦分析方法完全不同，下面分别讨论其摩擦力。

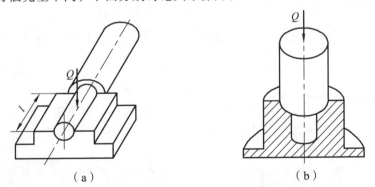

图 9.4　转动副的两种基本形式

（1）径向轴承中的摩擦分析。

如图 9.5（a）所示，设半径为 r 的轴颈在径向载荷 Q、驱动力偶矩 M 作用下逐渐开始运动，最初轴承与轴颈的接触点在轴下方，开始运动后轴颈与轴承首先是纯滚动，当接触点滚动到 A 点时，接触点的摩擦力达到最大，此后轴颈与轴承做相对滑动。

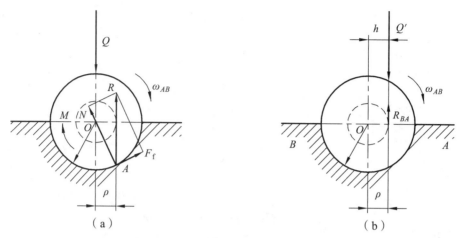

图 9.5   径向载荷的转动副摩擦分析

此时，接触点的正压力为 N，摩擦力 F_f 达到最大，符合 $F_f = Nf$。正压力和摩擦力合成运动副的全反力 R，其方向与正压力的夹角为摩擦角 φ，且总与外力 Q 方向相反；全反力的大小也与 Q 相等；全反力的作用线到转动副中心的距离为 ρ，只要运动副在运动，ρ 就总保持为常数。过圆心以 ρ 为半径的圆称为**摩擦圆，运动中的转动副约束力总与摩擦圆相切**。由图 9.5（a）可以得许多重要转动副的摩擦性质，摩擦圆半径 ρ 和摩擦阻力矩 M_f 为

$$\left.\begin{aligned} \rho = r\sin\varphi = rf / \sqrt{1 + f^2} \\ M_f = R\rho = F_f r \end{aligned}\right\} \tag{9.6}$$

由图 9.5（a）还可以看出全反力、正压力、摩擦力、摩擦系数之间的关系为

$$\left.\begin{aligned} N = R\cos\varphi = R / \sqrt{1 + f^2} \\ F_f = R\sin\varphi = Rf / \sqrt{1 + f^2} \end{aligned}\right\} \text{ 或者 } R = \sqrt{N^2 + F_f^2} = Nf / \sqrt{1 + f^2} \tag{9.7}$$

工程上将上述各式中频繁出现的 $f / \sqrt{1 + f^2}$ 称为**转动副的当量摩擦系数**，用 f_0 表示。实际上它与轴颈和轴承的材料、工作状态和它们接触面间的压力分布规律等都有关系，其值最好在一定条件下用试验方法测得。

综上所述，**摩擦圆半径 ρ 是有摩擦转动副的重要参数，其值决定于当量摩擦系数和轴颈半径，运动中的转动副全反力一定与摩擦圆相切**。实际受力分析时，转动副约束力一般有两种处理方法：

① 根据全反力与摩擦圆相切的原理，在受力图中画出全反力的方向和作用点。

② 将全反力的作用点定在转动副的中心，用两个方向已知、大小未知的力表示大小方向都未知的全反力，还要画出摩擦力矩，并在方程中补充摩擦方程 $M_f = \rho R$。

方法①求解方程中待求的未知参数少，适合采用人工分析处理比较简单的问题。方法②适合计算机处理复杂的机构受力分析问题。应当注意，不论哪一种方法都应当保证摩擦是阻碍运动副发生相对运动，人工求解时要认真判断全反力与摩擦圆如何相切，计算机求解时一般是按照摩擦阻力矩做负功确定摩擦阻力矩的方向。

根据力的平移等效定律，可将驱动力偶矩 M 与载荷 Q 合并成一合力 Q'，其大小仍为 Q，作用线偏移距离为 $h = M/Q$，如图 9.5（b）所示。将达朗倍尔原理应用于此时的动力分析可得到运动方程：

$$\sum M_\text{o} = 0 \;;\quad Q(\rho - h) + J\varepsilon = 0 \tag{9.8}$$

上式中 J 构件是转动惯量，ε 是构件的转动角加速度。基本结论是：

① 当 $h < \rho$ 时，Q' 与摩擦圆相割，$M < M_\text{f}$。因此，若轴颈原来就在转动，则轴颈将做减速转动；若轴颈原来不动，则此时无论 Q' 大小如何，轴颈都不能转动。这就是在**转动副中发生的自锁现象**。

② 当 $h = \rho$ 时，Q' 与摩擦圆相切，$M = M_\text{f}$，即图中所示位置。因此，若轴颈原来就在转动，则轴颈做等速转动；若轴颈原来不动，则保持不动，处于**自锁的临界状态**。

③ 当 $h > \rho$ 时，Q' 在摩擦圆外。$M > M_\text{f}$。因此，轴颈 A 做加速转动。

（2）止推轴颈转动副中的摩擦力分析。

止推轴颈与轴承的接触面可以是任意的回转体的表面（如圆锥面），但最常见的为圆平面或圆环形平面。

如图 9.6 所示，止推轴颈和轴承的摩擦力矩大小决定于接触面上压强 p 的分布规律。止推轴颈也可以分为图 9.6（a）的非跑合和图 9.6（b）的跑合两种情况，其摩擦力矩的估算公式有所不同：

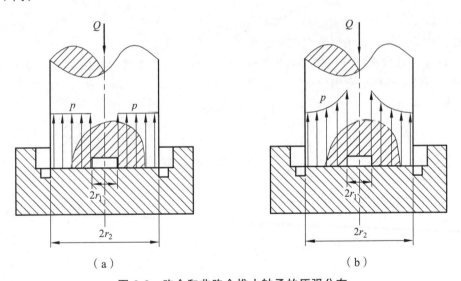

（a）　　　　　　　　　　　　　（b）

图 9.6　跑合和非跑合推力轴承的压强分布

如图 9.6 所示，设 Q 为轴向载荷，f 为接触面间的摩擦系数，r_1 为接触面的内半径，r_2 为外半径。当轴颈转动时，摩擦力矩为接触面上各处摩擦力对轴心力矩的积分，可写作：

$$M_\text{f} = \int_{r_1}^{r_2} 2\pi f p r^2 \mathrm{d}r = fQr' \tag{9.9}$$

式中，r' 为当量摩擦半径，其值随压力强度 p 的分布规律而异。对于非跑合的止推轴颈，接触面压强按均匀分布，当量摩擦半径为

$$r' = \frac{2}{3}\left(\frac{r_2^3 - r_1^3}{r_2^2 - r_1^2}\right) \qquad (9.10)$$

对于跑合的止推轴颈，由于端面边部速度较高，磨损也较大，接触面上距离中心越近压强数值越大，这也是止推轴承接触面一般多为圆环形平面的原因。此时当量半径一般按下式估算：

$$r' = \frac{r_1 + r_2}{2} \qquad (9.11)$$

9.2.2 准静力分析问题综合举例

在考虑运动副摩擦的机构准静力分析问题中，构件的连接方式和尺寸是已知的，机构的运动位置一般也已经指定了，机构的运动方向和机构已知的外力也会以不同的方式告诉我们，运动副的约束力和部分外力是待求的参数。**一般分析步骤如下：**

（1）根据驱动力或工作阻力确定各运动副的相对运动方向，为确定摩擦力或摩擦力矩的方向提供依据。

（2）进行受力分析，先在图中标出机构各外力的方向和作用点，然后根据运动副的类型在图上标出各运动副约束力的方向和作用点。

（3）对各构件进行平衡分析。可以列平衡方程用解析法求解，也可以用力多边形图解法求解，还可以图解法和解析法协同使用求解。

改变机构的运动位置可以求出机构任意时间的全部力参数。

【例 9.1】 某铰链四杆机构，各构件长度、各转动副的摩擦圆半径、驱动力 F 如图 9.7（a）所示。不计各构件的重力、惯性力，求机构运动到图示位置时，各转动副中作用力和构件 3 上的阻力偶矩 M_3。

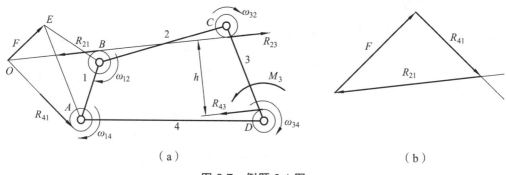

（a） （b）

图 9.7 例题 9.1 图

【解】 首先分析转动副运动方向，确定约束力方向和作用点，然后用图解法进行平衡求解。

（1）确定运动副相对运动方向。

因为驱动力为 F，故转动副 A 处主动件 ω_{14} 顺时针运动；此时四边形 $ABCD$ 的内角 $\angle B$、$\angle D$ 在增大，内角 $\angle C$ 在减小，故转动副 B 处 ω_{12}、转动副 C 处 ω_{32}、转动副 D 处 ω_{34} 均为顺时针运动，并在图中标注相对角速度。

（2）确定运动副约束力的方向和作用点。

连杆 2 受压力，故 R_{21} 指向左方，其对转动副 B 的中心的力矩方向应与 ω_{12} 相反，R_{21} 必切于 B 处摩擦圆的上方；连杆 2 受压力，R_{23} 指向右方，其对转动副 C 的中心的力矩方向应与 ω_{32} 相反，R_{23} 应切于 C 处摩擦圆的下方；又因连杆 2 为二力构件，故 R_{12}（$= -R_{21}$）与 R_{32}（$= -R_{23}$）共线。综上三点所述，R_{21} 和 R_{23} 的作用线应为 B、C 两处摩擦圆的一条内公切线。至此确定了转动副 B、C 约束力的作用点和方向，并将其标注在图中。

因构件 1 为三力构件，力 F 和 R_{21} 的交点 O 必然为第三力 R_{41} 的作用线所通过。构件 1 的平衡条件，要求 R_{41} 应指向右下方，又因 R_{41} 对转动副 A 中心的力矩方向应与 ω_{14} 相反，所以 R_{41} 的作用线应切于 A 处摩擦圆的左下方且通过点 O。至此确定了转动副 A 约束力的作用点和方向，并将其标注在图中。

构件 3 在力 R_{23}、R_{43} 和力偶矩 M_3 的作用下平衡，故 R_{23} 和 R_{43} 构成一顺时针方向力偶，即 $R_{23} = -R_{43}$；又因 R_{43} 对转动副 D 的中心的力矩方向应与 ω_{34} 相反，故 R_{43} 的作用线应切于 D 处摩擦圆的上方。至此确定了转动副 D 约束力的作用点和方向，并将其标注在图中。

（3）平衡分析求解。

对构件 1 进行平衡分析，做力多边形如图 9.7（b）所示，按比例量得 $R_{41} \approx 0.806F$，$R_{21} \approx 1.31F$。

对构件 2 进行平衡分析，因其为二力构件，故 $R_{23} = R_{21} \approx 1.31F$。

对构件 3 进行平衡分析，可得 $R_{43} = R_{23} \approx 1.31F$，$M_3 = h R_{23} \approx 1.31(l_3 - 2\rho)F$。

【例 9.2】 图 9.8（a）所示为双滑块机构，滑块 1 为主动件，滑块 3 为被动件，转动副的摩擦圆、滑动副的摩擦角图中已经标出，已知阻力 $Q = 1\,000\,\text{N}$，忽略构件的惯性力和重力，请完成：

（1）在图示位置标出各运动副约束力；

（2）用图解法求出运动副中约束力和驱动力的大小。

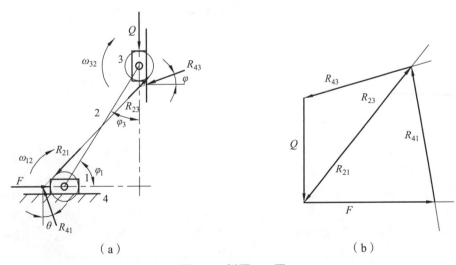

（a）　　　　　　　　　　　　　　　（b）

图 9.8　例题 9.2 图

【解】 首先分析转动副运动方向，确定约束力的方向和作用点，然后用图解法进行平衡求解。

（1）运动副约束力分析。

φ_1 增大，ω_{12} 顺时针转动，滑块 1 受连杆 2 挤压，R_{21} 应当与摩擦圆相切于左上方；

φ_3 减小，ω_{32} 顺时针转动，滑块 3 受连杆 2 挤压，R_{23} 应当与摩擦圆相切于右下方；

连杆为二力杆，R_{21} 与 R_{23} 作用线共线，为两摩擦圆公切线，因 $R_{12} = -R_{32}$，故 $R_{21} = -R_{23}$；

滑块 1 向右移动，R_{41} 垂直向左偏转摩擦角，依据三力汇交定理确定其作用点；

滑块 3 向上移动，R_{43} 水平向下偏转摩擦角，依据三力汇交定理确定其作用点；

各力方向与作用点标注在图 9.8（a）中。R_{41}、R_{43} 落在图示滑块之外并不一定意味着有问题，此图为运动简图，图形符号并不代表真实尺寸。

（2）图解法求解各力的大小[参考图 9.8（b）]。

取适当作图比例，计算已知力 Q 的矢量长度；

滑块 3 受 Q、R_{23}、R_{43} 作用平衡，画出 Q，作 R_{23} 和 R_{43} 平行线确定 R_{23} 和 R_{43}；

滑块 1 受 Q、R_{21}、R_{41} 作用平衡，画出 $R_{21} = -R_{23}$，作 F 和 R_{43} 平行线确定 F 和 R_{43}；

按比例量取各力矢量长度，按比例计算出 $F = 1\,293\,\text{N}$，$R_{41} = 1\,320\,\text{N}$，$R_{21} = R_{23} = 1\,685\,\text{N}$，$R_{43} = 1\,120\,\text{N}$。

【例 9.3】 一曲柄滑块机构，曲柄 1 为主动件，滑块 3 为被动件，某瞬时的位置、受力、转动副的摩擦圆、移动副的摩擦角如图 9.9 所示，已知阻力 $F = 1\,000\,\text{N}$。忽略各构件的惯性力和重力，请完成：

（1）在图中标出各运动副的反力；

（2）用图解法求出各运动副中反力的大小。

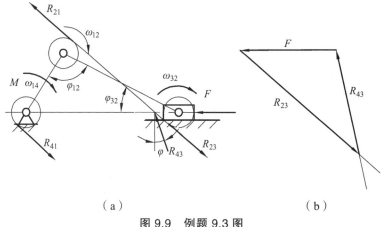

（a）　　　　　　　　　　　　　　（b）

图 9.9　例题 9.3 图

【解】 首先分析转动副运动方向确定约束力方向和作用点,然后用图解法进行平衡求解。

（1）运动副约束力分析。

φ_{12} 增大，ω_{12} 顺时针转动，曲柄 1 受连杆 2 挤压，R_{21} 应与摩擦圆相切于右上方；

φ_{32} 减小，ω_{32} 顺时针转动，滑块 3 受连杆 2 挤压，R_{23} 应与摩擦圆相切于左下方；

连杆为二力杆，R_{21} 与 R_{23} 作用线共线，为两摩擦圆公切线，因 $R_{12} = -R_{32}$，故 $R_{21} = -R_{23}$；

滑块 3 向右移动，R_{43} 垂直向左偏摩擦角，依据三力汇交定理确定其作用点；

曲柄 1 受力 R_{21} 与 R_{41} 构成力偶应与 M 平衡，故 $R_{21} = -R_{41}$，以 ω_{32} 顺时针转动，R_{41} 应与摩擦圆相切于左下方。各力方向及作用点标注在图 9.9（a）中。

（2）图解法求解各力的大小[参考图 9.9（b）]。

取适当作图比例，计算已知力 F 的矢量长度；

滑块 3 受 F、R_{23}、R_{43} 作用平衡，画出 F，作 R_{23} 和 R_{43} 平行线确定 R_{23} 和 R_{43}；

曲柄 1 受 M、R_{21}、R_{41} 作用平衡，可以确定 $R_{41} = -R_{21} = R_{23}$，$M = R_{21}（l_1 + 2\rho）$；

按比例量取各力矢量长度，按比例计算出 $R_{41} = R_{21} = R_{23} = 1\ 620\ \text{N}$，$R_{43} = 1\ 076\ \text{N}$。

【例 9.4】　在图 9.10（a）所示斜块机构中，已知 $\gamma = \beta$，阻力 $Q = 1\ 000\ \text{N}$，各接触面摩擦系数 $f = 0.15$。若不计各构件的重力、惯性力，求各移动副中反作用力和驱动力 F。

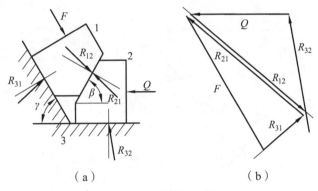

图 9.10　例题 9.4 图

【解】　（1）运动副约束力分析。

滑块 1 向右下移动，R_{31} 逆时针偏转摩擦角，作用点暂时置于接触面中心；

滑块 2 向右移动，R_{31} 逆时针偏转摩擦角，作用点暂时置于接触面中心；

滑块 2 相对于滑块 1 向右上移动，R_{12} 顺时针偏转摩擦角，作用点暂时置于接触面中心；

滑块 1 相对于滑块 2 向左下移动，R_{21} 顺时针偏转摩擦角，作用点暂时置于接触面中心。

分析结果标注于图 9.10（a）中。

（2）图解法求解各力的大小[参考图 9.10（b）]：

取适当作图比例，计算已知力 Q 的矢量长度；

滑块 2 受 Q、R_{12}、R_{32} 作用平衡，画出 F，作 R_{12} 和 R_{32} 平行线，确定 R_{12} 和 R_{32}；

滑块 1 受 F、R_{31}、R_{21} 作用平衡，画出 $R_{21} = -R_{21}$，作 F 和 R_{31} 平行线，确定 F 和 R_{31}；

按比例量取各力矢量长度，按比例计算出 $R_{12} = R_{21} = 1\ 526\ \text{N}$，$R_{32} = 985\ \text{N}$，$R_{31} = 515\ \text{N}$，$F = 1\ 515\ \text{N}$。

该例题只有确定三个运动副中任意一个约束力的作用点之后才能利用三力汇交定理确定其他约束力的作用点。

【例 9.5】　图 9.11 所示为一偏心式夹具，偏心距为 e，圆盘 1 半径为 r_1，摩擦圆半径为 ρ，摩擦角为 φ，请确定夹紧工件 2 之后取消力 F 能够自锁的条件。

【解】　工件夹紧状况用 β 表示，取消力 F 后，偏心圆盘的运动趋势为逆时针，与工件之间的接触力 R_{21} 偏向左上方，圆盘此时仅受到两个力作用且保持

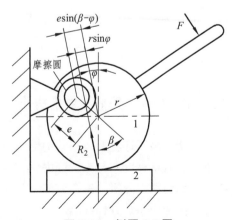

图 9.11　例题 9.5 图

平衡，故接触力 R_{21} 的作用线应当与摩擦圆相割，即

$$e\sin(\beta-\varphi)-r\sin\varphi \leqslant \rho$$

$$\beta \leqslant \arcsin\left(\frac{r\sin\varphi+\rho}{e}\right)+\varphi$$

【例 9.6】 图 9.12 所示为单圆盘摩擦离合器，已知转速 $n=1\,250$ r/min，传递的功率 $P=50$ kW，外直径 $d_2=300$ mm，接触面摩擦系数 $f=0.4$，允许的压强 $p=200$ kPa，求其内直径 d_1。

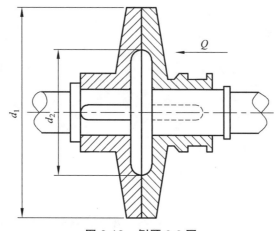

图 9.12　例题 9.6 图

【解】 因摩擦力矩即传递的力矩，故由式（9.9）和式（9.10）得

$$M_1=\frac{60}{2\pi}\cdot\frac{P}{n}(1\,000)^2=fQ\frac{2}{3}\left(\frac{r_2^3-r_1^3}{r_2^2-r_1^2}\right)$$

$$=f[0.001p\pi(r_2^2-r_1^2)]\frac{2}{3}\left(\frac{r_2^3-r_1^3}{r_2^2-r_1^2}\right)$$

$$=\frac{fp\pi}{12\,000}(d_2^3-d_1^3)$$

将已知值代入上式，经整理后可得

$$d_1=206.16 \text{ mm}$$

9.3　无运动副摩擦的平面机构动力分析

达朗倍尔原理将物体运动的动力学效应作为惯性力处理，进行物体受力分析时，添加了惯性力之后就可以用与分析静力学相同的方法方便地处理动力学问题，故我们将**达朗倍尔原理作为机构动力分析的主要方法**。为了简化分析，本节总是假定机构的各构件的结构具有同一个对称平面，且各构件总是作平行于该对称平面的平面运动。

　　运动构件上的每一个质点都会产生惯性力，故构件的惯性力是一与质量分布对应的分布力系，与一般力系相同，对于刚性构件来说，该惯性分布力系可简化成一个作用点为构件质心的惯性力 F_i 和一个惯性力偶矩 M_i。惯性力 F_i 的大小为构件质量 m 与质心 S 加速度 a_s 的乘积，方向与质心加速度的方向相反，作用点在质心上；惯性力偶矩 M_i 的大小为构件通过质心 S 且垂直于运动平面的轴的转动惯量 J_s 与构件角加速度的乘积，方向垂直于运动平面。如果构件运动形式更简单，构件的惯性力的性质如表 9.1 所示。

表 9.1　不同运动形式下的惯性力性质

构件运动特点		惯性力 F_i	惯性力偶 M_i	实例
一般平面运动		ma_s	$-J_s a$	平面连杆机构中的连杆
平面移动	变速	$-ma_s$	0	曲柄滑块机构中的滑块和直动从动件凸轮机构中的从动件等
	等速	0	0	凸轮从动件在某一特定时间范围内可能实现
绕质心转动	变速	0	$-J_s a$	飞轮及非匀速回转的带轮和转子等
	等速	0	0	齿轮和匀速回转的已平衡的转子等
绕非质心转动	变速	$-ma_s$	$-J_s a$	未平衡的曲柄、摇杆、导杆等
	等速	$-ma_s$	0	匀速回转的偏心盘、凸轮等

　　根据力的平移简化定理，同时具有惯性力 F_i 和惯性力偶矩 M_i 时，它们一起的作用效果等效于另一惯性力 F_i'。F_i' 的大小和方向与 F_i 相同，作用线不重合，相距 $h = M_i/F$，如图 9.13 所示。这种化简可能会为人工求解带来方便。

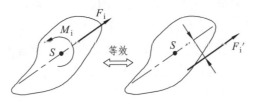

图 9.13　惯性力和惯性力偶的平移等效　　　力的平移

　　无摩擦的平面机构动力分析问题一般分以下 3 个步骤完成。

　　（1）在指定的机构位置进行运动分析，获得每个构件质心的加速度和转动角加速度，并计算构件的惯性力和惯性力偶。

　　（2）取恰当的构件或构件组合进行受力分析，画出受力图，标出各外力、惯性力和运动副约束力的方向和作用点。

　　（3）按照达朗倍尔定理，用图解法或解析法求出未知力的大小。一般来说图解法里所画的多边形等效于力平衡方程，需要力矩平衡方程参与求解时一般还是需要计算的。

　　改变机构的运动位置，重复以上 3 个步骤，可以对机构的受力作全面的分析。

　　【例 9.7】　如图 9.14 所示颚式破碎机机构中，已知机构的位置和尺寸，曲柄 1 以等角速度 ω_1 逆时针转动。仅考虑构件 2、3 质量、惯性矩和破石阻力 F_r，求各运动副的反力和应加于曲柄 1 中间的并垂直于 AB 的驱动力。

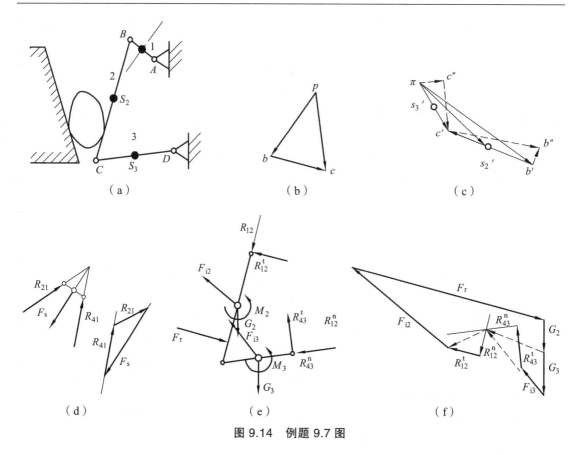

图 9.14　例题 9.7 图

【解】　应当先进行运动分析确定构件 2、3 的质心加速度和转动角加速度；然后计算构件 2、3 上的惯性力和惯性力偶；再确定各力的作用点和方向；最后计算各力的数值。

（1）运动分析。选定合适的尺寸比例 μ_l、速度比例 μ_v、加速度比例 μ_a，作机构简图、速度多边形、加速度多边形，分别如图 9.14（a）、（b）、（c）所示，并计算出构件 2、3 质心的加速度和转动角加速度。

（2）计算惯性力。构件 2 上的惯性力和惯性力偶为

$$F_{i2} = -m_2 a_{s2} = m_2 \mu_a \overline{\pi s_2'} \text{；} \quad M_{i2} = -J_{s2} \varepsilon_2 = -J_{s2} \mu_a \overline{c'b''}/l_{CB}$$

构件 2 上的惯性力和惯性力偶为

$$F_{i3} = -m_3 a_{s3} = m_3 \mu_a \overline{\pi s_3'} \text{；} \quad M_{i3} = -J_{s3} \varepsilon_3 = -J_3 \mu_a \overline{c'c''}/l_{CD}$$

（3）构件 2、3 杆组受力分析。

① 分别以构件 2、3 杆组作为分析对象，如图 9.14（e）所示，转动副 B 处的约束力大小和方向都是未知的，为了后面计算方便，将其表达为分别平行和垂直于 BC 的 R_{12}^n、R_{12}^t，同样，转动副 D 处的约束力表达为分别平行和垂直于 DC 的 R_{43}^n、R_{43}^t，其余的两个重力、两个惯性力及惯性力偶、破碎载荷作用点和方向不变地画在受力图中。

② 数值计算 R_{43}^t 和 R_{12}^t。分别以构件 2 和 3 为分析对象，对 C 点取力矩平衡，可得

$$R_{12}^t = \frac{G_2 a_2 + F_{i2} b_2 + F_r c_2 + M_{i2}}{l_2}; \quad R_{43}^t = \frac{G_3 a_3 + F_{i3} b_3 + M_{i3}}{l_3}$$

式中，a_2，a_3 是重力 G_2、G_3 对 C 点的力臂；b_2，b_3 是惯性力 F_{i2}、F_{i3} 对 C 点的力臂；C 是破石阻力对 C 点的力臂，l_2，l_3 是构件 2、3 的长度。

③ 作图法求解 R_{43}^n 和 R_{12}^n。以构件 2、3 杆组为分析对象取合力为 0，即

$$\vec{R}_{12}^n + \vec{R}_{12}^t + \vec{F}_{i2} + \vec{G}_2 + \vec{F}_r + \vec{F}_{i3} + \vec{G}_3 + \vec{R}_{34}^t + \vec{R}_{43}^n = 0$$

作图求得 R_{43}^n 和 R_{12}^n，如图 9.14（f）所示，作合矢量求得

$$\vec{R}_{12} = \vec{R}_{12}^n + \vec{R}_{12}^t; \quad \vec{R}_{43} = \vec{R}_{34}^t + \vec{R}_{43}^n; \quad \vec{R}_{23} = \vec{F}_{i3} + \vec{G}_3 + \vec{R}_{34}^t + \vec{R}_{43}^n$$

（4）构件 1 的受力分析。

以构件 1 为分析对象，中点的驱动力 F 方向垂直于 l_1，B 点受力 $R_{21} = -R_{12}$ 已经求出，可以用三力汇交定理确定 A 点受力 R_{41} 的方向，如图 9.14（d）所示。图解法作力三角形求得 R_{41} 和驱动力 F。

9.4　机器的平衡问题

9.4.1　机器平衡问题的分类

高速运转的机器，构件会产生很大的随机构运动位置而变化的惯性力和惯性力偶，它们在机构各运动副中引起动压力，并传到机架使整个机器发生振动，轻则引起工作精度和可靠性下降，重则造成零件的磨损和疲劳。如果激振频率接近振动系统的固有频率，可能引起共振而使机器损坏，甚至威胁工作人员的安全。

机构的平衡就是通过一定的技术手段，使构件产生的惯性力和惯性力偶尽可能相互抵消，以消除机器的激振源。平衡技术是高速精密机械制造的关键支撑技术，其重要性将显得更加突出。

按照平衡的对象可把**平衡问题分为转子的平衡和机构的平衡两类**。

（1）转子的平衡：转子就是绕固定轴旋转的构件。典型的转子如汽轮机、水轮机、航空发动机等通用机械的涡轮，陀螺仪、电动机、发电机等机器中的转子等。这些机器中高速转动的转子本身就是整个机器的核心，转子的平衡是这些机器的核心问题之一。

转子的平衡又可分为刚性转子平衡和挠性转子平衡。如果转子的转速远低于转子系统振动的第一阶固有频率（也称**临界转速**），惯性力造成的变形很小，转子可以近似作刚体处理，故称为刚性转子的平衡；转子工作转速超过了系统振动的第一阶固有频率，惯性力引起的变形明显，且变形反过来又影响惯性力，故将此类平衡问题称为挠性转子的平衡。为了避免共振，转子运动速度一般都不应当接近固有频率。

（2）机构的平衡：也称机架上的平衡，狭义上主要指连杆机构的平衡。这种机构中，主动件即便是匀速运动，其他构件一般都不是匀速运动。机构的平衡就是尽可能使各构件的惯性力和惯性力偶叠加之后相互抵消，对机架就显示不出惯性力的作用。典型的机构平衡例子

是内燃机中的曲柄滑块机构的平衡问题。内燃机是现代运输业的基础，很难设想要是曲柄滑块机构的平衡问题没有解决，现代工业社会该是什么样子。

平衡问题可以分为**平衡设计和平衡试验**两个方面，平衡设计是在机器的设计阶段通过计算保证机器的平衡；平衡试验则是机器或者构件加工完成之后，在平衡试验机上测试其平衡的程度。二者不可偏废，因为再精确的设计计算也无法完全考虑影响平衡的各种因素。

本节的学习重点是刚性转子的平衡设计问题。

9.4.2　质量代换法

在前面机构动力分析中，先求出该构件的质心加速度和构件的角加速度，再计算构件的惯性力和惯性力偶，最后再进行平衡分析，计算比较烦琐。而在机构平衡问题分析中，一般都采用更为简便的质量代换法进行分析计算。**所谓质量代换法，就是用集中在若干选定点（一般为两个点）上的集中质量来代替原刚性构件**，要求代换前后机构的动力效应完全相同或近似相同。

要保证代换前后机构动力学效应不变，质量代换法必须满足下列 **3 项代换条件**：

（1）集中在各代换点的质量总和应等于原构件的质量，即代换前后构件的质量不变。

（2）集中在各代换点的质量的总质心应与原构件的质心相重合，即代换前后构件的质心位置不变。

（3）集中在各代换点的质量对质心轴的转动惯量总和应等于原构件对该轴的转动惯量，即代换前后对质心轴的转动惯量不变。

仅满足前两个代换条件时，能使惯性力不变，被称为**静代换**；全部满足上述三个代换条件时，惯性力和惯性力偶矩都不变，这种代换能保证动力效应完全相同，也称为**动代换**。最常见的质量代换是动代换和静代换，现在讨论如下。

1. 动代换

某构件如图 9.15（a）所示，质量为 m，质心为 S，绕质心的转动惯量为 J_s。B、C 两点是两个我们期望的质量代换点，多数情况下期望的代换点是转动副的中心，因为转动副中心的运动求解比较容易，可以简化分析过程。

动代换时，一般只能使一个代换质量位于期望的代换点上。如图 9.15（b）所示两个代换质量中，m_B 位于距离质心为 b 的期望代换点 B，另一代换质量 m_k 则处于距离质心为 k 的一般待求位置，代换计算要确定 m_B、m_K、k 三个参数。根据动代换条件列出方程：

$$\left.\begin{array}{l} m_B + m_K = m \\ m_B(-b) + m_K k = 0 \\ m_B(-b)^2 + m_K k^2 = J_s \end{array}\right\} \tag{9.12}$$

由上式可求出三个位置参数

$$\left.\begin{array}{l} k = \dfrac{J_s}{mb} \\[2mm] m_B = \dfrac{mk}{b+k} \\[2mm] m_K = \dfrac{mb}{b+k} \end{array}\right\} \tag{9.13}$$

当期望的代换点 B 选定后，另一代换点 K 的位置也随之而定。代换质量的大小与其到质心的距离成反比。

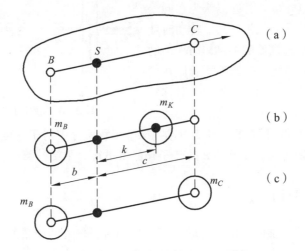

图 9.15　质量的动代换和静代换

2. 静代换

如图 9.15（c）所示，两代换质量分别位于距离质心为 b、c 的两个期望的代换点 B 和 C 处。根据静代换须满足前两个代换条件可得

$$\left.\begin{array}{l} m_B + m_C = m \\ m_B(-b) + m_C c = 0 \end{array}\right\} \tag{9.14}$$

解上式可得两个代换质量为

$$\left.\begin{array}{l} m_B = \dfrac{c}{b+c} m \\ m_C = \dfrac{b}{b+c} m \end{array}\right\} \tag{9.15}$$

由此可见，**静代换可以同时任选两个代换点**。但因其没有满足代换前后对质心的转动惯量不变的条件，故转动惯量 J_s 将有误差，其值为

$$\Delta J_s = J_s - mbc \tag{9.16}$$

在可以容许上述误差的工程计算中，静代换得到了较为广泛的应用。

9.5　刚性转子的平衡计算

某些转子因功能需要，须在其上布置若干与轴线不重合的质量，这使转子呈现不平衡状态，需要另外再配置平衡质量，使得转子恢复为平衡状态，刚性转子的平衡计算就是要确定平衡质量的大小和位置。根据转子质量分布特征，**刚性转子的平衡计算可分为静平衡和动平衡两种情况**。

静平衡计算中的转子呈盘形，如图 9.16（a）所示轴向宽度远小于直径，如叶轮、飞轮、砂轮、盘形凸轮等，其质量的分布可以近似认为在同一回转面内，如果转子的质心偏离轴线，转动时就会产生离心力，从而引起机器的振动。动平衡的转子轴向尺寸较大。不平衡的质量不能看做在同一平面内，即便是如图 9.16（b）所示的对称转子，质心与轴线重合，但是两个对称的偏心质量

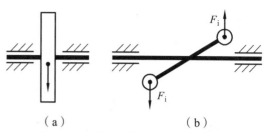

图 9.16　静平衡转子和动平衡转子

所产生的惯性力构成力偶，同样也会引起机器振动。工程实际中**对于宽度与直径之比大于 0.2 的转子要求进行动平衡计算，小于 0.2 的转子一般仅进行静平衡计算**。

9.5.1　静平衡转子设计计算

需静平衡计算的转子轴向宽度小，转子等速转动时，偏心的质量所产生的离心惯性力构成平面汇交力系，其汇交点为回转中心。如该力系的合力不为零，转子支撑轴承内将产生附加动压力，引起周期性机械振动。

如图 9.17 所示，要使转子平衡，应在回转面内添加（或减少）一平衡质量，使全部惯性力的合力等于零，也即

$$F = F_b + \sum F_i = 0 \tag{9.17}$$

式中，F 为总惯性力，F_b 为平衡质量惯性力，$\sum F_i$ 为原有质量惯性力的合力。如果转子的角速度为 ω，式（9.20）可写成

$$me\omega^2 = m_b r_b \omega^2 + \sum m_i r_i \omega^2 = 0 \tag{9.18}$$

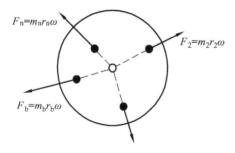

图 9.17　静平衡计算

消去公因子 ω^2 后可得

$$me = m_b r_b + \sum m_i r_i = 0 \tag{9.19}$$

式中，m 和 e 为回转件总质量和总质心的矢径；m_b、r_b 为平衡质量和其质心的矢径；m_i、r_i 为原有各偏心质量和其质心的矢径。**质量与矢径的乘积称为质径积**，也是矢量，它相对地表达了各质量在同一转速下离心力的大小和方向。**回转件静平衡的条件是：分布于该转子上各**

个质量的离心力的合力等于零或质径积的矢量和等于零。由此条件可以求出平衡所要求的质径积，再结合转子结构的特点选定 r_b，所需的平衡质量也就随之而定，安装方向即矢量图上所指的方向。一般尽可能将 r_b 选大些，使 m_b 小些。应当注意平衡质量可以是负值，代表平衡需要挖去的质量，此时 r_b 的方向与矢径积的方向相反。

式（9.19）表明回转件经平衡后，其总质心便与回转轴线相重合，即 $e=0$。此时，由于其本身质量对于回转轴线的最大静力矩 $me=0$，因此，该回转件可以在任何位置保持静止，不会自行转动。这也是静平衡称呼的来历，**静平衡也常被称为单面平衡**。

有时在所需平衡的回转面上，由于实际结构不容许安装平衡质量，如图 9.18（a）所示曲轴便属于这类情况，此时必须在另外两个回转平面内分别安装平衡质量使曲轴达到平衡。

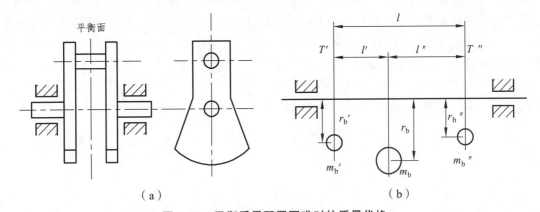

图 9.18　平衡质量配置困难时的质量代换

一般如图 9.18（b）所示，在平衡面两侧选定两个回转平面 T' 和 T''，它们与原来要安装平衡质量 m_b 的平衡面的距离分别为 l' 和 l''。设在 T' 和 T'' 内分别装上平衡质量 m_b' 和 m_b''，其回转半径分别为 r_b' 和 r_b''，m_b' 和 m_b'' 必须在经过 m_b 的质心的轴面内。因此 m_b'、m_b'' 和 m_b 在旋转时所产生的惯性力 F_b'、F_b'' 和 F_b 三个力为平行力系。为了使 m_b' 和 m_b'' 在回转时能完全代替 m_b，根据平行力的合成与分解原理，可得上述三个力的关系如下：

$$F_b' + F_b'' = F_b$$
$$F_b' l' = F_b'' l''$$

以相应的质径积值代入得

$$m_b' r_b' + m_b'' r_b'' = m_b r_b$$
$$m_b' r_b' l_b' = m_b'' r_b'' l''$$

解以上两式，并令 $l=l'+l''$，可得

$$\left.\begin{aligned}
m_b' r_b' &= \frac{l''}{l} m_b r_b \\
m_b'' r_b'' &= \frac{l'}{l} m_b r_b
\end{aligned}\right\} \tag{9.20}$$

当选定回转半径 r_b' 和 r_b'' 后，就可求出应加质量 m_b' 和 m_b''。当 $r_b'=r_b''=r_b$ 时，上式可写成

$$\left.\begin{aligned} m_b' &= \frac{l''}{l} m_b \\ m_b'' &= \frac{l'}{l} m_b \end{aligned}\right\} \tag{9.21}$$

这一结论也能用质量代换原理得到。

9.5.2 动平衡的设计计算

对于轴向宽度较大的转子，如电动机、汽轮机的转子等，偏心质量一般分布在不同的回转面内。转子转动时所产生的离心惯性力不再是一个平面汇交力系，而是空间力系。这类转子仅在一个回转面添加平衡质量一般不能解决转动时的不平衡问题。通常必须选取两个平衡回转面，在其上添加平衡质量才能解决平衡问题。为方便起见，多数情况选择转子的两端面。

如图 9.19（a）所示，转子在 1、2、3 三个回转面内分布有不平衡质量，依次为 m_1、m_2、m_3，其矢径依次为 r_1、r_2、r_3。选取转子两端面 T' 和 T'' 为平衡回转面，最终要确定两平衡回转面内的平衡质量 m_b'、m_b'' 和矢径，求解过程分两步：

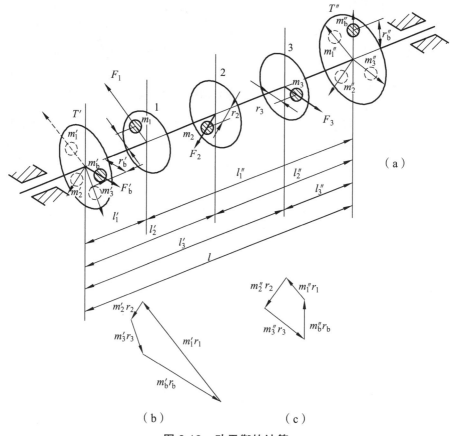

图 9.19　动平衡的计算

按照质量的静代换原理，回转平面 1、2、3 内的质量 m_1、m_2、m_3 均可用两个平衡回转面 T' 和 T'' 内的质量 m_1'、m_2'、m_3' 和 m_1''、m_2''、m_3'' 来代替，其值为

$$m_1' = \frac{l_1''}{l} m_1 ; \quad m_1'' = \frac{l_1'}{l} m_1$$

$$m_2' = \frac{l_2''}{l} m_2 ; \quad m_2'' = \frac{l_2'}{l} m_2$$

$$m_3' = \frac{l_3''}{l} m_3 ; \quad m_3'' = \frac{l_3'}{l} m_3$$

分别在回转面 T' 和 T'' 内按质量分布在同一回转面内的情况解决不平衡问题。对于回转面 T'，可得

$$m_b' \vec{r}_b' + m_1' \vec{r}_1 + m_2' \vec{r}_2 + m_3' \vec{r}_3 = 0$$

作矢量图如图 9.19（b）所示，求出质径积 $m_b' r_b'$。当选定 r_b' 的大小后，即得 m_b'。

同理，对于回转面 T''，有

$$m_b'' \vec{r}_b'' + m_1'' \vec{r}_1 + m_2'' \vec{r}_2 + m_3'' \vec{r}_3 = 0$$

作矢量图如图 9.19（c）所示，求出质径积 $m_b'' r_b''$。当选定 r_b'' 的大小后，即得 m_b''。

至此，原来分布在回转面 1、2、3 内的不平衡质量 m_1、m_2、m_3，被两个平衡回转面 T' 和 T'' 内质量 m_b' 和 m_b'' 所平衡。动平衡一般都需要在两个不同的平衡回转面中进行平衡，如果仅选择一个平衡回转面，则惯性离心力会形成不平衡的惯性力偶，转子仍旧得不到完全平衡。

综上所述，静平衡转子宽度小，只要满足惯性力的合力为零即可得到平衡；而动平衡转子宽度大，除了要满足惯性力的合力为零之外，还要同时满足惯性力的合力偶为零才能完全平衡。故经过动平衡的转子一定是静平衡的。反之，静平衡的转子则不一定是动平衡的。

以上平衡质径积的求解使用了图解法，如要精确值也可根据矢量图的几何关系用解析法求出。

9.5.3　挠性转子的平衡简介

前面所述的刚性转子平衡中没有考虑离心惯性力所引起的转子变形问题。对于高速转子，既要考虑转子的变形，还要考虑弹性和质量，因而高速转子系统应作为振动系统对待。与一般振动系统相同，振动系统的运动取决于系统本身的固有特性和系统受到的激励。

转子振动系统固有特性参数中最重要的是系统的固有频率，而且存在有许多个固有频率（理论上有无限多个固有频率），通常将固有频率按其数值从小到大排列，排序为 k 的固有频率称为第 k 阶固有频率，用 ω_k 表示。工程实际中转子的固有频率也称为临界转速。当外部激励的频率等于或接近固有频率时将发生共振，会引起转子的剧烈振动。一般转子激励的主要频率成分与转子的转速 ω 相等，故挠性转子平衡设计的首要问题是避免转子的工作转速等于或接近系统的固有频率。工程实际中**一般把 $\omega < 0.7\omega_1$ 的转子称为刚性转子，$\omega > \omega_1$ 的转子称为挠性转子**。目前大部分转子属于刚性转子，转速很高的转子则应当减小支承刚度，降低固有频率，使其成为挠性转子。

转子振动系统的阻尼较小时，两个相邻固有频率之间往往可能会存在一个反共振频率，当外部激励频率等于或接近反共振频率时，即便是激励很强烈，转子的振动也很小。对于工

作转速极高且恒定的转子，应当采用挠性转子，若能使其工作转速等于反共振频率，则可以得到十分理想的平衡效果。洗衣机的甩干桶是挠性转子的典型应用，需要甩干的衣物随意地丢进甩干桶，质量不平衡一般都很严重，机器启动后转速逐渐增加，达到一阶固有频率时，产生剧烈振动，随着转速的继续增加，超过一阶固有频率后，振动又会减小，正常工作阶段机器的运行则十分安静。机器停止时又要经过短暂的强烈振动之后才逐渐停机。

挠性转子需要在更多的平衡回转面内添加平衡质量才能使转子得到较好的平衡，设计计算也比较复杂，具体设计方法可以参照相关资料。

转子系统是非常复杂的振动系统，与整个机器的结构、轴承支承、润滑等有着复杂的耦合关系，许多振动现象至今仍然没有得到很好的解释。转子动力学是专门研究转子系统运动的新兴学科，它为大型高速转子的设计提供理论基础和分析方法，在汽轮机、航空发动机等高速机械的设计中有着重要的应用。

9.5.4 转子的平衡试验

再精确的平衡设计计算也不可能考虑全部的影响因素，如材料的不均匀、制造过程的误差等，因此对完成制造过程的转子需要通过平衡试验并调整质量分布，使其达到所要求的平衡精度。平衡试验也分静平衡试验和动平衡试验两种。

1. 静平衡试验

静不平衡的转子质心偏离轴线，重力会产生静力矩，使得转子只能在质心处于最低位置时才平衡。利用静平衡架可以找出转子不平衡质径积的方位和大小，并调整质量分布使其质心移回到中线上。**常用的静平衡架有导轨式和圆盘式两种**，如图 9.20 所示。

导轨式静平衡架主要是两条精确水平的刀刃形导轨。试验时将转子的轴放置在导轨上，如果质心不是处在最低位置，重力将驱使转子轴在导轨上滚动，直到质心转至最低位置才停止滚动，由此可以确定质心的平移

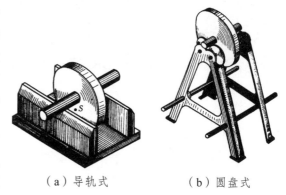

（a）导轨式   （b）圆盘式

图 9.20 导轨式和圆盘式静平衡架

方位。然后采用各种办法测量质心平移量或直接调整质心位置，使质心恢复到动轴线上。可采用的办法很多，如在质心偏移方向切削加工去除部分材料，或者在质心偏移相反方向增加质量，可补焊或粘贴橡皮泥等。导轨式静平衡架简单可靠，精度也较高。缺点是导轨需要精确调整，并且要求转子轴两端直径必须相同。

在圆盘式静平衡架上，转子轴两端轴颈分别放置在由两个圆盘组成的支撑上，四个圆盘可以绕自身的轴线自由转动，试验操作与导轨式平衡架相同。圆盘式静平衡架的两端支撑高度可以调节，以适应转子轴两端轴颈不同的情况，水平调节要求也较低。但圆盘式静平衡架的摩擦较大，对平衡精度有一定的影响。

2. 动平衡试验

动平衡试验中转子在动平衡试验机上高速转动,直接测量转子的振动量来确定不平衡量。如前面所述,动平衡转子一般需要测量两个平衡回转面内的不平衡量,并通过调整质量分布使转子达到平衡状态。

早期的转子动平衡机一般都采用很软的支撑,平衡试验时的转速等于系统的固有频率,此时转子的振幅较大,用机械的测量装置直接测量系统的振幅来计算转子的不平衡量及其方位。尽管这种动平衡机在实际生产中已经很少使用了,但在教学中仍然普遍使用,因为它可以直观地观测动平衡的基本原理,详情请参阅有关试验指导资料。

现代动平衡机都采用电子测量系统测量系统的不平衡量。根据转子支撑系统的刚度大小,现代动平衡机一般分为硬支撑动平衡机和软支撑动平衡机两类。硬支撑动平衡机的刚度大,试验转速一般低于一阶临界转速的 0.7 倍,电子测量系统直接测量轴承的支撑力,适用于转子的试验转速不太高的情况;软支撑动平衡机的刚度低,试验转速一般都超过一阶临界转速,甚至要跨越若干阶临界转速,电子测量系统测量其支撑位移量,适用于高速转子的试验。

图 9.21 是一种电子动平衡机的工作原理图。该动平衡机由电动机 1 通过带轮 2 和万向联轴节 3 驱动安装在弹性摆架上的被测试转子。如果被测试转子有不平衡质量存在,将会引起转子和弹性摆架振动,传感器 5 和 6 检测两端上下和前后方向的振动信号。同时有一对等传动比齿轮 7 通过基准信号发生器 8 产生与转子同步的同步信号。五路信号由计算机 9 负责采集并实时处理显示,直接在显示器上显示转子在平衡回转面内的平衡精度和方位。计算机还负责控制电机的转速、润滑等辅助装置的工作。在某些先进的动平衡机上还配有自动去除偏心质量的激光装置,其动平衡精度和自动化程度更高。

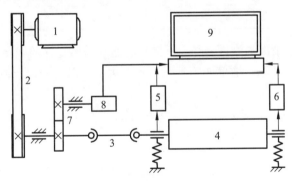

图 9.21 动平衡试验机的原理图

3. 转子的许用不平衡量和平衡精度指标

转子不可能达到完全的平衡,经过平衡试验和校正之后其不平衡量将被控制在机器正常工作所允许的范围之内。不同使用场合采用的评价不平衡量也不同,工程上最常用的是**转子平衡精度**,也称为转子平衡品质,其定义为

$$G = e\omega \tag{9.22}$$

式中,e 为校正面内质心的偏心距,ω 为转子的角速度,G 为转子的平衡精度。

表 9.2 列出了国际标准化组织制定的刚性转子平衡精度等级及适用范围举例。表中符号 G 后面的数值为平衡精度,单位是 mm/s。

表 9.2 动平衡精度等级

平衡精度等级	转 子 类 型
G4000	刚性安装的具有奇数气缸的低速船用柴油机的曲轴传动装置
G1600	刚性安装的大型两行程发动机的曲轴传动装置
G630	刚性安装的大型四行程发动机的曲轴传动装置，弹性安装的船用柴油机的曲轴传动装置
G250	刚性安装的高速四缸柴油机的曲轴传动装置
G100	具有 6 个或更多气缸的高速柴油机的曲轴传动装置，汽车、卡车及机车头的整个发动机（汽油机或柴油机）
G40	汽车轮、车轮缘、轴座、传动轴，弹性安装的具有 6 个或更多气缸的高速四行程发动机（汽油机或柴油机）的曲轴传动装置
G16	具有特殊要求的传动轴（推进器、万向接头轴），压碎机的零件，农业机械的零件，发动机（汽车、卡车及机车头的汽油机或柴油机）的单个组件，在特殊要求下具有 6 个或更多气缸的发动机曲轴传动装置
G6.3	炼制厂机械的零件，船用主涡轮传动机构（商船用），离心机鼓轮、风扇，装配好的飞机的燃气轮机转子，飞轮，泵式推进器，机床和普通的机械零件，普通的电枢；特殊要求的发动机单个部件
G2.5	燃气和蒸汽涡轮机，包括船用的主涡轮机（商船用），刚性涡轮发电机转子，透平轮压缩机，机床传动装置，有特殊要求的中型和大型电枢、小型电枢，涡轮传动泵
G1	磁带记录仪和唱机的传动装置，磨床传动装置，有特殊要求的小型电枢
G0.4	精密磨床的传动轴，研磨盘和电枢，陀螺仪

对于具有两个校正平面的刚性转子，每个平面通常采用建议的残余不平衡量的 1/2，此值适用于两个任意选定的平面。轴承处的不平衡状态可加以改善，对于圆盘形转子，所有的残余不平衡量建议在一个平面。

给定平衡精度后，除以角速度 ω（rad/s）即可求出许用质心的偏心距 e，偏心距再乘以转子的质量即可求得许用的不平衡质径积。

9.6 机构的平衡设计

在一般平面机构中往往存在着往复运动和一般平面运动的构件，各构件的惯性力和惯性力偶不可能像转子那样在其内部相互抵消，但就整个机构而言可以使各构件的惯性力叠加而相互抵消，从而达到减小机器振动的目的。由于力偶矩的平衡需要综合考虑驱动力矩和阻力矩的作用，故本节只考虑机构惯性力的平衡。

理论力学的质心运动定理告诉我们，机构中所有运动构件的惯性力的合力等于所有运动构件总的质心加速度与其总质量的乘积，故只要所有运动构件总的质心保持不变，就能保证机构惯性力的平衡。本节主要采用质量代换原理保证质心位置恒定的办法解决机构的平衡问题，该方法的优点在于避开了通过分析运动进行惯性力平衡的许多繁杂的步骤。

9.6.1　完全平衡法

完全平衡法就是使各运动构件的惯性力完全抵消，或者说运动构件总的质心位置完全不动。当然，即使惯性力完全抵消，但惯性力偶矩也没有抵消，并不能保证不产生振动激励。下面通过具体实例分析来学习该平衡方法。

【例 9.8】　图 9.22（a）所示曲柄滑块机构，运动构件 1、2、3 的质量和质心位置尺寸见图。试进行机构惯性力的平衡。

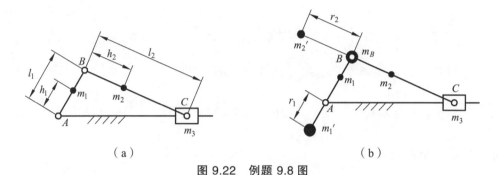

（a）　　　　　　　　　　　　　　　　　　（b）

图 9.22　例题 9.8 图

【解】　如图 9.22（b）所示，平衡过程分以下两个步骤完成：

（1）在构件 2 上 *BC* 的延长线上添加 m_2' 使构件 2、3 的总质心位于转动副 *B*，则 m_2' 和总质量 m_B 为

$$m_2' = \frac{m_2 h_2 + m_3 l_2}{r_2}; \quad m_B = m_2' + m_2 + m_3$$

（2）在构件 1 上 *BA* 的延长线上添加 m_1' 使构件 1、m_B 的总质心位于转动副 *A*，则 m_1' 和总质量 m_A 为

$$m_1' = \frac{m_B l_1 + m_1 h_1}{r_1}; \quad m_A = m_B + m_1 = m_3 + m_2' + m_2 + m_1 + m_1'$$

这样就可以使机构运动构件的总质心落在点 *A*，能保证运动过程中质心不变。

【例 9.9】　图 9.23（a）所示为某铰链四杆机构，运动构件 1、2、3 的质量和质心位置尺寸见图，试进行机构惯性力的平衡。

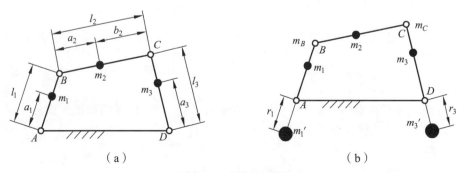

（a）　　　　　　　　　　　　　　　　　　（b）

图 9.23　例题 9.9 图

【解】 如图9.23（b）所示，平衡过程分以下三个步骤完成：

（1）将构件2的质量 m_2 静代换到位于转动副 B、C 的 m_B、m_C，则

$$m_B = \frac{b_2}{l} m_2; \quad m_C = \frac{a_2}{l} m_2$$

（2）在构件1的延长线上 r_1 处装上质量 m'，使其总质心位于转动副 A，质量为 m_A，即

$$m_1' = \frac{m_B l_1 + m_1 a_1}{r_1}; \quad m_A = m_B + m_1' + m_1$$

（3）在构件3的延长线上 r_2 处装上质量 m_3'，使其总质心位于转动副 D，质量为 m_D，即

$$m_3' = \frac{m_C l_3 + m_3 a_3}{r_3}; \quad m_D = m_C + m_3' + m_3$$

这就可以使机构运动构件等效于总质量落在转动副 A、D，能保证运动中质心不变。

9.6.2 近似平衡法计算

近似平衡法不追求惯性力的完全抵消，这样会减轻完全平衡带来的机构布局的困难。对图9.24所示的曲柄滑块机构，常用的方法是在曲柄的延长线上增加一对重质量部分平衡惯性力，使得剩余不平衡惯性力尽可能地小。该机构的近似平衡分析步骤如下：

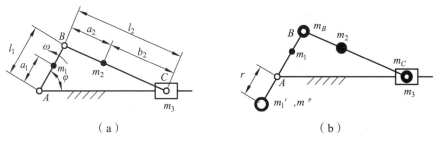

（a）   （b）

图9.24 近似平衡法

（1）将连杆2的质量 m_2 静代换到转动副中心 B、C，得

$$m_B = \frac{b_2}{l} m_2; \quad m_C = \frac{a_2}{l} m_2$$

（2）在曲柄延长线上 r 处增添平衡质量 m'，使得 m_B、m_1、m' 的总质心位于 A，即

$$m' = \frac{m_1 a_1 + l_1 m_B}{r}$$

（3）m_2 静代换后随着滑块运动的质量 $m_C' = m_3 + m_C$，将 C 点的加速度用三角级数展开后，惯性力为

$$F_{iC} = m_C' a_C = m_C' \omega^2 l_1 \left(\cos\varphi + \frac{l_1}{l_2} \cos 2\varphi + \cdots \right)$$

在曲柄延长线上 r 处再增添平衡质量 m''，使得其离心力的水平分量平衡 F_{iC} 的第一项为

$$m''r\omega^2\cos\varphi = m_C\omega^2 l_1\cos\varphi \quad 也即 \quad m'' = m_C l_1 / r$$

可以证明此时水平方向惯性力二次方的剩余不平衡量的积分值为最小。但同时 m'' 又会在垂直方向上产生不平衡惯性力，为了克服此不利的影响，实际中常常采用适当减小 m'' 的数值，一般取计算值的 $0.5 \sim 0.7$ 倍。这种平衡方法虽然是近似的，但确是实际中普遍应用的方法，这不仅是因为计算简便，而且考虑到惯性力偶等因素的综合影响，这种近似平衡的综合效果还优于完全平衡方法。

特殊情况下采用对称的机构布置，可以十分有效地平衡机构中的惯性力。如图 9.25（a）所示，在曲柄 1 上固定一齿轮，通过中间齿轮带动另一对大小与之相等且与滑块导路对称的齿轮，并在该对齿轮的半径处对称地安装质量为 m 的对重。这样当曲柄等速转动时，垂直方向的惯性力相互抵消，而在水平方向上的惯性力也与曲柄滑块机构的水平惯性力相平衡，即：

$$2mr\omega^2\cos\varphi = m_C\omega^2 l_1\cos\varphi \quad 也即 \quad m = \frac{m_C l_1}{2r}$$

这种平衡方式称为**双轴平衡**，既可以抵消水平方向上的主要惯性力，也不会产生铅锤方向的惯性力，实际中有重要应用。

又如图 9.25（b）所示的双缸摩托车发动机，两个共轴的曲柄滑块机构以点 A 对称布置，无须任何配重，任意瞬时的惯性力都能完全抵消。但应当注意两个连杆所产生的惯性力偶则是同方向叠加，并不能保证对机器不产生振动激励；即便是采用完全平衡方法也不能使惯性力偶矩抵消，仍然存在机器运动的振动激励源。

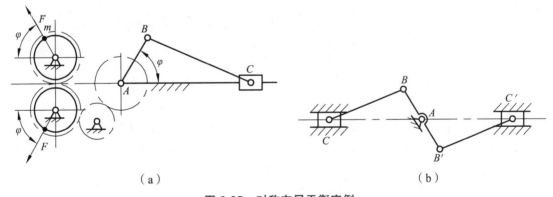

（a）　　　　　　　　　　　　（b）

图 9.25　对称布局平衡实例

✍【本章小结】

本章详细地介绍了机构运动中的力分析，主要原理是以达朗贝尔原理为基础及动态静力分析方法；在学习中同学们要理解惯性力的概念；各种运动状态下的惯性力计算及惯性力的简化；理解二力杆件的基本概念；掌握三力汇交定理及应用；平面力系平衡的条件等基本理论和方法及工程应用。静平衡和动平衡的条件及之间的联系及工程应用。

思 考 题

9-1 作用于机构上的力有哪几种？它们的性质有何不同？

9-2 应用质量代换法的目的是什么？静代换和动代换各自的特点是什么？试指出它们之间的主要差别和代换后存在的误差。

9-3 考虑摩擦力的运动副反力的方向与组成此运动副的两机构间的相对运动存在何种关系？如何使用角标保证判别时不易发生错误？

9-4 从受力观点分析，机构中移动副和转动副发生自锁的条件分别是什么？

9-5 平面机构的平衡问题如何分类？它们各自的特点是什么？

9-6 刚性转子静平衡和动平衡有何不同？它们的平衡条件是什么？

9-7 刚性转子的平衡设备有哪些？其基本原理是什么？

9-8 机构的完全平衡法是否能完全消除机构运动时的惯性振动激励源？

练 习 题

9-1 如题图 9-1 所示，一质量为 Q 的楔形滑块在水平力 $P=100$ kg 的作用下沿斜面导路等速上升。已知滑块与斜面间的摩擦系数 $f=0.13$，滑块的倾角 $\beta=30°$ 及导路的升角 $\alpha=30°$，求滑块的质量 Q。

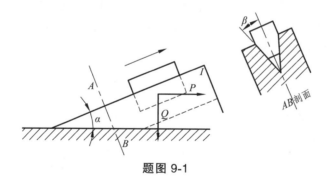

题图 9-1

9-2 题图 9-2 所示的小车质量 $Q=3\,000$ kg，其轮轴轴颈的直径 $d=40$ mm，轴承中的滑动摩擦系数 $f_0=0.1$，轮子的直径为 $D=250$ mm，车轮与铁轨间的摩擦系数足够大，且忽略滚动摩擦系数。请完成：（1）求出摩擦圆半径，并画出车轮与铁轨之间全反力的方向；（2）求出运动副中全反力的大小；（3）求出使小车等速运动的水平拉力 P 的大小。

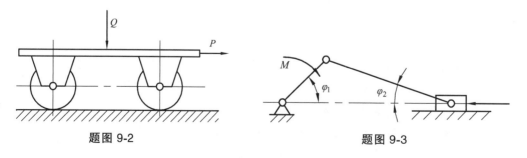

题图 9-2   题图 9-3

9-3 在题图 9-3 所示的曲柄滑块机构中，$l_{AB} = 100$ mm，$l_{BC} = 200$ mm，三个转动副的直径均为 40 mm，各运动副的摩擦系数均为 0.1，滑块水平阻力 $F = 1\,000$ N，曲柄上受到驱动力矩为 M。忽略惯性力，机构处于 $\varphi_1 = 45°$，请完成：（1）转动副的摩擦圆半径和移动副的摩擦角；（2）求 BC 杆的方位角 φ_2；（3）在图中标出各个运动副约束力；（4）求出各运动副约束力和驱动力矩的数值。

9-4 在题图 9-4 所示机构中，已知：$x = 250$ mm，$y = 200$ mm，$l_{AS2} = 128$ mm，F 为驱动力，Q 为有效阻力。$m_1 = m_3 = 27.5$ kg，$m_2 = 4.59$ kg，$J_S = 0.012$ kgm^2，滑块 B 以等速 $v = 5$ m/s 向下移动，试确定作用在各构件上的惯性力。

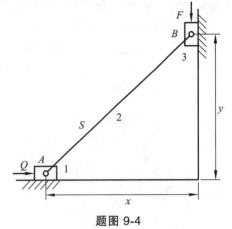

题图 9-4

9-5 在题图 9-5 所示的机车蒸汽机中，已知 $l_{AB} = 350$ mm，$l_{BC} = 2\,350$ mm，$l_{CS_2} = 1\,520$ mm，$G_2 = 1\,860$ N，$G_3 = 3\,040$ N，$J_{S_2} = 300$ kgm^2，当 $\varphi = 45°$ 时，曲柄顺时针回转的转速 $n = 300$ r/min，试求：（1）连杆的静代换质量 m_{2B} 和 m_{2C} 及动代换质量 m'_{2B} 和 m'_K；（2）连杆的总惯性力 F'_{i2} 的大小、方向及作用线。

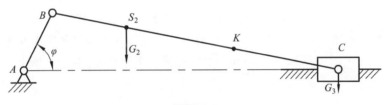

题图 9-5

9-6 在题图 9-6 所示的铰链四杆机构中，已知各构件的长度 $l_{CD} = 300$ mm，$l_{BC} = l_{AB} = 200$ mm，各构件的质量为 $m_1 = m_2 = m_3 = 1$ kg，各构件的质心均位于铰链间的中点，构件 2 对其质心的转动惯量 $J_{S_2} = 0.005$ kgm^2，曲柄的等角速度 $\omega_1 = 20$ rad/s。当曲柄和摇杆的轴线在铅直位置而连杆的轴线在水平位置时，求各构件的总惯性力和惯性力偶。

9-7 在题图 9-7 所示的摩擦停止机构中，已知 $r_1 = 290$ mm，$r_0 = 150$ mm，$Q = 500$ N，$f = 0.16$，忽略转动副的摩擦，请完成：（1）楔紧角 β 的临界值；（2）在图中标出各运动副的约束力；（3）求出各约束力的数值。

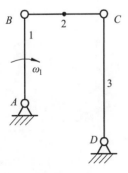

题图 9-6

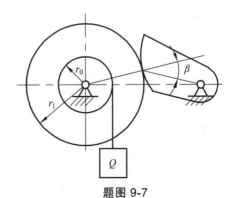

题图 9-7

9-8　在车床上要加工工件 A 上的圆孔。工件的质量为 10 kg，质心为 S，压紧工件的两个压板 B、C 质量均为 2 kg。如果在距离中心 100 mm 的位置安装平衡质量，试求出平衡质量和方位。

9-9　高速水泵的凸轮轴如题图 9-9 所示，安装有三个相互错开 120° 的偏心轮，每个偏心轮的质量为 0.4 kg，偏心距 12.7 mm，设在平衡面 A、B 中安装平衡质量 m_A、m_B 使之平衡，其回转半径为 10 mm，请确定平衡质量的位置。

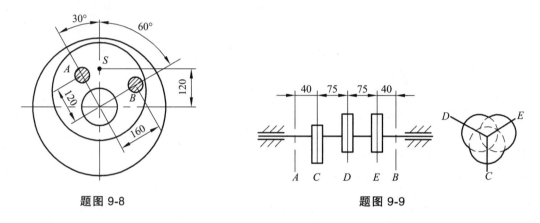

题图 9-8　　　　　　　　　　　　　　题图 9-9

9-10　某需要动平衡的主轴如题图 9-10 所示，平衡质量只能安装在校正回转面 Ⅱ 和 Ⅰ 中，但动平衡机只能测得两支撑范围内的校正面的不平衡量，现测得平衡面 Ⅰ 和 Ⅲ 内需要安装的平衡质径积为 $m_1r_1 = 1$ gm，$m_3r_3 = 1.2$ gm，方位见图。请计算出应在校正面 Ⅱ 和 Ⅰ 中安装的平衡质量的质径积。

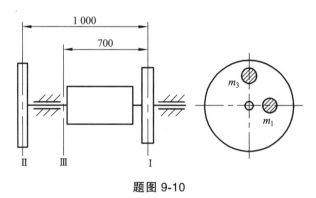

题图 9-10

第 10 章　机器的能量分析与速度波动调节

☞【本章要点】

本章从能量的观点研究机器运动中的力学问题，主要内容有：机器运动的功能关系，介绍机器能量分析的基本原理；机器的效率和自锁的效率条件，分析机器对能量的有效利用程度等；机器等效动力学模型和机器的运动方程求解，分析其真实运动过程；机器稳定运转过程中的周期性速度波动调节，介绍飞轮转动惯量的计算方法。能量方法的突出优点是可以跨越许多受力分析细节和运动过程而直接得到人们期望的分析结论，可以简化力学分析过程。

10.1　机器运动的功能关系

10.1.1　机器运转的能量分析方法

前面在对机构进行动力学分析时，通常总是假定其原动件的运动规律已知，而且一般假设原动件做等速运动，然而实际上机构原动件的运动规律是由机构各构件的质量、转动惯量和作用在机器上的力等因素决定的。**在一般情况下，原动件的运动参数（位移、速度、加速度）往往是随时间变化的。**所以研究外力作用下机器的真实运动规律，对于设计机器，特别对于高速、重载、高度自动化的机器具有十分重要的意义。

机器在运动过程中出现的速度波动，必然会导致运动副中产生附加的动力，并引起机器的振动。从而会降低机器的寿命、效率和工作可靠性，所以也**需要对机器运动速度的波动及其调节的方法进行研究**。

根据理论力学中的动能定理建立物体运动方程时，所有不做功的力都不出现在方程之中，而一般机构中所有理想的运动副约束力都是不做功的，这就使我们用能量方法分析机构运动时能够避开众多不做功的力。故分析机器的真实运动和速度波动等问题时，能量分析方法得到了十分普遍的应用。动能原理是人们进行机器能量分析的基础。

作用在机器上做功的力主要有工作阻力和驱动力两大类。力（或力矩）与运动参数（位移、速度、时间等）之间的关系通常称为机器特性。机器中各个构件的重力以及运动副中的摩擦力等也要做功，但许多情况下对机器运动的影响较小，为了简化分析过程常常可以忽略不计。

10.1.2　机器运动的功能关系

对机器进行能量分析时，由机器功能定理可知，对于任一时间间隔，**作用在其上的力所做的功与机器动能的变化关系可用下列机器动能方程式来表示：**

$$W_d - W_r - W_f \pm W_G = E - E_0 \qquad\qquad (10.1)$$

式中，W_d、W_r、W_f 及 W_G 分别为该时间间隔内所有驱动力、有效阻力、有害阻力及运动构件自身重力所做的功；而 E 和 E_0 分别为该时间间隔结束和开始时机器所具有的动能。W_d 称为**输入功**；W_r 称为**输出功**；W_f 称为**损失功**；W_G 有正负之分：当机器运动构件的总质心上升时，其值为负；反之，当总质心下降时，其值为正。上述输出功应理解为规定机器在工作时要克服作用在输出构件上阻力的功。因此，如汽车等运输机器克服路面与轮胎之间的摩擦力所做的功便是输出功，它不应与轴承等运动副中的摩擦力所做的功一样理解为损失功。

　　机器从开始运动到停止运动所经的时间间隔称为机器运动的全时期。因为一般机器所有运动构件的运动规律由输入构件的运动规律所决定，所以从机器输入构件开始运动到停止运动所经的时间间隔也就是机器运动的全时期，如图 10.1 所示。一般而论，机器运动的全时期由启动、稳定运动和停车三个阶段组成。

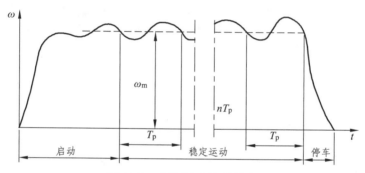

图 10.1　机器运动的全周期

（1）启动时期。

　　此时机器主轴的速度由零增加到它的正常工作速度，即末速大于初速，故 $E > E_0$。由式（10.1）可知，启动时期内输入功大于输出功和损失功之和。该时期为时较短，通称开车阶段。

（2）稳定运动时期。

　　此时机器主轴的速度稳定，是机器真正工作的阶段，为时较长。如仔细分析机器主轴的速度还有两种情况：

　　① 机器主轴速度在和它正常工作速度相对应的平均值上下做周期性的反复变动，称为**变速稳定运动**，如各种活塞式原动机和工作机等的工作状态。当机器主轴的位置、速度和加速度从某一原始值变回到该原始值时，**此变化过程称为机器的运动循环**，其所需的时间称为**运动周期 T_p**。由于每一运动循环的初速和末速相等，且其运动构件的重力所做的功又等于零，所以

$$W_d - W_r - W_f = E - E_0 = 0 \qquad\qquad (10.2)$$

　　式（10.2）说明，**在机器稳定运动时期的一个运动循环内，输入功等于输出功与损失功之和**。但是在每一运动循环内的任一时间间隔中，它们却不一定相等。生产中的大部分机器都是有周期性运动循环的机器。

　　在实际机器中，一个运动循环可能对应于机器主轴的一转（如冲床）、两转（如四冲程内燃机）、数转（如轧钢机）或几分之一转（如铣床）。

② 机器主轴速度为常数，称为**匀速稳定运动**，如鼓风机、提升机等工作状态。这时，由于在整个稳定运动时期内机器的速度和动能都是常数，故对于任一时间间隔，其输入功都等于输出功与损失功之和。

（3）停车时期。

此时机器主轴的速度由正常工作速度减小到零，即末速小于初速，故 $E<E_0$。由式（10.1）可知，在停车时期内，输入功小于输出功和损失功之和。通常此时不再加驱动力，并且为了缩短停车时间，还采用制动机构来增加阻力，使之加快停车。在本时期中，机器将启动时期所积累的动能全部用完。停车时期为时也较短。

10.2　机器的效率和自锁的效率条件

10.2.1　机器的机械效率

从以上机器动能方程式中可以看到，当机器运动时，总有一部分驱动力所做的功要消耗在克服一些有害阻力（如运动副中的摩擦力）上而变为损失功。这完全是一种能量的损失，应当力求减少。因此，研究如何衡量机器对能量的有效利用程度以及确定的方法是十分重要的问题。

由于机器真正工作的阶段是在稳定运动时期，所以能量的有效利用问题应根据此时期的特点进行讨论。根据前节所述，在变速稳定运动的一个运动循环中，或匀速稳定运动的任一时间间隔内，**输入功等于输出功与损失功之和**，即式（10.2）可写为

$$W_d = W_r + W_f \tag{10.3}$$

从式（10.3）中可以看出，对于一定的 W_d，损失功 W_f 越小，则输出功 W_r 就越大，这表示该机器对能量的有效利用程度越高。因此，我们可以用 W_r 对 W_d 的比值 η 来衡量机器对能量有效利用的程度，即

$$\eta = \frac{W_r}{W_d} = \frac{W_d - W_f}{W_d} = 1 - \frac{W_f}{W_d} = 1 - \xi \tag{10.4}$$

式中

$$\xi = \frac{W_f}{W_d} \tag{10.5}$$

由于式（10.4）表示了机器对机械能的有效利用的程度，故**称 η 为机器的机械效率**，简称效率，而 ξ 则**称为损失系数**。由式（10.4）可知

$$\eta + \xi = 1 \tag{10.6}$$

以上说明，做变速稳定运动的机器的效率概念是建立在一个运动循环之上的。因为在一个运动循环中的任一微小区间内，机器动能的增量和运动构件重力所做的功并不等于零，输入功的一部分还要用来增加机器的动能和克服运动构件重力所做的功，或者说机器的动能和构件重力的功会克服一部分输出功和损失功，故此时输出功与输入功的比值并不是机器

的真正效率，而称为**瞬时效率**。真正的效率应等于整个运动循环内输出功与输入功的比值，因而又称为**循环效率**。但是对于做匀速稳定运动的机器，则因其动能在整个稳定运动时期都保持不变，即动能增量和构件重力的功都等于零，所以此时机器的效率就等于任一瞬时的效率。

机器的效率也可以用驱动力和有效阻力等的功率来表示。如将式（10.4）的分子、分母都除以一个运动循环的时间后，即得

$$\eta = \frac{P_r}{P_d} = 1 - \frac{P_f}{P_d} = 1 - \xi \tag{10.7}$$

式中，P_d、P_r 和 P_f 分别为一个运动循环中驱动力、有效阻力和有害阻力的功率的平均值。所以做变速稳定运动的机器效率就是一个全循环内的输出功率与输入功率的平均值之比。如果上式中 P_d、P_r 和 P_f 为任一时刻相应外力的功率，则用此式求得的效率应为瞬时效率。若机器作匀速稳定运动，则任一时刻机器的输出功率与输入功率之比就是该机器的机械效率。效率将随其载荷及运转速度而异，在额定载荷和转速下效率最高。另外，构件惯性力会在运动副中产生动压力，而增加功的损失，所以只有定轴转动构件的机器效率要高些。

式（10.4）和式（10.7）表示效率是两种功的比或两种功率的比，**也可以把效率化成两种力的比或两种力矩的比**。

在图 10.2 所示的机器匀速运动的示意图中，设 F 为实际驱动力，Q 为相应的实际生产阻力；而 v_F 和 v_Q 分别为 F 和 Q 的作用点沿力作用线方向的速度，根据式（10.7）得

$$\eta = \frac{P_r}{P_d} = \frac{Q v_Q}{F v_F} \tag{10.8}$$

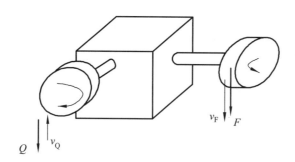

图 10.2 一般机器效率转化分析

如设该装置为一不存在有害阻力的理想机器，设 F_0 为对应于同一有效阻力 Q 的理想驱动力，或设 Q_0 为对应于驱动力 F 的理想有效阻力，则由式（10.8）得

$$\eta = \frac{Q v_Q}{F_0 v_F} = \frac{Q_0 v_Q}{F v_F} = 1$$

即

$$\frac{v_Q}{v_F} = \frac{F_0}{Q} = \frac{F}{Q_0}$$

将上式代入式（10.8）可得

$$\eta = \frac{F_0}{F} = \frac{Q}{Q_0} \qquad\qquad (10.9)$$

同理，如设 M_d 和 M_{d0} 各为实际的和理想的驱动力矩，M_r 和 M_{r0} 各为实际的和理想的有效阻力矩，则同样可得

$$\eta = \frac{M_{d0}}{M_d} = \frac{M_r}{M_{r0}} \qquad\qquad (10.10)$$

对于做变速稳定运动的机器，如用式（10.9）和式（10.10）计算，则所得结果应为该机器的瞬时效率。在一个运动循环内，不同时刻的瞬时效率的数值是不同的。

以上有关公式都可以根据具体情况对效率进行理论计算。通过所列的效率公式，还可分析和控制与效率有关的各种参数。对于已有的机器，也可通过实验的方法来测定其效率，特别是由单机构组成的机器，它的效率数据在一般设计手册中可以查到。因此，对于由若干机构组成的复杂机器或机组，可以利用一些已知的基本效率数据来进行全机的效率计算。这对机器设计工作也是很有用的。

对于**复杂机器或机组效率的计算方法**，按连接方式可分成下面 3 种情况。

（1）串联：如图 10.3 所示，设有 k 个机器依次串联起来（如若干个定轴轮系传动），其各个机器的效率分别为 η_1，η_2，η_3，$\cdots$，η_k，那么因

$$\eta_1 = \frac{W_1}{W_d}, \quad \eta_2 = \frac{W_2}{W_1}, \quad \eta_3 = \frac{W_3}{W_2}, \quad \cdots, \quad \eta_k = \frac{W_k}{W_{k-1}}$$

而

$$\frac{W_k}{W_d} = \frac{W_1}{W_d}\frac{W_2}{W_1}\frac{W_3}{W_2}\cdots\frac{W_k}{W_{k-1}}$$

所以总效率 η 为

$$\eta = \frac{W_k}{W_d} = \eta_1\eta_2\eta_3\cdots\eta_k \qquad\qquad (10.11)$$

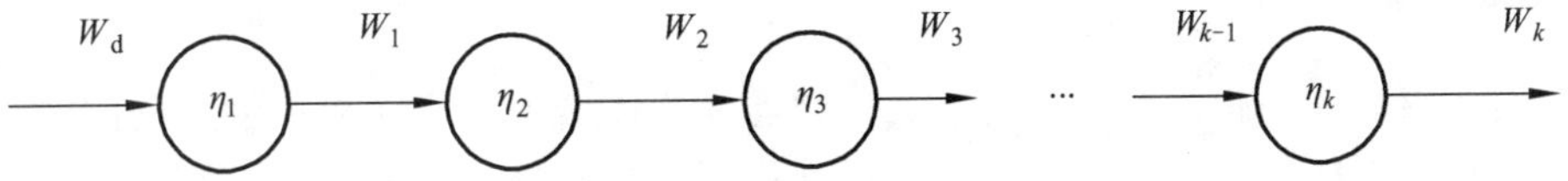

图 10.3　机构或机器的串联

由于任一机器的效率都小于 1，所以**串联的总效率比小于任一局部效率**；且组成的机器的数目越多，则其总效率将越小。

（2）并联：对于图 10.4 所示的由 k 个互相并联的机器（如传动轴及其所带动的许多机器），因总输入功为

$$W_d = W_1 + W_2 + W_3 + \cdots + W_k$$

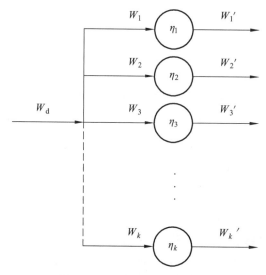

图 10.4　机构或机器的并联

总输出功为

$$W_r = W_1' + W_2' + W_3' + \cdots + W_k' = \eta_1 W_1 + \eta_2 W_2 + \eta_3 W_3 + \cdots + \eta_k W_k$$

所以总效率 η 为

$$\eta = \frac{W_r}{W_d} = \frac{\eta_1 W_1 + \eta_2 W_2 + \eta_3 W_3 + \cdots + \eta_k W_k}{W_1 + W_2 + W_3 + \cdots + W_k} \tag{10.12}$$

式（10.12）表明，并联的机器的总效率 η 不仅与各机器的效率有关，而且也与总输入功的分配比例有关。设 η_{max} 和 η_{min} 为各个机器效率的最大值和最小值，则 $\eta_{min} < \eta < \eta_{max}$。又若各个局部效率均相等，那么不论 k 的数目多少以及输入功如何分配，总效率总等于任一局部效率。

（3）混联：由上述两种连接组合而成，其总效率的求法因组合的方法不同而异，可先将输入功至输出功的路线弄清，然后分别按其连接的性质参照式（10.11）和式（10.12）的建立方法，推导出总效率的计算公式。

10.2.2　机器的自锁

在前面介绍运动副中的摩擦力时，我们曾经从力的观点研究过机构的自锁问题，现在我们从效率的观点来研究机器的自锁问题，讨论机器发生自锁的条件。

（1）机器的正行程和反行程。

在讨论自锁条件前先说明一下机器的行程。我们将驱动力作用在原动件上，使运动自原动件向从动件传递时，称为**正行程**；反之，当将正行程的生产阻力作为驱动力作用到原来的从动件上，使运动自正行程时的从动件向原动件传递时，称为**反行程**。因此，正、反行程的原动件和从动件正好互相对调。对于由两个构件组成一个运动副的最简单的机器，如斜面、杠杆等，其原动件和从动件是同一构件，所以该构件向某一指定方向运动时为正行程，向相反方向运动时便为反行程。

（2）机器的自锁条件。

因为任何实际机器的有害阻力所做的功 W_r 都不等于零，故由式（10.4）可知，机器的效率总是小于 1。如果 $W_d = W_f$，则 $\eta = 0$。在这种情况下：① 如果机器原来就在运动，那么它仍能运动，但此时 $W_r = 0$，故机器不做任何有用的功；② 如果该机器原来就不动，那么不论其驱动力多么大，它能够完成的功总是刚够克服相应的有害阻力所需之功，没有多余的功可以变成机器的动能，故此时**机器总不能运动，即发生自锁**。如果 $W_d < W_f$，则 $\eta < 0$，此时全部驱动力所做的功尚不足以克服有害阻力的功，所以机器不论其原来情况如何，最终必处于静止状态。也就是说，机器必定自锁。综合以上所述，可得**发生自锁的条件为**

$$\eta \leqslant 0 \tag{10.13}$$

必须指出，式（10.13）中 $\eta = 0$ 是有条件的自锁，即必须机器原来就静止不动。这种自锁一般不太可靠。

正行程的效率 η 和反行程的效率 η' 一般不相等。在计算实际机器的正、反行程效率时，可能遇到下列两种情形：① $\eta > 0$ 及 $\eta' > 0$；② $\eta > 0$ 及 $\eta' < 0$。第一种情形表示正、反行程时机器都能运动；第二种情形表示正行程时机器能够运动，而反行程时发生自锁，这时不论驱动力有多么大，机器都不能运动。凡使机器反行程自锁的机构通称为自锁机构。这种自锁的原理常应用于各种夹具、楔连接、起重装置和压榨机上。

在某些情况下，机器的自锁不但与它处于哪一行程有关，而且还随其力的作用线的位置而定。

10.2.3　瞬时效率计算及自锁分析示例

下面对一些简单机构在用于机器传动时的瞬时效率和自锁进行计算和分析，并举例说明。

如图 10.5（a）所示，滑块 A 置于具有升程角 λ 的斜面上。已知斜面与滑块之间的摩擦系数 f 及加于滑块 A 上的铅直载荷 Q（也包括滑块本身的重量），今欲求当滑块以等速上升与等速下降时，水平力 F 的大小、该斜面的效率及其自锁条件。

（1）滑块上升。

当滑块 A 以等速沿斜面上升时，F 为驱动力而 Q 为生产阻力。因斜面 B 加于滑块 A 的总反力 R 的方向应与 A 相对于 B 的运动方向呈角 $90° + \varphi$，其中 $\varphi = \arctan f$ 为摩擦角。所以 R 与 Q 间的夹角为 $\lambda + \varphi$。现已知载荷 Q 的大小和方向及驱动力 F 和反力 R 的方向，所以按力的平衡方程式 $Q + R + F = 0$ 作力多边形，如图 10.5（b）所示。然后由图可得

$$F = Q \tan(\lambda + \varphi) \tag{10.14}$$

如果 A、B 之间没有摩擦，则可得理想的水平驱动力为

$$F_0 = Q \tan \lambda$$

根据式（10.9）可得滑块上升时斜面的效率为

$$\eta = \frac{F_0}{F} = \frac{\tan \lambda}{\tan(\lambda + \varphi)} \tag{10.15}$$

（2）滑块下降。

如图 10.5（c）所示，设将力 F 减小到 F' 时，滑块 A 以等速沿斜面下滑，这时 Q 为驱动力而 F' 为生产阻力。由于滑块运动方向的改变，所以总反力 R' 与 Q 之间的夹角变为 $\lambda - \varphi$。然后按 $Q + R + F = 0$ 作其力多边形，如图 10.5（d）所示，可得

$$F' = Q\tan(\lambda - \varphi) \qquad (10.16)$$

像上面一样，当 A、B 之间没有摩擦时，$\varphi = 0$。可得理想的生产阻力为

$$F' = Q\tan\lambda$$

所以滑块下滑时斜面的效率为

$$\eta' = \frac{F'}{F_0'} = \frac{\tan(\lambda - \varphi)}{\tan\lambda} \qquad (10.17)$$

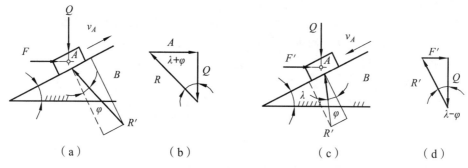

$$(a) \qquad (b) \qquad (c) \qquad (d)$$

图 10.5　斜面力分析图

斜面机构在机器中应用时，一般滑块上升为正行程，下滑为反行程。由式（10.15）和式（10.17）可知，当 φ 一定时，斜面的效率是升程角 λ 的函数，且正、反行程的效率不相等。当正行程时，如 $\lambda \geqslant \dfrac{\pi}{2} - \varphi$，则 $\eta \leqslant 0$，机器要发生自锁现象。因为正行程不应当发生自锁现象，所以应使 $\lambda < \dfrac{\pi}{2} - \varphi$。当反行程时，如 $\lambda \leqslant \varphi$，则 $\eta' \leqslant 0$，机器也要发生自锁现象。

10.2.4　螺旋和蜗杆传动

1. 螺旋传动

螺旋传动

设螺杆与螺母之间的压力作用在平均半径为 r_0 的螺旋线上。同时，如果忽略各个圆柱面上的螺旋线升程角的差异，则当将螺旋面展开后，即得一连续的斜面。这样，便可将螺旋传动的效率问题化为前面的斜面传动的效率问题。至于螺纹剖面形状虽有多种，这里仅分析方螺纹和三角螺纹。

（1）方螺纹。如图 10.6（a）所示，为了清楚起见，图中仅画出螺杆的一个螺纹 B 和螺母的螺纹上的一小块 A。如前所述，当将该螺纹展开后，即得图 10.6（b）所示的滑块 A 和斜面 B。设 r_0 为螺旋的平均半径；Q 为加于螺母上的轴向载荷（对于起重螺旋而言，它就是被举起的重量；对于车床的导螺杆而言，它就是轴向走刀的阻力；对于连接螺旋而言，它就是

被连接零件所受到的相应夹紧力）；M 为驱使螺母旋转的力矩，它等于假想的作用在螺旋平均半径处的圆周力 F 和平均半径 r_0 的乘积，即 $M = Fr_0$，又 $\lambda = \arctan \dfrac{p}{2\pi r_0}$ 为螺旋的平均升程角，其中 p 为螺旋的导程；φ 为螺纹间的摩擦角。当螺母沿轴向移动的方向与力 Q 的方向相反时（它相当于通常的拧紧螺母），它的作用与滑块在水平驱动力 F 的作用下沿斜面上升一样，因此由式（10.14）和式（10.15）得

$$F = Q \tan(\lambda + \varphi)$$

及
$$\eta = \frac{\tan \lambda}{\tan(\lambda + \varphi)}$$

故
$$M = Fr_0 = Qr_0 \tan(\lambda + \varphi) \tag{10.18}$$

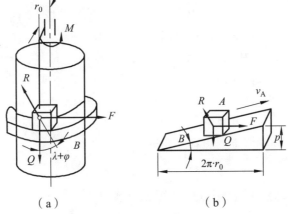

（a）　　　　　　　　　　　　　（b）

图 10.6　矩形螺纹的受力分析

反之，当螺母沿轴向移动的方向与力 Q 的方向相同时（它相当于通常的拧松螺母），它的作用与滑块在载荷 Q 的作用下沿斜面下降相同，因此由式（10.16）和式（10.17）得

$$F' = Q \tan(\lambda - \varphi)$$

及
$$\eta' = \frac{\tan(\lambda - \varphi)}{\tan \lambda}$$

故
$$M' = F'r_0 = Qr_0 \tan(\lambda - \varphi) \tag{10.19}$$

式中，力 F'（或力矩 M'）为维持螺母 A 在载荷 Q 作用下等速松开的支持力，它的方向仍与 F（或力矩 M）相同。如果要求螺母在力 Q 作用下不会自动松开，则必须使 $\eta \leqslant 0$，即要满足反行程自锁条件：

$$\lambda \leqslant \varphi$$

（2）三角螺纹。如图 10.7 所示，三角螺纹与方螺纹相比，其不同点仅是后者相当于平滑块与斜平面的作用，而前者相当于楔形滑块与斜楔形槽面的作用。因此，参照第 9 章楔形滑块摩擦的特点，只需用当量摩擦角 φ_Δ 代替式（10.15）、（10.18）和（10.17）、（10.19）中的摩

擦角φ，便可得到三角螺纹的各个对应的公式。由
图 10.7 得楔形槽的半夹角θ近似等于$90° - \gamma$，其中
γ为三角螺纹的半顶角。因此

$$f_\Delta = \frac{f}{\sin \theta} = \frac{f}{\sin(90° - \gamma)} = \frac{f}{\cos \gamma}$$

而　　　$\varphi_\Delta = \arctan f_\Delta = \arctan\left(\frac{f}{\cos \gamma}\right)$　　　（10.20）

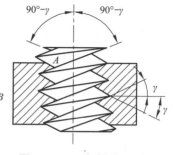

图 10.7　三角螺纹牙型　　螺旋线

因φ_Δ总大于φ，故三角螺纹的摩擦大、效率低，
易于发生自锁。因此**三角螺纹应用于连接的螺旋**；而**方螺纹才应用于传递运动和动力的螺旋**，
如起重螺旋、螺旋压床及各种机床的导螺杆等。

　　2. 蜗杆传动

　　蜗杆传动中，蜗杆相当于螺杆，蜗轮相当于螺母，因此其效率的求法与三角螺纹的螺旋
相同，其自锁条件也是一样的。当蜗杆主动时为正行程，其转矩所产生的圆周力垂直于蜗杆
的轴线，它相当于上述的力 F；而蜗轮上阻力矩所产生的圆周力平行于蜗杆轴线，它相当于
上述的力 Q。此时蜗轮在与蜗杆接触点处的线速度方向与力 Q 的方向相反，所以这种情况相
当于通常的拧紧螺母，即应用式（10.15）和式（10.18），但用φ_Δ代替φ。反之，当蜗轮主动
时，就相当于拧松螺母，即应用式（10.17）和式（10.19），同样地用φ_Δ代替φ。又蜗杆轴面
中的压力角相当于三角螺纹的半顶角，故φ_Δ可用式（10.20）求得。

10.3　机器运动的等效动力学模型及真实运动的求解

　　从动能方程式可知，当研究机器的运动和外力的定量关系时，必须研究所有运动构件的
动能变化和所有外力所做的功。对于单自由度机械系统，当其中某一构件的运动确定后，整
个系统的运动也就确定了，所以此时可以将整个机器的运动问题化为它的某一构件的运动问
题来研究。为此，我们引用等效力和等效力矩以及等效质量和等效转动惯量的概念，以便建
立单自由度机械系统的等效动力学模型。

10.3.1　机械运动方程的一般表达式

　　在实际机械中，大多数的机械只具有一个自由度，对于**单自由度的机械系统**，比较简便
的方法就是根据动能定理建立其运动方程式。设某机械系统由 n 个活动构件组成，在 $\mathrm{d}t$ 时间
内其总动能的增量为 $\mathrm{d}E$，则根据**动能定理**，此动能增量应该等于在该瞬间作用于该机械系统
的各外力所做的功之代数和 $\mathrm{d}W$，于是即可列出该机械系统运动方程的微分表达式为

$$\mathrm{d}E = \mathrm{d}W$$

（10.21）

　　现以图 10.8 所示的曲柄滑块机构为例具体进行分析。图中机构由三个活动构件组成，设
已知曲柄 1 为原动件，其角速度为ω_1；曲柄 1 的质心 c_1 在 O 点，其转动惯量为 J_1；连杆 2

的质量为 m_2，其对质心 c_2 的转动惯量为 J_{C2}，角速度为 ω_2，质心 c_2 的速度为 v_{C2}；滑块 3 的质量为 m_3，其质心 c_3 在 B 点，速度为 v_3。则该机构在 dt 瞬间的动能增量为

$$dE = d\left(\frac{1}{2}J_1\omega_1^2 + \frac{1}{2}m_2v_{C2}^2 + \frac{1}{2}J_{C2}\omega_2^2 + \frac{1}{2}m_3v_3^2\right) \quad (10.22)$$

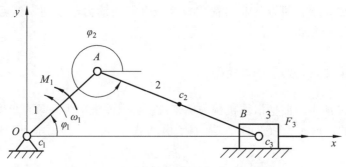

图 10.8　曲柄滑块机构运动方程式的建立

在此机构上，做功的力仅有驱动力矩 M_1 与工作阻力 F_3，在 dt 瞬间其对机构所做的功为

$$dW = (M_1\omega_1 - F_3v_3)dt \quad (10.23)$$

设外力在 dt 瞬时的功率为 N，则式（10.23）又可写成

$$dW = Ndt = (M_1\omega_1 - F_3v_3)dt \quad (10.24)$$

于是瞬时功率 N 的表达式为

$$N = M_1\omega_1 - F_3v_3 \quad (10.25)$$

现将式（10.22）、（10.23）代入式（10.21）可得出此曲柄滑块机构的运动方程式为

$$d\left(\frac{1}{2}J_1\omega_1^2 + \frac{1}{2}m_2v_{C2}^2 + \frac{1}{2}J_{C2}\omega_2^2 + \frac{1}{2}m_3v_2^2\right) = (M_1\omega_1 - F_3v_3)dt \quad (10.26)$$

同理，如果机构采用 n 个活动构件组成，并用 E_i 表示构件 i 的动能，则可将式（10.22）中的动能 E 写成如下的一般表达式：

$$E = \sum_{i=1}^{n} E_i = \sum_{i=1}^{n}\left(\frac{1}{2}m_iv_{Ci}^2 + \frac{1}{2}J_{Ci}\omega_i^2\right) \quad (10.27)$$

如作用在构件 i 上的作用力为 F_i，力矩为 M_i，力 F_i 的作用点速度为 v_i，而构件 i 的角速度为 ω_i，忽略运动副摩擦力，则其瞬时功率的一般表达式为

$$N = \sum_{i=1}^{n} N_i = \sum_{i=1}^{n}(F_iv_i\cos\alpha_i \pm M_i\omega_i) \quad (10.28)$$

式中，α_i 为作用在构件 i 上的外力 F_i 与该力作用点的速度 v_i 的夹角；而"$\pm$"则表示作用在构件 i 上力矩 M_i 与该构件的角速度 ω_i 之方向的异同，如果方向相同则取"$+$"号，反之则取"$-$"号。

由式（10.27）及式（10.28）可得出机械运动方程式微分形式的一般表达式为

$$d\left[\left(\frac{1}{2}m_iv_{Ci}^2+\frac{1}{2}J_{Ci}\omega_i^2\right)\right]=\left[\sum_{i=1}^{n}(F_iv_i\cos\alpha_i\pm M_i\omega_i)\right]dt \qquad （10.29）$$

对于方程式（10.29），必须首先求出 n 个活动构件的功能与功率的总和，然后才能求解。**对于单自由度机械系统，可以先将其简化成为一个等效动力学模型，然后列出其运动方程式。**现将这种方法介绍如下。

10.3.2 机械系统的等效动力学模型

现仍以图 10.8 所示的曲柄滑块机构为例来说明：因该机构为一单自由度机构系统，现选其原动件曲柄 1 的转角 φ_1 为独立的广义坐标，并将式（10.26）改写成下列形式：

$$d\left\{\frac{\omega_1^2}{2}\left[J_1+J_{C2}\left(\frac{\omega_2}{\omega_1}\right)^2+m_2\left(\frac{v_{C2}}{\omega_1}\right)^2+m_3\left(\frac{v_3}{\omega_1}\right)^2\right]\right\}=\omega_1\left[M_1-F_3\left(\frac{v_3}{\omega_1}\right)\right]dt \qquad （10.30）$$

为简化计算，令

$$J_e=J_1+J_{C2}\left(\frac{\omega_2}{\omega_1}\right)^2+m_2\left(\frac{v_{C2}}{\omega_1}\right)^2+m_3\left(\frac{v_3}{\omega_1}\right)^2 \qquad （10.31）$$

$$M_e=M_1+F_3\left(\frac{v_3}{\omega_1}\right) \qquad （10.32）$$

则式（10.30）可以写成形式简单的运动方程式

$$d\left(\frac{1}{2}J_e\omega_1^2\right)=M_e\omega_1dt \qquad （10.33）$$

由式（10.31）可以看出，J_e 与转动惯量的量纲相同，故称其为**等效转动惯量**，式中的各速比 ω_2/ω_1、v_{C2}/ω_1 及 v_3/ω_1 都是独立广义坐标 φ_1 的函数（如为定传动比则为常数），因此等效转动惯量的一般表达式可以写成函数式，即

$$J_e=J_e(\varphi_1) \qquad （10.34）$$

于是机构在 dt 瞬间动能的变化可以表示为

$$dE=d\left(\frac{1}{2}J_e\omega_1^2\right) \qquad （10.35）$$

又由式（10.32）可知，M_e 与力矩的量纲相同，故称之为**等效力矩**。同理，式中的传动比 v_3/ω_1 也是独立广义坐标 φ_1 的函数。又因外力 M_e 与 F_3 在机械系统中可能是运动参数 φ_1、ω_1 与时间 t 的函数，所以等效力矩的一般函数表达式为

$$M_e=M_e(\varphi_1,\omega_1,t) \qquad （10.36）$$

于是外力在 dt 瞬时的功率可表示为

$$N = M_e \omega_1 \tag{10.37}$$

上述推导可以理解为：对于一个单自由度机械系统的运动研究，可以简化为对一个具有独立广义坐标且其转动惯量为等效转动惯量 $J_e(\varphi_1)$，并在其上作用有一等效力矩 $M_e(\varphi_1, \omega_1, t)$ 的假想构件[见图 10.9（a）]的运动的研究，这一假想构件称为**等效构件**，而把具有等效转动惯量 J_e，其上作用有等效力矩 M_e 的等效构件称为单自由度机械系统的等效动力学模型。具有等效转动惯量 $J_e(\varphi_1)$ 的等效构件的动能等于原机构的动能，而作用于其上的等效力矩 M_e（φ_1，ω_1，t）的瞬时功率等于原机构上所有外力在同一瞬时的功率。

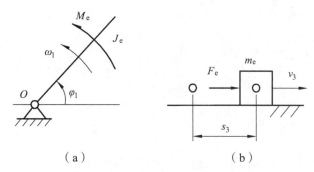

（a）　　　　　　　　　　　（b）

图 10.9　等效动力学模型

当然，等效构件也可选移动构件。例如在图 10.6 所示的曲柄滑块机构中，也可选取滑块 3 为等效构件（其广义坐标为滑块的位移 s_3），其等效动力学模型如图 10.7（b）所示，则式（10.26）可改写成下列形式：

$$d\left\{ \frac{v_3^2}{2}\left[J_1\left(\frac{\omega_1}{v_3}\right)^2 + J_{C2}\left(\frac{\omega_2}{v_3}\right)^2 + m_2\left(\frac{v_{C2}}{v_3}\right)^2 + m_3 \right] \right\} = v_3\left[M_1\left(\frac{\omega_1}{v_3}\right) - F_3 \right]dt \tag{10.38}$$

令

$$m_e = J_1\left(\frac{\omega_1}{v_3}\right)^2 + J_{C2}\left(\frac{\omega_2}{v_3}\right)^2 + m_2\left(\frac{v_{C2}}{v_3}\right)^2 + m_3 \tag{10.39}$$

$$F_e = M_1\frac{\omega_1}{v_3} - F_3 \tag{10.40}$$

于是以滑块 3 为等效构件时所建立的运动方程式为

$$d\left(\frac{1}{2}m_e v_3^2\right) = F_e v_3 dt \tag{10.41}$$

式中，m_e 和 F_e 分别具有质量和力的量纲，故分别称为**等效质量**和**等效力**。

为了书写简便，本章在以后的叙述中常将 J_e、M_e、φ_1、ω_1 和 m_e、F_e、s_3、v_3 等的下标略去，即以 J、M、φ、ω 分别代表转动等效构件的等效转动惯量、等效力矩、角位移和角速度；以 m、F、s、v 分别代表移动等效构件的等效质量、等效力、位移和速度。

于是，根据以上分析，若取转动构件为等效构件，则其等效转动惯量及等效力矩的一般计算式为

$$J = \sum_{i=1}^{n}\left[m_i\left(\frac{v_{Ci}}{\omega}\right)^2 + J_{Ci}\left(\frac{\omega_i}{\omega}\right)^2 \right] \qquad (10.42)$$

$$M = \sum_{i=1}^{n}\left[F_i\cos\alpha_i\left(\frac{v_i}{\omega}\right) \pm M_i\left(\frac{\omega_i}{\omega}\right) \right] \qquad (10.43)$$

同理，当取移动构件为等效构件时，其等效质量及等效力的一般计算式为

$$m = \sum_{i=1}^{n}\left[m_i\left(\frac{v_{Ci}}{v}\right)^2 + J_{Ci}\left(\frac{\omega_i}{v}\right)^2 \right] \qquad (10.44)$$

$$F = \sum_{i=1}^{n}\left[F_i\cos\alpha_i\left(\frac{v_{Ci}}{v}\right) \pm M_i\left(\frac{\omega_i}{v}\right) \right] \qquad (10.45)$$

当以转动构件为等效构件时，由运动方程式（10.33）可知

$$\mathrm{d}\left[\frac{1}{2}J(\varphi)\omega^2\right] = M(\varphi,\omega,t)\omega\mathrm{d}t \qquad (10.46)$$

式（10.46）称为能量微分形式的运动方程式。若已知初始条件为：$t = t_0$ 时，$\varphi = \varphi_0$，$\omega = \omega_0$ 及 $J = J_0$，则对式（10.46）进行积分可得

$$\frac{1}{2}J(\varphi)\omega^2(\varphi) - \frac{1}{2}J_0\omega_0^2 = \int_{\varphi_0}^{\varphi} M(\varphi,\omega,t)\mathrm{d}\varphi \qquad (10.47)$$

式（10.47）称为能量积分形式的运动方程式。若将能量微分形式的运动方程式再经变换，则又可写成

$$J(\varphi)\frac{\mathrm{d}\omega(\varphi)}{\mathrm{d}t} + \frac{1}{2}\omega^2(\varphi)\frac{\mathrm{d}J(\varphi)}{\mathrm{d}\varphi} = M(\varphi,\omega,t) \qquad (10.48)$$

式（10.48）称为**力矩形式的运动方程式**，在实际应用中，可以根据给定的边界条件进行选用。

同理，当以移动构件为等效构件时，也可以推演出相应的三种形式的运动方程式，这里就不再详述了。

不难看出，利用等效动力学模型建立的机构运动方程式，不仅形式简单，而且方程式的求解也有所简化。

10.3.3　机器运动方程的解法

如上所述，对于各种不同的机械，等效力矩（或等效力）可能是位移、速度与时间的函数。等效力矩（或等效力）的函数形式不同，其运动方程式的求解方法也不同，限于篇幅，本节只介绍当取转动构件为等效构件时，等效力矩是角位移函数的简单情况。

假设等效力矩的函数形式 $M = M(\varphi)$ 是可以积分的，且其边界条件为已知，即当 $t = t_0$ 时，$\varphi = \varphi_0$，$\omega = \omega_0$ 及 $J = J_0$。于是由式（10.47）可得

$$\frac{1}{2}J(\varphi)\omega^2(\varphi) = \frac{1}{2}J_0\omega_0^2 + \int_{\varphi_0}^{\varphi} M(\varphi)\mathrm{d}\varphi$$

从而可得

$$\omega = \sqrt{\frac{J_0}{J(\varphi)}\omega_0^2 + \frac{2}{J(\varphi)}\int_{\varphi_0}^{\varphi} M(\varphi)\mathrm{d}\varphi} \tag{10.49}$$

式（10.49）是等效构件角速度 ω 与 φ 的函数关系。因为 $\omega(\varphi) = \mathrm{d}\varphi/\mathrm{d}t$，将上式进行变换并积分可得时间 t 与 φ 的关系

$$\int_{t_0}^{t} \mathrm{d}t = \int_{\varphi_0}^{\varphi} \frac{\mathrm{d}\varphi}{\omega(\varphi)}$$

即

$$t = t_0 + \int_{\varphi_0}^{\varphi} \frac{\mathrm{d}\varphi}{\omega(\varphi)} \tag{10.50}$$

式（10.49）与式（10.50）可以确定 ω 与 t 的关系。

等效构件的角加速度 α 可按下式计算：

$$\alpha = \frac{\mathrm{d}\omega}{\mathrm{d}t} = \frac{\mathrm{d}\omega}{\mathrm{d}\varphi} \cdot \frac{\mathrm{d}\varphi}{\mathrm{d}t} = \omega\frac{\mathrm{d}\omega}{\mathrm{d}\varphi} \tag{10.51}$$

式中，$\mathrm{d}\omega/\mathrm{d}\varphi$ 可由式（10.49）求导得到。式（10.51）确定了角加速度与 φ 的关系，和式（10.50）一起确定角加速度与 t 的关系。

至此，在机器初始角速度和等效力矩已知情况下，求出了运动角速度 ω、角加速度 α、时间 t 与 φ 的关系，从前的运动参数一般都是时间的函数，而这里的计算结果中运动参数是主动构件运动位置 φ 的函数。

有时为了进行初步估算，可以近似假设等效力矩 M = 常数，等效转动惯量 J = 常数。在这种情况下，式（10.48）可简化得到

$$J\frac{\mathrm{d}\omega}{\mathrm{d}t} = M$$

即

$$a = \frac{\mathrm{d}\omega}{\mathrm{d}t} = \frac{M}{J} = 常数 \tag{10.52}$$

如果已知边界条件为：$t = t_0$ 时，$\varphi = \varphi_0$，$\omega = \omega_0$，则可由式（10.52）积分得到

$$\omega = \omega_0 + at \tag{10.53}$$

再次积分可得

$$\varphi = \varphi_0 + \omega_0 t + \frac{at^2}{2} \tag{10.54}$$

10.4　从能量的观点对机构进行力分析——速度杠杆法

当进行机构力分析时，有时因确定原动机功率或计算飞轮转动惯量，我们只需直接知道原动件做给定运动时应加于其上的平衡力求平衡力偶矩，而不必求出各运动副反力；有时在

一些液压机械中，如摇缸（摇块）机构，其平衡力加在不与机架相连的构件上，如用上节的求解步骤会遇到困难，因此需先求出平衡力后再确定其运动副反力。以上情况均宜用速度多边形杠杆法求解。

　　速度多边形杠杆法又称茹可夫斯基杠杆法，它应用速度多边形和理论力学中的虚位移原理直接求平衡力 F_b 或平衡力偶矩 M_b。如图 10.10（a）所示，设力 F_j 是作用在机构上所有已知外力中的任一个力，ds_i（或 v_j）是力 F_j 作用点 J 的微小位移（或线速度），θ_j 是力 F_j 与 ds_i（或 v_j）之间的夹角，dA_j 和 P_j 是力 F_j 所做的微小功和功率。对于整个机构根据虚位移原理得

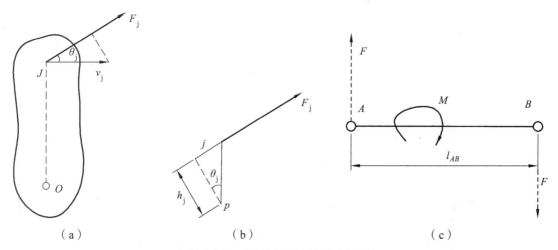

（a）　　　　　　　　　（b）　　　　　　　　　（c）

图 10.10　速度杠杆法的基本原理

$$\left.\begin{array}{l} \sum dA_j = \sum F_j ds \cos\theta_j = 0 \\ \sum P_j = \sum \dfrac{dA_j}{dt} = \sum F_j v_j \cos\theta_j = 0 \end{array}\right\} \tag{10.55}$$

式（10.55）中的 v_j 和 θ_j 虽然可以从速度多边形和机构图中求出，但求法很不方便。因此，如图 10.10（b）所示，速度合成矢量的极点 p 作线段 p_j 代表 v_j，其比例尺 $\mu_v = v_j/\overline{pj}$，但 $\overline{pj}$ 已对 v_j 转过 90°而与回转半径相平行。然后将图（a）中的力 F_j 平移到图（b）的点 j。从点 p 到力 F_j 作用线的垂直距离：

$$h_j = \overline{pj}\cos\theta_j = \frac{v_j}{\mu_v}\cos\theta_j$$

故力 F_j 的功率可写成 $F_j v_j \cos\theta_j = \mu_v F h_j$，其中 $F_j h_j$ 相当于力 F_j 对极点 p 的力矩。换句话说，任意力 F_j 的功率与其对转向速度多边形极点的力矩成正比。这样式（10.55）变为

$$\sum P_j = \sum \mu_v F_j h_j = 0$$

或

$$\sum F_j h_j = 0 \tag{10.56}$$

式（10.56）表明，作用在机构构件上所有外力（包括平衡力）对速度多边形极点的力矩之和等于零。因此，当已知除平衡力之外的所有其余各力时，则不难由该式求出平衡力的大

小和方向。又在式（10.56）中由于只需知道各力臂的相对值，所以速度多边形的比例尺 μ_v 可以任意选定。

如果除了有给定力之外还有力偶矩 M 加在机构构件上时，如图 10.10（c）所示，那么每一个力偶矩都可以化为作用在构件上两选定点 A 和 B（通常是转动副的中心）的两个力 F 所构成的一个力偶，力 F 的大小为

$$F = \frac{M}{l_{AB}}$$

式中，l_{AB} 为两个力 F 之间的垂直距离。求出的两个力 F 与其他给定力一样处理，即将它们也平移到转向速度多边形中的影像点 a 和 b 上，然后再对极点取力矩。

在上述方法中我们把**转向速度多边形当做一个绕极点转动的刚性杠杆**，因而称它为速度多边形杠杆。

当用速度多边形杠杆法求平衡力 F_b 时，也可以不把速度多边形回转 90°，而使所有的外力沿同一方向回转 90°，然后平移到速度多边形上。待求得平衡力 F_b 后，再把它反转 90°即得其真实的方向。

【例 10.1】　在图 10.11（a）所示的曲柄滑块机构中，已知加于连杆质心 S_2 上的惯性力 F_{i2} 和惯性力偶矩 M_{i2} 及加于活塞上的外力 F_3（其中包括活塞的惯性力）。求加于曲柄销 B 的切向平衡力 F_b 或加于曲柄轴上的平衡力矩 M_b。

【解】　如图 10.11（b）所示，以任意比例尺 μ_v 作该机构的速度多边形体 $pbcs_2$。又将惯性力偶矩 M_{i2} 化成垂直作用在 B、C 两点的两个 F 所组成的一个力偶，力 F 的大小为 $F = M_{i2}/l_{BC}$。

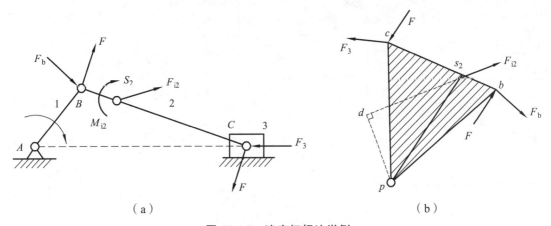

（a）　　　　　　　　　　　　　　　　（b）

图 10.11　速度杠杆法举例

然后将各力平移到转向速度多边形上的对应点，并对极点 p 取力矩得

$$F_{i2}\,\overline{pd} + F_d\,\overline{pb} - F\,\overline{cb} - F_3\,\overline{pc} = 0$$

故

$$F_b = \frac{F\,\overline{cb} + F_3\,\overline{pc} - F_{i2}\,\overline{pd}}{\overline{pb}}$$

而平衡力矩 M_b 为

$$M_b = F_b l_{AB}$$

10.5   机器周期性速度波动及其调节

10.5.1   周期性速度波动的产生原因

作用在机构上的驱动力矩和阻力矩往往是原动件转角 φ 的周期性函数。例如，以单缸二冲程内燃机为原动机，其驱动力矩是随着主轴的转角而发生变化的，其周期为主轴的一转，即 $\varphi_T = 2\pi$；而对于单缸四冲程内燃机而言，则其 $\varphi_T = 4\pi$。又如，牛头刨床中的导杆机构，其阻抗力矩的变化周期为曲柄的一转，即 $\varphi_T = 2\pi$；等等。

当机械系统的驱动力矩与阻抗力矩做周期性变化时，其等效力矩 M_d 与 M_r 必然是等效构件转角 φ 的周期性函数。

如图 10.12（a）所示为某一机构在稳定运转过程中其等效构件（一般取原动件）在一个周期转角 φ_T 中所受等效驱动力矩 $M_d(\varphi)$ 和等效阻抗力矩 $M_r(\varphi)$ 的变化曲线。在等效构件任意回转角 φ 的位置，其驱动功与阻抗功分别为

$$W_d(\varphi) = \int_{\varphi_a}^{\varphi} M_d(\varphi)\mathrm{d}\varphi \tag{10.57}$$

$$W_r(\varphi) = \int_{\varphi_a}^{\varphi} M_r(\varphi)\mathrm{d}\varphi \tag{10.58}$$

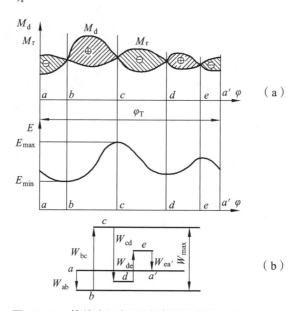

图 10.12   等效力矩与机械动能的变化曲线

在同一位置机械动能的增量为

$$\Delta E = W_d(\varphi) - W_r(\varphi) = \int_{\varphi_a}^{\varphi} \left[M_d(\varphi) - M_r(\varphi) \right]\mathrm{d}\varphi$$

$$= \frac{1}{2}J(\varphi)\omega^2(\varphi) - \frac{1}{2}J(\varphi_a)\omega^2(\varphi_a) \tag{10.59}$$

由式（10.59）计算得到的机械动能 $E(\varphi)$ 的变化曲线如图 10.12（b）所示。

分析图中 bc 段曲线的变化可以看出，由于力矩 $M_d > M_r$，因而机械的驱动功大于阻抗功，外力对机械所做的功的盈余量在图中以"+"号标记的面积来表示，常称之为**盈功**。在这一段运动过程中，等效构件的角速度由于动能的增加而上升。反之，在图中 cd 段，由于 $M_d < M_r$，因而驱动功小于阻抗功，外力对机械所做的功的亏缺量在图中以"–"号标记的面积来表示，常称为**亏功**。在这一阶段，等效构件的角速度由于动能的减少而下降。因为在等效力矩 M 和等效转动惯量 J 变化的公共周期（如若 M_d 的周期为 2π，M_r 的周期为 4π，J 的周期为 3π，则其公共周期为 12π，在该公共周期的始末，等效力矩与等效转动惯量的值均分别相同）内。如图中对应于等效构件转角由 φ_a 到 $\varphi_{a'}$ 的一段，驱动功等于阻抗功，则机械动能的增量应等于零，即

$$\int_{\varphi_a}^{\varphi_{a'}} (M_d - M_r)\mathrm{d}\varphi = \frac{1}{2}J(\varphi_{a'})\omega^2(\varphi_{a'}) - \frac{1}{2}J(\varphi_a)\omega^2(\varphi_a) = 0 \tag{10.60}$$

于是经过等效力矩与等效转动惯量变化的一个公共周期，机械的动能又恢复到原来的值，因而等效构件的角速度的大小也将恢复到原来的数值。由此可知，**等效构件的角速度在稳定运转过程中将呈现周期性的波动**。

10.5.2　周期性速度波动的调节

1. 平均角速度 ω_m 和速度不均匀系数 δ

为了对机械稳定运转过程中出现的周期性速度波动进行分析，下面先介绍衡量速度波动程度的几个参数。

图 10.13 所示为在一个周期内等效构件角速度的变化。其**平均角速度** ω_m 可用下式计算：

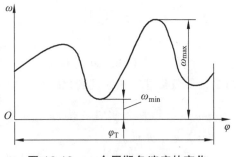

图 10.13　一个周期角速度的变化

$$\omega_m = \frac{\int_0^{\varphi_T} \omega\,\mathrm{d}\varphi}{\varphi_T} \tag{10.61}$$

在实际机械工程中，ω_m 常近似地用算术平均值来计算，即

$$\omega_m = \frac{1}{2}(\omega_{max} + \omega_{min}) \tag{10.62}$$

ω_m 可以从机械的铭牌上查得额定转速 n（r/min）后进行换算而得到。

由图 10.13 可以看出，速度波动的程度不能仅用角速度变化的幅度（$\omega_{max} - \omega_{min}$）来表示。因为当（$\omega_{max} - \omega_{min}$）一定时，对低速机械其速度波动就显得严重些，而对高速机械较好些。因此，平均角速度 ω_m 也是一个重要指标。综合考虑这两个方面的因素，可以用**机械运转速度不均匀系数 δ 来表示机械速度波动的程度**，其定义为角速度波动的幅度（$\omega_{max} - \omega_{min}$）与平均角速度 ω_m 之比，即

$$\delta = \frac{\omega_{max} - \omega_{min}}{\omega_m} \tag{10.63}$$

不同类型的机械，对速度不均匀系数δ的大小要求是不同的。表10.1中列出了一些常用机械速度不均匀系数的许用值[δ]，供设计时参考。

表 10.1   常用机械运转速度不均匀系数的许用值[δ]

机械的名称	[δ]	机械的名称	[δ]
碎石机	$\frac{1}{5} \sim \frac{1}{20}$	水泵、鼓风机	$\frac{1}{30} \sim \frac{1}{50}$
冲床、剪床	$\frac{1}{7} \sim \frac{1}{10}$	造纸机、织布机	$\frac{1}{40} \sim \frac{1}{50}$
轧压机	$\frac{1}{10} \sim \frac{1}{25}$	纺纱机	$\frac{1}{60} \sim \frac{1}{100}$
汽车、拖拉机	$\frac{1}{20} \sim \frac{1}{60}$	直流发电机	$\frac{1}{100} \sim \frac{1}{200}$
金属切削机床	$\frac{1}{30} \sim \frac{1}{40}$	交流发电机	$\frac{1}{200} \sim \frac{1}{300}$

为了使所设计的机械的速度不均匀系数不超过允许值，则应满足条件式：

$$\delta \leqslant [\delta] \tag{10.64}$$

为此可以在机械中安装一个**大转动惯量的回转构件——飞轮**，来调节机械的**周期性速度波动**。因为由式（10.52）分析可知，在等效力矩一定的条件下，加大等效构件的转动惯量，将会使等效构件的角速度变化减小，即可以使机械的运动趋于均匀。

2. 飞轮的简易设计方法

（1）基本原理。

由图10.12（b）可见，在 b 点处机构出现能量最小值 E_{min}，而在 c 点处出现能量最大值 E_{max}。如果机械的等效转动惯量 J_e = 常数，则当 $\varphi = \varphi_b$ 时，$\omega = \omega_{min}$；当 $\varphi = \varphi_c$ 时，$\omega = \omega_{max}$。而在 φ_b 和 φ_c 之间将出现最大盈亏功 ΔW_{max}，即驱动功与阻抗功之差的最大值，此值可由下式计算：

$$\Delta W_{max} = E_{max} - E_{min} = \int_{\varphi_b}^{\varphi_c} [M_d(\varphi) - M_r(\varphi)] \mathrm{d}\varphi \tag{10.65}$$

如上所述，为了调节机械的周期性速度波动，可以在机械上安装飞轮。设机械的等效转动惯量为 J_e，飞轮的转动惯量为 J_F，则由式（10.65）可得

$$\Delta W_{max} = \frac{1}{2}(J_e + J_F)(\omega_{max}^2 - \omega_{min}^2) = (J_e + J_F)\omega_m^2 \delta \tag{10.66}$$

而由式（10.66）可导出

$$\delta = \frac{\Delta W_{max}}{\omega_m^2 (J_e + J_F)} \tag{10.67}$$

对于一具体的机械而言，由于最大盈亏功 ΔW_{max}、平均角速度 ω_m 及构件的等效转动惯量 J_e 都是确定的，故由式（10.67）可知，在机械上安装一具有足够大的转动惯量 J_F 的飞轮后，可以使速度不均匀系数δ下降到其许可范围之内，从而满足式（10.64）的要求，达到调节机械周期性速度波动的目的。

　　飞轮在机械中的作用，实质上相当于一个能量储存器。由于其转动惯量很大，当机械出现盈功时，飞轮可以以动能的形式将多余的能量储存起来，以减小主轴角速度上升的幅度，反之，当出现亏功时，飞轮又可以释放其储存的动能，以弥补能量的不足，从而使主轴角速度下降的幅度减小。

　　（2）J_F 的近似计算。

　　为了满足式（10.64）的要求，由式（10.64）与式（10.67）可导出飞轮的等效转动惯量的计算公式为

$$J_F = \frac{\Delta W_{max}}{\omega_m^2 [\delta]} - J_e \tag{10.68}$$

　　如果 $J_e \ll J_F$，则 J_e 可以忽略不计，于是由上式可以近似得到

$$J_F \geqslant \frac{\Delta W_{max}}{\omega_m^2 [\delta]} \tag{10.69}$$

如果上式中的平均角速度 ω_m 用额定转速 n（r/min）取代，则有

$$J_F \geqslant \frac{900 \Delta W_{max}}{\pi^2 n^2 [\delta]} \tag{10.70}$$

　　由式（10.69）可知，当 ΔW_{max} 与 ω_m 一定时，$J_F\text{-}\delta$ 的变化曲线为一等边双曲线，如图 10.14 所示。

　　由图可知，加大飞轮的转动惯量，可以使机械运转速度的不均匀系数降低，即使机械运转的速度趋于均匀。但是，由于飞轮的转动惯量不可能无穷大，所以加装飞轮只能使机械运转速度波动程度下降，而不能使其运转速度为绝对均匀。而且当 δ 的取值过小时，所需的飞轮的转动惯量就会很大。因此，**若过分追求机械运转速度的均匀性，将会使飞轮过于笨重。**

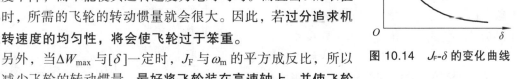

图 10.14　$J_F\text{-}\delta$ 的变化曲线

　　另外，当 ΔW_{max} 与 $[\delta]$ 一定时，J_F 与 ω_m 的平方成反比，所以为了减少飞轮的转动惯量，**最好将飞轮装在高速轴上，并使飞轮的质量尽可能集中在半径较大的轮缘部分**，以较少的质量取得较大的转动惯量。

　　为计算飞轮的转动惯量，关键是要求出最大盈亏功 ΔW_{max}。对一些比较简单的情况，机械最大动能 E_{max} 和最小动能 E_{min} 出现的位置可直接由 $M_d\text{-}\varphi$ 图中看出，对于较复杂的情况，则可借助于所谓能量指示图来确定，现以图 10.12 为例加以说明，如图（c）所示，取任意点 a 作起点，按一定比例用向量线段依次表示相应位置 M_d 与 M_r 之间所包围的面积 W_{ab}、W_{bc}、W_{cd}、W_{de} 和 W_{ea} 的大小和正负，盈功为正其箭头向上，亏功为负其箭头向下。由于在一个循环的起始位置与终了位置处的动能相等，所以能量指示图的首尾应在同一水平线上，即形成封闭的台阶形折线。由图中明显看出位置点 b 处动能最小，位置点 c 处动能最大，而图中折线的最高点和最低点的距离就代表了最大盈亏功 ΔW_{max} 的大小。

　　【例 10.2】　在柴油发电机机组中，设以柴油机曲轴为等效构件，其等效驱动力矩 $M_d\text{-}\varphi$ 曲线和等效阻力矩 $M_r\text{-}\varphi$ 曲线如图 10.15（a）所示。已知两曲线所围各面积代表的盈、亏功为：

$W_1 = -50\ \text{N}\cdot\text{m}$，$W_2 = +550\ \text{N}\cdot\text{m}$，$W_3 = -100\ \text{N}\cdot\text{m}$，$W_4 = +125\ \text{N}\cdot\text{m}$，$W_5 = -500\ \text{N}\cdot\text{m}$，$W_6 = +25\ \text{N}\cdot\text{m}$，$W_7 = -50\ \text{N}\cdot\text{m}$；曲轴的转速为 600 r/min ；许用不均匀系数 $[\delta] = 1/300$。若飞轮装在曲轴上，试确定飞轮的转动惯量 J_F。

【解】 取能量指示图的比例尺 $\mu_E = 10\ \text{N}\cdot\text{m/mm}$，如图 10.15（b）所示，从基点依次作矢量 ab，bc，…，ga 代表盈亏功 W_1，W_2，…，W_7。由图可见 b 点最低，e 点最高。故 $\varphi_{\omega\min} = \varphi_b$，$\varphi_{\omega\min} = \varphi_b$。则 $W_{\max}$ 即为盈、亏功 W_2、W_3、W_4 的代数和。

$$W_{\max} = +550 - 100 + 125 = 575\ (\text{N}\cdot\text{m})$$

$$J_F = \frac{900\Delta W_{\max}}{\pi^2 n^2 [\delta]} = \frac{900 \times 575}{\pi^2 \times 600^2 \times \dfrac{1}{300}} = 43.69\ (\text{kg}\cdot\text{m}^2)$$

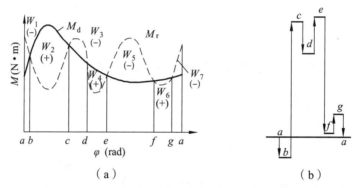

（a）　　　　　　　　　　　　　　（b）

图 10.15　柴油发电机机组中的等效力矩

（3）飞轮尺寸的确定。

求得飞轮的转动惯量后，便可根据所希望的飞轮结构，按理论力学中有关不同截面形状的转动惯量计算公式，求出飞轮的主要尺寸。

当飞轮尺寸较大时，其结构可做成**轮辐式**。它由轮缘、轮辐和轮毂三部分组成（见图 10.16）。因与轮缘比较，轮辐和轮毂的转动惯量很小，故常常略去不计，即假定其轮缘的转动惯量就是整个飞轮的转动惯量。设 m 为轮缘的质量，D_1、D_2 为轮缘的外径、内径，则轮缘的转动惯量 J_F 为

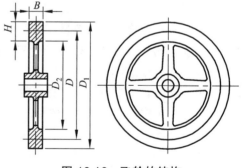

图 10.16　飞轮的结构

$$J_F = \frac{m}{2}\left(\frac{D_1^2 + D_2^2}{4}\right) = \frac{m}{8}(D_1^2 + D_2^2) \tag{10.71}$$

又因轮缘的厚度 H 与平均直径 $D = (D_1 + D_2)/2$ 相比较其值甚小，故可近似认为轮缘的质量集中在平均直径上。于是得

$$J_F = \frac{mD^2}{4} \tag{10.72}$$

式中，mD^2 为飞轮矩或飞轮特性，单位为 kg·m²。

　　对不同结构的飞轮，其飞轮力矩可从设计手册中查到。由式（10.72）可知，当选定了飞轮轮缘的平均直径后，即可求出飞轮轮缘的质量 m。至于平均直径 D 的选择，一方面需考虑飞轮在机械中的安装空间，另一方面还需使其圆周速度不致过大，以免轮缘因离心力过大而破裂。

　　又设轮缘宽度为 B，单位为 m；飞轮材料的密度为 ρ，单位为 kg/m² ，则 $m = \pi DHB\rho$，于是

$$HB = \frac{m}{\pi D \rho} \tag{10.73}$$

　　当选定了飞轮的材料和比值 H/B 后，轮缘的剖面尺寸 H 和 B 便可求出。一般取 $H/B = 1.5 \sim 2$。对于较小飞轮，H/B 取较大值；对于较大的飞轮，H/B 取较小值。

　　当空间位置较小，则可做成小尺寸的实心圆盘式飞轮（见图 10.17），其转动惯量为

$$J_F = \frac{m}{2}\left(\frac{D}{2}\right)^2 = \frac{mD^2}{8}$$

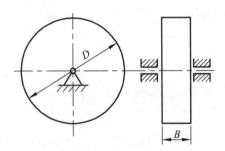

图 10.17　实心圆盘式飞轮

于是

$$mD^2 = 8J_F \tag{10.74}$$

式中，m 为飞轮质量，单位为 kg。又因为

$$m = \frac{\pi D^2}{4} B \rho$$

于是

$$B = \frac{4m}{\pi D^2 \rho} \tag{10.75}$$

　　与前面相同，当选定了飞轮的材料和直径 D 后，轮宽 B 便可求出。

　　✍【本章小结】

　　本章以各种运动形式的构件的动能计算为出发点，提出的机械动力学等效力学模型，是

本章重要概念；以动能定理为理论基础提出了针对等效模型的动力学方程的建立方法；对于周期性速度波动和飞轮的设计仍然是以动能定理为基础。

思 考 题

10-1　研究机器机械效率的目的是什么？如何确定机器的机械效率？

10-2　对于变速稳定运动的机器，为何要按整个运动循环来计算其效率？而对于匀速稳定运动的机器，为何可以瞬时效率代替其效率？

10-3　如何用效率的观点来确定机器的自锁条件？其物理意义是什么？

10-4　自锁机构有何特点？试举例说明。

10-5　速度多边形法的特点是什么？此法根据什么原理？用此法作速度多边形时，其比例尺如何选定？为什么？

10-6　建立机器等效动力学模型的原因是什么？建立的条件是什么？

10-7　机器运动方程式有哪几种表达形式？试举例说明它们的适用场合。

10-8　何谓机器运转的"平均速度"和"不均匀系数"？在设计分轮时是否不均匀系数选得越小越好？试说明理由。

练 习 题

10-1　在题图10-1所示的减速箱中，已知每一对圆柱齿轮和圆锥齿轮的效率分别为0.95和0.92，求其总效率 η。

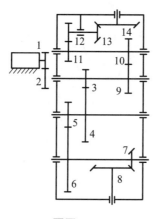

题图 10-1

10-2　在平面滑块机构中，若已知驱动力 F 和有效阻力 Q 的作用方向和作用点 A 和 B（设此时滑块不会发生倾斜）以及滑块的运动方向如题图 10-2 所示。运动副中的摩擦系数 f 和力 Q 的大小均已确定。试求此机构所组成的机械效率。

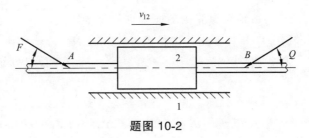

题图 10-2

10-3　在题图 10-3 所示的缓冲器中，已知滑块斜面的升程角 λ、各摩擦面间的摩擦系数 f 及弹簧的压力 Q，求力 F 的大小和该缓冲器的效率。又为了使其能正常工作，则应如何选择升程角 λ 的值。

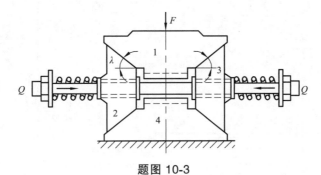

题图 10-3

10-4　在题图 10-4 所示方螺纹千斤顶中，已知螺纹的大径 $d_e = 24$ mm，小径 $d_i = 20$ mm，螺距 $p = 4$ mm；顶头环形摩擦面的外直径 $d_2 = 100$ mm，内直径 $d_1 = 50$ mm；手柄长度 $l = 300$ mm；所有摩擦面的摩擦系数均为 $f = 0.1$。求该千斤顶的效率。又若 $F = 100$ N，求能举起的重力 Q 为多少？

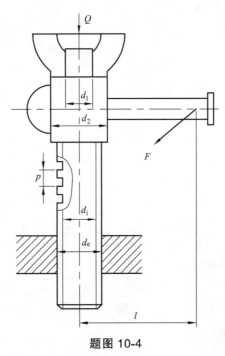

题图 10-4

10-5　题图 10-5 所示为具有往复运动的油泵机构运动简图，已知：$L_{AB} = 50$ mm，移动导杆 3 的质量 $m_3 = 0.4$ kg，加在导杆 3 上的工作阻力 $F_r = 20$ N。若选取曲柄 1 为等效构件，试分别求出 $\varphi_1 = 0°$，$\varphi_1 = 30°$，$\varphi_1 = 90°$ 的情况下，工作阻力 F_r 的等效阻力矩 M_r 和导杆 3 的质量 m_3 等效转动惯量 J_e。

10-6　在题图 10-6 所示的定轴轮系中，已知各轮齿数分别为 $z_1 = z_2' = 20$，$z_3 = z_4 = 40$，各轮对其轮心的转动惯量分别为 $J_1 = J_2' = 0.01$ kg·m^2，$J_2 = J_3 = 0.04$ kg·m^2，作用在轮 1 上的驱动力矩 $M_d = 60$ N·m，作用在轮 3 上的阻力矩 $M_r = 120$ N·m。设该轮系原来静止，试求在 M_d 和 M_r 作用下，运转到 $t = 15$ s 时，轮 1 的角速度 ω_1 和角加速度 ε_1。

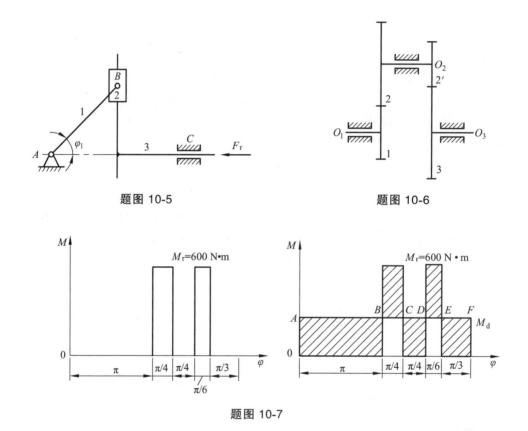

题图 10-5　　　　　　　　　　题图 10-6

题图 10-7

10-7　某刨床的主轴为等效构件，在一个运转周期内的等效驱动力矩 M_d 如题图 10-7 所示，$M_r = 600$ N·m。等效驱动力矩 M_d 为常数，刨床主轴的平均转数 $n = 60$ r/min，运转不均匀系数 $\delta = 0.1$，若不计飞轮以外的构件的转动惯量，计算安装在主轴上的飞轮转动惯量。

10-8　在题图 10-8（a）所示电动机为原动件的冲床中，已知电机转数 $n_1 = 1\,200$ r/min。该冲床每分钟冲孔 20 个，冲孔力 $F = \pi d h \tau$，且实际冲孔时间为冲孔时间间隙的 1/5，冲压材料的极限应力 $\tau = 3.1 \times 10^8$ N/m^2，板厚为 $h = 19$ mm，冲孔直径 $d = 17$ mm。试求：（1）若不加飞轮，电动机所需功率；（2）若加飞轮，并设运转不均匀系数 $\delta = 0.1$，求飞轮转动惯量及电动机功率。

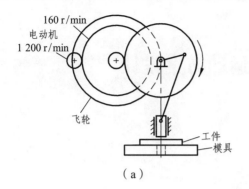

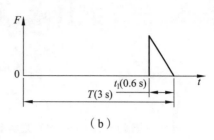

（a）　　　　　　　　　　　　（b）

题图 10-8

第 11 章　机器运动方案设计

☞【本章要点】

1. 了解机器设计的一般过程和内容，特别是与机械原理有关的机器运动设计的具体内容。
2. 了解把机器的功能要求分解为执行构件运动的一般原则。
3. 了解根据执行构件的运动选择执行机构的一般原则，以及机构组合的一般规律。
4. 了解各执行机构运动的时间顺序和空间位置协调的一般处理方法。

11.1　机器系统设计概述

11.1.1　机器设计问题的类型及一般过程

根据对产品新要求的程度不同，设计的类型也不同，**一般的设计可分为三大类型：**
（1）创新设计：产品是全新的，它的工作原理、各种功能和构型等都需要有创新特点。
（2）改进设计：产品的部分功能和构型根据新的需要有局部的改进和变化。
（3）系列设计：产品的功能不变，仅在规格上有量的变化。

不同的设计类型其设计的一般步骤也是不同的，下面讨论的设计过程主要是针对创新设计类型。一部机器的诞生，从感到某种需要、萌生设计念头、明确设计要求开始，经过设计、制造、鉴定直到产品定型，是一个复杂细致的过程。为了表达清晰，将机械设计的一般过程用如图 11.1 所示的框图表示出来。

图 11.1　机器的一般设计步骤

图 11.1 中的第一设计步骤产品规划以及最后三个设计步骤总体设计、零部件设计和编写技术文件不属于本课程的教学内容，将在以后有关课程中学习。本章的学习目的是根据机器的功能要求最终完成机器的运动简图，也就是机器运动方案的设计。

11.1.2　机器运动方案设计的主要内容说明

尽管各种机械的结构和用途多种多样，但大体上均由**动力系统、传动系统、运动执行系统、操纵控制系统以及一些辅助系统五部分组成**。其中运动执行系统是直接完成机械系统预期工作任务的部分，是机械的重要组成部分，执行系统的方案设计也是机械系统总体方案设计的核心，是整个机械设计工作的基础。

（1）功能原理设计。

根据需要制订机械的总功能，考虑选择何种工作原理来实现所需要的功能要求，确定机械所要实现的工艺动作。采用不同的工作原理设计的机械，其性能、结构、工作品质、适用场合等都会有很大的差异，因此必须根据机械的具体工作要求，如强度、精度、寿命、效率、产量、成本、环保等诸多因素综合考虑确定。同时在满足要求的前提下尽量提供多个备选方案。

（2）运动规律设计。

通过对工作原理所提出的工艺运动进行分解，同一个工作原理可以有多种工艺动作分解，不同的工艺动作分解，将会得到不同的设计结果。最后决定何种运动规律，采用它来实现工作原理。

（3）执行机构类型设计。

实现同一种运动，可以选择不同类型的机构。执行机构的类型设计，就是选用何种机构来实现所需运动，这需要考虑机构的动力特性、机械效率、制造成本等因素。

（4）执行系统协调设计。

对于由多个执行构件及执行机构组合而成的复杂机械，必须根据工艺过程对各动作的要求，分析各执行机构应当如何协调配合，设计出机械运动循环图。

（5）机构的尺寸设计。

对所选择的各种执行机构进行运动和动力分析，确定各执行机构的运动尺寸，如转动副间的相对位置尺寸、移动副的导路位置、高副运动副元素的结合形状尺寸等，并绘制出各执行机构的运动简图。

（6）运动和动力分析。

对整个系统进行运动分析和动力分析，检验执行系统是否满足运动要求和动力性能方面的要求。

（7）方案评价与决策。

方案评价包括定性评价和定量评价。实现同一种功能要求，可以采用不同的工作原理；实现同一种工作原理，可以选择不同的运动规律；实现同一运动规律，可以采用不同类型的机构。因此，为了实现同一种预期的功能要求，可以有多种不同的方案。机械执行系统方案设计所要研究的课题，就是如何合理利用设计者的专业知识和分析能力，创造性地构思出各种可能的方案，并从中选出最佳方案。

11.1.3　机器运动方案设计的一般原则

由于机器种类繁多、功能各异，因此机械系统的设计难以找出共同的模式，这里讨论的仅是**设计过程中的一般性原则**。

（1）采用简短的运动链。

拟定机械的传动系统或执行机构时，尽可能采用简单、紧凑的运动链。因为运动链越简短，组成传动系统或执行机构所使用的机构和构件数目就越少，这不仅降低制造费用、减少体积和重量，而且使机械的传动效率相对提高。由于减少传动环节，使传动中的累计误差也随之减少，结果将提高机械的传动精度和工作准确性。

（2）有较高的机械效率。

传动系统的机械效率主要取决于组成机械的各基本机构的效率和它们之间的连接方式。因此，当机械中含有效率较低的机构时，如蜗轮蜗杆传动装置，这将降低机械的总效率。在机械传动中的大部分功率是由主传动所传递，应力求使其具有较高的传动效率；而辅助传动链，如进给传动链、分度传动链、调速换向传动链等所传递的功率很小，其传动效率的高低对整个机械的效率影响较小。对辅助传动链主要着眼于简化机构、减小外部尺寸、力求操作方便、安全可靠等要求。

（3）合理分配传动比。

运动链的总传动比应合理地分配到各级传动机构，既充分利用各种传动机构的优点，又能利于尺寸控制得到结构紧凑的机械。每一级传动机构的传动比应控制在其常用的范围内。

（4）保证机械安全运转。

设计机械的传动系统和执行系统，必须充分重视机构的安全运转，防止发生人身事故或损坏机械构件的现象出现。一般在传动系统或执行机构中设有安全装置、防过载装置、自动停机装置等。

11.2　机构的选型

在机械设计过程中，当工艺动作确定之后，就要选择适宜的机构型式来实现所要求的工艺动作。虽然在这个过程中有可能根据特定的工艺动作要求，创造和研制出新的机构，但多数情况下是可以利用已有的机构，借助于资料和设计经验来完成，因此习惯上把这一步工作称为机构的选型。

11.2.1　常用机构运动转换特性及其性能评价

机构的选型需要考虑多方面的因素，如运动变换要求、尺寸限制、制造成本、运转性能、效率高低、操作方便安全可靠等，其中**首要的是运动变换要求**。

确定机构执行构件的输出运动要求和原动机输入运动后，便可挑选适当的机构。因绝大部分机器的原动件输入运动为连续匀速转动，因此可以按执行构件的运动进行分类，总结如表 11.1 所示。

表 11.1 常用机构的运动转换特性

执行构件运动	常用机构
匀速转动	齿轮机构（含轮系）、平行双曲柄机构、摩擦轮机构
变速转动	非圆齿轮机构、双曲柄四杆机构、转动导杆机构、组合机构
往复移动	曲柄滑块机构、正弦机构、正切机构、移动导杆机构、移动从动件凸轮机构、齿轮齿条机构、螺旋机构、组合机构
往复摆动	曲柄摇杆机构、曲柄滑块机构、摆动从动件凸轮机构、组合机构
单向间歇运动	棘轮机构、槽轮机构、凸轮机构、不完全齿轮机构、组合机构
间歇往复移动或摆动	单向间歇运动机构与往复移动或摆动的串联式机构、凸轮机构、组合机构
给定运动轨迹	铰链四杆机构、组合机构、行星轮系

各种常见机构的性能优劣也是机构选择的重要依据。表 11.2 给出了常见机构性能参考评价，可供机构选型时参考。

表 11.2 常见机构性能评价

评价项目		机构名称			
		连杆机构	凸轮机构	齿轮机构	组合机构
精确性	运动规律	任意性较差，仅能实现有限个精确位置	任意性好	转动或移动的定传动比传动	任意性较好
	传动精度	较高	较高	高	较高
工作可靠性	可靠性	好	好	好	好
	运动速度	较高	较高	很高	较高
	承载能力	较大	较小	大	较大
	应用范围	广	广	很广	较广
运动平稳性	加速度峰值	较大	较大	小	较小
	噪声	较小	较大	小	较小
	振动	较大	较大	小	较小
	耐磨性	好	差	较好	较好
制造经济性	制造难易	易	难	较难	难
	误差敏感性	低	高	高	高
	调整方便性	好	差	较好	较好
	能耗大小	中	中	中	中
紧凑性	尺寸	较大	较小	较小	较小
	质量	较小	较大	较大	较大
	复杂性	低	较高	较低	高

11.2.2　机构的组合

对于比较复杂的运动，单独使用前面所述的基本机构难以满足生产需求，常常需要将若干基本机构按一定方式连接起来组合成组合机构，以得到单个基本机构所不具备的运动性能，组合机构在各种自动机械和自动化生产中得到广泛应用。

根据组合方式的不同，**组合机构可分为串联式、并联式、复合式和叠加式等几种**。

1. 串联式组合机构

若干个单自由度的基本机构顺序连接就构成串联式组合机构（见图 11.2）。通常，前置机构的输出运动作为后置机构的输入运动。

图 11.2　机构的串联组合

图 11.3（a）所示为双曲柄机构与槽轮机构构成的两级串联式组合机构。前置机构是双曲柄机构，后置机构是槽轮机构，前置双曲柄机构的输出构件 D 的运动作为后置槽轮机构的运动输入。该机构利用双曲柄机构输出构件变速转动的特性，使槽轮机构随着槽轮受力半径的减小而降低主动拨盘的转速，从而降低了槽轮角速度的波动。

图 11.3（b）所示为连杆机构与棘轮机构两个基本机构组成的串联机构。棘轮的单向步进运动是通过摇杆 3 的摆动带动棘爪 4 实现的；而摇杆 3 的往复摆动是曲柄摇杆机构输出的。该机构实现将输入构件曲柄 1 的等角速度回转运动转换成输出棘轮 5 的间歇转动。

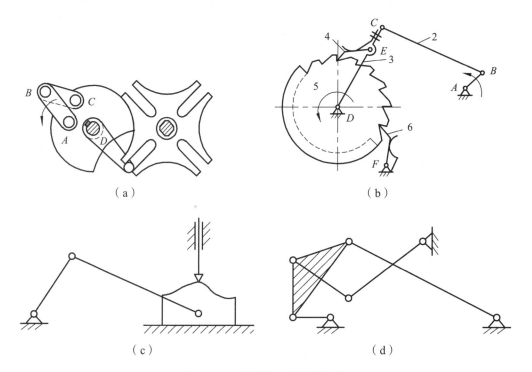

图 11.3　串联组合式机构举例

图 11.3（c）所示的曲柄滑块机构机构与凸轮机构的组合就属于一般串联组合。图 11.3（d）所示的六杆机构是一个比较特殊的串联机构，可以看做是将曲柄摇杆机构中连杆上某点的运动作为输出来驱动后面的连杆机构。

2. 并联式组合机构

机构并联

两个或多个基本机构并列布置以完成某种任务就构成并联式组合机构。 并联式机构中，各基本机构的输入、输出有如下 3 种关系：① 各基本机构有共同的输入、输出构件；② 各基本机构有共同的输入构件、不同的输出构件；③ 各基本机构有共同的输出构件、不同的输入构件。

图 11.4（a）所示为某型飞机的襟翼操纵机构，它用两个直线电机共同驱动襟翼，若一个电机发生故障，另一个电机尚可单独驱动（这时襟翼运动的速度减半），这样就大大增加了操纵系统的安全性；图 11.4（b）所示钉扣机针杆传动机构就是一个 2 自由度的并联式机构，由两个基本机构组成，其一是类似曲柄滑块机构由构件 1、2、3 和 7 构成，其二是摆动导杆机构由构件 6、5、4 和 7 组成，曲柄 1、6 是输入构件，输出构件是针杆 3；图 11.4（c）所示为双凸轮并联组合机构，由两个凸轮机构协调配合控制十字滑块 3 上一点 M 准确地描绘出虚线所示预定轨迹，凸轮 1 控制点 M 的 x 坐标，凸轮 5 控制点 M 的 y 坐标。

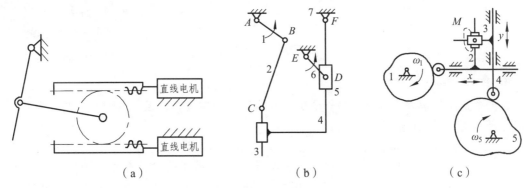

|（a）|（b）|（c）|

图 11.4　并联式组合机构举例

3. 复合式组合机构

一个具有两自由度的基础机构和一个单自由度的附加机构相连接就构成复合式组合机构，通常基础机构的两个输入运动中，一个来自基础机构的主动构件，另一个则与附加机构的输出相联系。

图 11.5（a）所示为凸轮机构和连杆机构组成的一种复合机构，其基础机构是五杆机构，由构件 1、2、3、4 和 5 组成，有两个自由度，凸轮机构是附加机构。杆 2 既是五杆机构的连杆，又是凸轮机构的摆杆。设计适当的凸轮轮廓，滑块 4 的行程可比单一凸轮机构推杆的行程大许多，而凸轮机构的压力角仍不会超过许用值。图 11.5（b）则是另一种两自由度五杆机构与凸轮机构组合的机构。

图 11.5（c）所示是一种机床用误差补偿机构，其基础机构是具有 2 自由度的蜗杆机构，蜗杆可转可移，凸轮机构是附加机构。由于凸轮机构的从动件与蜗杆相连，蜗轮和凸轮相固结，所以主动蜗杆带动从动蜗轮转动的同时，还在凸轮推杆的作用下沿自身轴线移动，从而

使蜗轮2的转速根据蜗杆1的移动方向而变化。蜗轮的附加运动使误差得以校正。

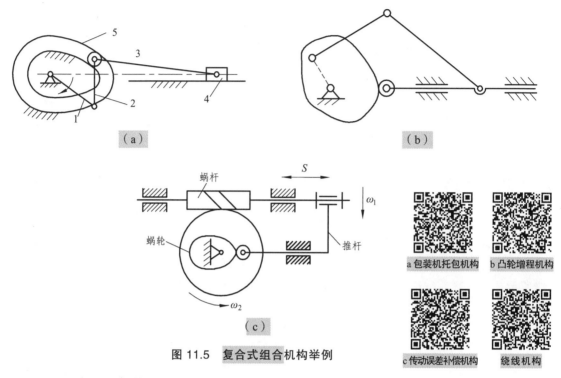

（a）

（b）

（c）

图 11.5　复合式组合机构举例

a 包装机托包机构　　b 凸轮增程机构

c 传动误差补偿机构　　绕线机构

4. 叠加式组合机构

将一个机构的运动构件作为另一个机构的机架就构成叠加式组合机构，这种机构最终的输出运动是所有子机构输出运动的合成。

图 11.6 所示的液压挖掘机的挖掘机构是典型的叠加组合机构。挖掘机构由三个摇块（即油缸）机构组成，第一个摇块机构由构件 1、2、3 和 4 组成，在输出构件 4 上叠加了由构件 4、5、6、7 组成的第二个摇块机构，在第二个摇块机构的输出构件 7 上又叠加了由构件 7、8、9、10 组成的第三个摇块机构。挖掘斗 10 所完成的复杂运动是构件 4、7、10 的运动叠加而成。

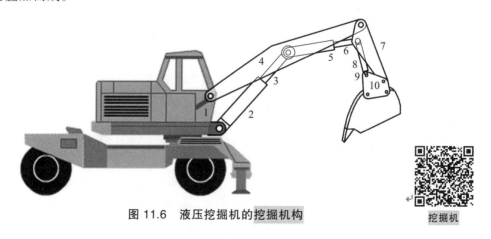

图 11.6　液压挖掘机的挖掘机构

挖掘机

机构组合是机械创新的最重要的途径之一，涉及的理论和技能较多，机构组合方式往往也并非上述组合方式的单一使用，有兴趣的同学可参考有关资料。

11.2.3　原动机的选择

原动机的数目和运动形式对机器的整体方案也有着十分重要的影响。就原动机的数目方案选择来说，可以采用机器的所有工艺动作由同一个原动机驱动，各工艺动作的协调通过机构来实现；也可以每一个工艺动作采用一个单独的原动机驱动，各工艺动作的协调采用电气、液压等方式来实现。这里仅就单一原动机的方案进行讨论，多原动机的工艺协调方案应在其他相关课程中学习。

就原动机的运动形式来说，应用最普遍的原动机是连续的旋转运动，如普通电动机、内燃机等原动机，各种不同的运动形式均需要通过机构的转换来获得；直线电动机、固定的活塞式液压缸或气缸等原动机可以实现往复移动，摆动活塞式液压缸或气缸等原动机可以实现往复摆动，对于需要往复移动和摆动的工艺动作可以省去传动机构而使机器的运动方案得以简化。电气电子技术的发展提供了更多的可灵活控制运动的原动机，使得机器的整体方案确定获得了更多的选择余地。

原动机的驱动技术参数也是机器运动方案设计重要的内容，对机器的整体方案有着重要的影响。主要运动参数有原动机的转速及调整性能、原动机的驱动功率或力矩以及转速-力矩关系等。

11.3　机器的运动协调与工作循环图

11.3.1　机器动作的协调设计

在执行构件和原动机的运动参数确定以后，即可着手计算出各运动链的总传动比，考虑机械各执行构件运动的协调配合关系。

1. 机器动作协调设计的原则

（1）满足各执行机构动作先后的顺序性要求；

（2）满足各执行机构动作在时间上的同步性要求；

（3）满足各执行机构在空间布置上的协调性要求；

（4）满足各执行机构与操作者的操作动作的协调性要求；

（5）各执行机构的动作安排要有利于提高劳动生产率；

（6）各执行机构的布置要有利于系统的能量协调和效率的提高。

2. 机械执行系统协调设计的类型

在某些机械中，各执行构件的运动是彼此独立的，各工艺动作的协调性要求很弱，因此，在设计时几乎可以不考虑运动的协调配合问题。如图 11.7 所示的外圆磨床中，砂轮做高速连续旋转切削运动，工件做缓慢连续回转和纵向往复进给运动，砂轮架还带着砂轮做横向进给运动。这几个运动相互独立，既不需要保持严格的速比关系，也不存在各执行构件在动作上的严格协调配合问题，机器运动的协调仅仅需要防止意外事故的发生即可。在这种情况下，为了简化运动链，可分别为每一种运动设计一个独立的运动链，由单独的原动机驱动。

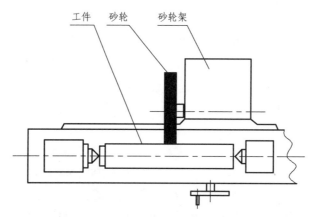

图 11.7　外圆磨床的工艺动作示意图

而在另一些机械中，各执行构件的运动之间必须保证严格的协调配合，才能实现机械的职能。根据协调配合性质的不同，又可以分为如下两种情况：

（1）各执行构件间运动速度的协调配合。

有些机械要求各执行构件运动之间必须保持严格的速比关系，起始的准确位置没有严格要求。例如按范成法加工齿轮时，刀具和工件的范成运动必须保持某一恒定的传动比；在车床上车制螺纹时，主轴的转速和刀架的走刀速度也必须保持严格的恒定速比关系，否则就不能达到预期的加工目的。这时，为了保证各执行构件的速比关系，各有关运动链通常要用一台原动机来驱动或者采用数控。在设计这类传动系统时，在确定了执行构件和原动机的运动参数以后，还需要根据运动速度协调的要求进行必要的计算。

（2）各执行构件动作的协调配合。

有些机械要求各执行构件在运动时间的先后和位置的安排上必须准确而协调的配合。例如家用缝纫机工作时，机针带动面线的上下运动、摆梭带动底线的运动和布料的进给运动等需要准确的运动位置配合，才能完成缝纫工作。

11.3.2　机械的工作循环图

为了保证机械在工作时各执行构件间动作的协调配合关系，在设计机械时应**编制出用以表明在机械的一个工作循环中各执行构件运动配合关系的所谓工作循环图（也叫运动循环图）**。在编制工作循环图时，要从机械中选择一个构件作为定标件，用它的运动位置（转角或位移）作为确定其他执行构件运动先后次序的基准。工作循环图通常有如下 3 种形式：

（1）直线式工作循环图。

图 11.8（a）所示为牛头刨床的工作循环图。它以牛头刨床主体机构——曲柄导杆机构中

的曲柄为定标件，以曲柄的转角 φ 为横坐标，安排了刨头和工作台运动的起讫时间。曲柄每转一转为一个工作循环。由图中可以看出，工作台的进给行程是在刨头的空回行程中完成的，刨头的运动有急回作用。

（2）圆周式工作循环图。

图 11.8（b）所示为单缸四冲程内燃机的工作循环图，它以曲轴作为定标件，曲轴每转两周为一个工作循环。

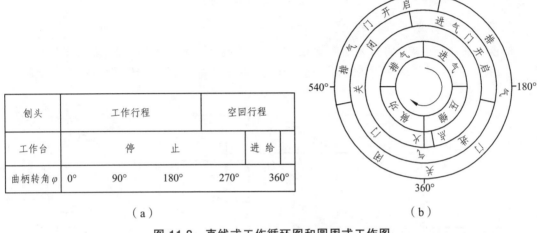

图 11.8　直线式工作循环图和圆周式工作图

上述两种工作循环图，只表示了各执行构件动作的先后次序和动作持续时间的长短，而不能显示出各执行构件在工作时间的运动规律和各执行构件在位置上的协调配合关系。

（3）直角坐标式工作循环图。

图 11.9 所示的饼干包装机包装纸折边机构中，两执行构件的轨迹相交于 M 点，故在安排两执行构件的运动时不仅要注意到时间上的协调，还要注意到空间位置上的协调。右图是其工作循环图，图中横坐标表示机械分配轴（定标件）运动的转角，纵坐标表示执行构件的转角。此图不仅能表示出两执行构件动作的先后，而且能表示出两执行构件的工作行程和空回行程的运动规律以及它们在运动上的配合关系，所以是一种比较完善的工作循环图。

工作循环图是在做机械传动系统的进一步设计时的重要依据。

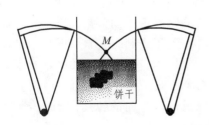
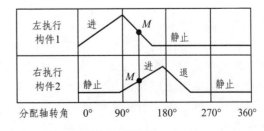

图 11.9　饼干包装机的机构运动示意图和工作循环

11.4　机器运动方案拟订实例

11.4.1　自动电阻压帽机

1. 设计功能及要求

图11.10（a）所示为最常用的碳膜电阻的结构，绝缘的陶瓷电阻坯1的表面有一层很薄的电阻碳膜，两端压装两个金属帽2以焊接电阻的引线。自动压帽机就是完成两端金属帽的自动压装工作，电阻坯和金属帽从料斗中自上而下顺序地落下，先准确定位之后，两金属帽分别从左右两边同时压装，生产过程按固定周期自动进行。

2. 工艺动作分解及机器的运动循环

根据机器功能要求，将工艺动作分解为：坯料送料、加紧定位和压帽（左右同时进行）三个基本动作。三个动作均采用往复直线运动方式，初步的机器运动循环如图11.10（b）所示。

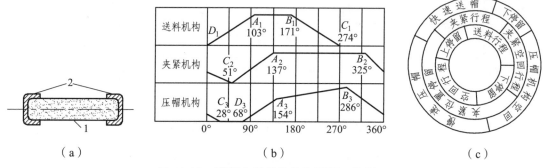

（a）　　　　　　　　　　　　　　（b）　　　　　　　　　　　　　　（c）

图11.10　碳膜电阻的结构和压帽工作循环

（1）坯料送料：送料机构将料斗中下来的电阻坯料送至压帽工位，对应于运动循环图中的 $D_1 \sim A_1$ 段，停留一段时间 $A_1 \sim B_1$，再返回的初始位置 C_1，再停留一段时间 $C_1 \sim D_1$。

（2）坯料夹紧：夹紧机构从 $C_2 \sim A_2$ 把电阻坯料夹紧定位，从 $A_2 \sim B_2$ 停留较长时间间隔，直到压帽动作完成后，再从 $B_2 \sim D_2$ 返回初始位置 C_2。

（3）送帽及压帽：坯料夹紧动作的同时，两压帽机构从 $D_3 \sim A_3$ 同时将电阻帽快速送到工作位置，待坯料夹紧后，压帽机构从 $A_3 \sim B_3$ 慢速将电阻帽压紧到坯料上，再从 $B_3 \sim C_3$ 返回到初始位置，并停留片刻，加工好的产品落进成品箱中。

3. 机构的选型及评价

三种机构的运动过程中都含有工作行程、返回行程和停留等运动阶段，且受力较小，最适合的是凸轮机构。又由于电阻都是大批量生产，要求以固定周期节拍高效率生产，宜采用集中驱动，即用同一个驱动轴带动各机构协同工作。鉴于送料、夹紧、压帽三机构的运动方向相互垂直，故压帽机构采用圆柱凸轮或端面凸轮机构，夹紧机构采用盘形直动凸轮，送料机构采用盘形摆动凸轮。此外，如果驱动轴距离压帽工作位置太近，会发生传动与工作部件干涉，故压帽和送料机构串联一连杆机构完成运动方向的转换，同时传递距离较远的动力。

根据以上分析，初步拟定的压帽机的运动方案如图 11.11 所示。送料机构由盘形摆动凸轮机构 1-2 再串联正弦机构 2-3 组成；夹紧机构由盘形直动凸轮机构 4-5 组成；两套对称的压帽机构由端面凸轮机构串联正弦机构 6-7-8 以及 6'-7'-8'组成。四个凸轮安装在同一分配轴 9 上，分配轴由电动机经过皮带传动和蜗杆传动减速之后驱动。

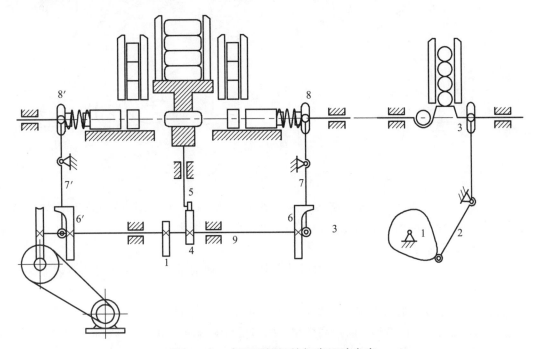

图 11.11　电阻压帽机的初步运动方案

11.4.2　圆盘印刷机

1. 设计功能与要求

圆盘印刷机是一种小型纸张平版印刷设备，适宜于印刷批量不大的账册、单据、商标等印刷工作，广泛应用于中小型印刷厂中。印刷机设计的最基本要求是：① 在铜锌版表面字迹上尽可能均匀地刷上油墨；② 纸张均匀地压在印板上，稍作停留后，直接无滑移地离开印板；③ 为了提高效率，在印刷动作不冲突的前提下，尽可能使不同部件的功能运动并行完成。

考虑到运动部件的质量尽量小些，建议将铜锌版固定在机架上，纸张放在压印板上，放纸和取纸工作手动完成。

2. 工艺动作分解及机器的运动循环

根据以上分析，初步拟定的机器工作原理如图 11.12（a）所示，主要由墨辊 1、墨盘 2、铜锌版 3 以及装有印刷纸张的压印板四个基本部件组成，墨辊和墨盘的作用是完成均匀地给墨和刷墨。印刷过程中需要完成三个基本动作：

（1）墨辊的运动：墨辊 1 中心沿着双点画线所示的轨迹往复滚动，滚过墨盘 2 时墨辊的表面均匀附着上印刷油墨，滚过铜锌版 3 时墨辊表面的油墨又附着在铜锌版表面的字迹上。

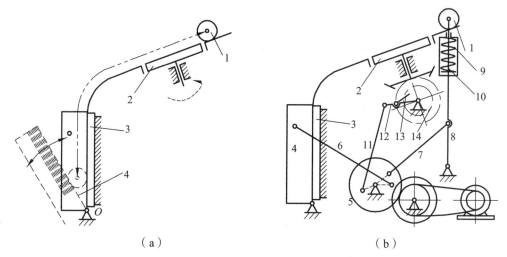

（a） （b）

图 11.12 圆盘印刷机的原理和初步运动方案

（2）压印板的运动：压印板 4 绕转动副 O 往复摆动，在右侧极限位置处压印板内所装的纸张和铜锌版接触并施加一定的压力，将油墨文字印刷到纸张上，压印板移离铜锌版后，墨辊再一次为铜锌版上墨。

（3）墨盘的运动：墨盘作单向间歇运动，其目的是使油墨均匀地涂抹在墨盘表面并均匀地转移到墨辊的表面。

上述三个基本动作的协调配合初步安排如图 11.13 运动循环图所示。

（1）压印机构有急回特性，以提高效率，压印板与铜锌版接触后最好能稍作停留则更好；

（2）墨辊也有急回特性，在墨盘停转阶段滚过墨盘完成蘸墨；

（3）墨盘与墨辊不接触阶段中转动完成定量给墨，并使油墨均匀分布在墨盘表面。

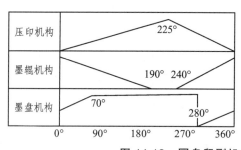

图 11.13 圆盘印刷机的工作循环

3. 机构的选型

根据以上运动要求，初步拟定的机器运动方案如图 11.12（b）所示。

（1）压印机构：具有往复摆动和急回特性的机构很多，可以选择摆动从动件的凸轮机构、曲柄摇杆机构、摆动导杆机构等。① 凸轮机构从运动的灵活性最好，能实现最为合理的运动过程，如暂时停留等，但制造较麻烦，如果采用凸轮组合机构，则机构较为复杂。② 从运动设计的灵活性方面来说，曲柄摇杆机构和摆动导杆机构都不如凸轮机构，但这两种连杆机构的简单性和可靠性都较好，也大体上能实现所要求的运动性能，特别是曲柄连杆机构只有转动副，加工制造容易。故这里初步考虑选择曲柄连杆机构，由 5-6-4 构件组成。

（2）墨辊机构：要完全依靠刚性机构实现墨辊的运动轨迹要求是艰难的。为了简化机构设计，同时又能保证墨辊紧贴于墨盘和铜锌版的表面滚动，采用构件 5-7-8 组成的曲柄摇杆机构和构件 9-10-1 组成的可移动接杆来实现其功能要求。曲柄摇杆机构中的摇杆往复摆动带动墨辊等构件的往复运动，可移动接杆以适应墨辊的运动轨迹要求，在弹簧的作用下使得墨辊与其接触的构件之间总能保持合适的接触力。

（3）墨盘机构：能实现间歇运动的机构很多，如棘轮机构、槽轮机构、不完全齿轮机构等。棘轮机构最为简单，考虑到该机器属于经济型的简单设备，故选择由构件 5-11-12 组成的曲柄摇杆机构带动由构件 13-14 组成的棘轮机构来实现墨盘的间歇运动。由于墨盘转动轴线和其他构件转动轴线垂直，又选择最常用的圆锥齿轮使间歇转动轴线的方向与墨盘要求的方向一致。

上述圆盘印刷机的运动方案结构简洁紧凑，主要传动部件都位于机器的内部。但从运动的角度来看仍有许多不理想的地方，如希望暂时停留的两处运动未能完全实现等，其可行性上需要进一步的论证。

以上两个例子说明，机器运动方案的确定是极具灵活性的创新过程，需要设计者对机器的工艺环境有最充分的了解，同时也要求设计者具有广泛的知识和开放的思维方式。当然，生产实践是检验设计方案的最终标准，凡是得到广泛使用的各种机器都是在长期生产实践中得到检验的成熟产品，是千百万人劳动和智慧的结晶，给我们提供了最好的学习范例，同时也是我们进一步改进提高的起点。

✎【本章小结】

1. 机器的设计过程一般分为三大阶段：（1）产品规划阶段，明确功能要求、性能指标；（2）机器运动设计阶段，根据机器功能确定机器所需的机构类型、机构结构和运动参数；（3）结构设计阶段，确定机器零部件结构、材料、加工、装配要求。仅第二阶段属于机械原理的研究内容。

2. 机器的运动设计过程一般分四个阶段：（1）确定工艺动作过程，形成机器运动循环图；（2）分解工艺动作为基本运动，确定执行机构的数目和构件的运动规律；（3）确定各机构的结构尺寸和运动参数；（4）确定机器中各机构运动的时间顺序和空间位置关系，完成机器运动简图。

3. 上述设计过程的各阶段中，要求掌握设计内容、设计的一般规律和设计的基本原则。这些问题与通常的形式逻辑问题不同，都是相互联系的，具有很强的实践性和辩证性，要求设计者既要有较好的理论基础，更要有较丰富的工程实践经验。

思 考 题

11-1　机器运动方案的拟订过程包括哪些基本步骤？需要画出哪些图？

11-2　机构选型时需要考虑哪些基本问题？

11-3　机构的输入运动为连续的转动，输出运动为：

（1）往复摆动，有急回特性；

（2）往复摆动，无急回特性；

（3）往复移动，有急回特性；

（4）往复移动，无急回特性。

对上述四种情况各举2~3例。

11-4　何谓机器运动循环图？它有什么作用？是否所有的机器都需要它？

练 习 题

11-1　试拟定蜂窝煤成型机的运动方案。基本工艺过程：① 原煤、水、土等拌和；② 装入模具型腔；③ 压实；④ 冲孔；⑤ 脱模；⑥ 清扫。要求拟定的机器运动方案完成工艺过程2~6。

第 12 章　计算机辅助机构分析与综合

本章对机械系统动力学自动分析软件 ADAMS 的基本功能和使用方法做简要的介绍，通过对一具体机构进行完整的设计和分析，使大家初步掌握利用 ADAMS 软件进行机构分析和设计的一般过程和操作方法。

幻影骑士仿生
步态机器人

12.1　概　述

利用计算机进行机构的辅助分析和综合已经有几十年的历史。最初的计算机辅助分析方法往往是针对特定机构分析或综合问题的，先用解析法推导出适合特定问题的计算公式，然后编制程序进行计算，程序基本上不具有通用性，主要解决特定的问题；后来，出现了根据机构可以分解为基本杆组的原理，预先编制对基本杆组进行分析的通用的子程序，在对机构进行分析时，先确定机构的基本杆组的组成，再调用相应的子程序进行分析计算，这一阶段的计算机辅助分析程序虽然有了一定的通用性，但使用仍然十分不便，难以适应一般工程技术人员进行复杂机器设计和分析的需要。

随着计算机辅助分析综合技术的发展，产生了更为先进的**虚拟样机技术**，以该技术为基础，涌现出许多大型专业机械动力学分析软件，如 ADAMS（Automatic Dynamic Analysis of Mechanical Systems）、DADS（Dynamic Analysis and Design System）等。这一新的机械系统分析技术，使机械设备的研发过程发生了革命性的变化，把传统的实物样机的概念、设计、测试、改进等费时费力的研发过程，转化为在计算机中对新机构或新机械设备建立虚拟样机进行仿真分析，得到优化的方案后，再制作出性能优良的机械设备。借助于这项技术，工程师可以在三维可视化的界面上，以人机交互的工作方式，在计算机上建立机械系统的模型，仿真在现实环境下机械系统的运动和动力学过程，并根据精化仿真结果对机械系统进行进一步的优化设计。

ADAMS 是虚拟样机技术的代表性软件之一，由美国 Mechanical Dynamics Inc.公司开发。具有强大的机械系统动力学仿真能力和机构性能优化设计功能，该软件特点如下：

（1）模型库内容丰富，除了传统的构件库、运动约束库、力库之外，也能方便地添加柔性构件、单方向接触约束、自动控制环节，使得大型复杂机械系统模型建立更快捷，也能更准确地反映机械系统实际工作过程。

（2）动力学仿真能力强，其求解器采用多刚体系统动力学理论中的拉格朗日方程方法，建立系统动力学方程，对虚拟机械系统进行静力学、运动学和动力学分析，应用 ADAMS 软件进行仿真计算，不仅运算速度快，精确度高，而且可以代替人完成许多重复性的工作和解决较复杂的运算。例如，在机构运动分析及力的分析中，求机构在一个运动循环中的位移、速度、加速度，各运动副中的反力及作用在原动件上的平衡力。无论是用图解法还是用解析法，重复作图或计算的工作量都是非常之大的，这些重复性的工作和复杂的运算，若用虚拟样机技术来完成，就可以大大节省人力。

（3）利用 ADAMS 软件的后处理功能，可以绘制机构的运动和动力特性曲线图，输出位移、速度、加速度和反作用力曲线，为机构的选型及尺度综合提供重要的资料。ADAMS 软件的仿真可用于预测机械系统的性能、运动范围、碰撞检测、峰值载荷以及计算有限元的输入载荷等，例如，绘制连杆机构在一个运动循环的位移、速度、加速度曲线等。

（4）应用 ADAMS 软件可以实现自动优化设计，可以在一定条件下优化出最佳的设计参数。例如，按给定两连架杆的对应位置用解析法综合铰链四杆机构，最多只能实现两连架杆五个对应位置，而且必须联立求解非线性方程组，用手工计算是很困难的，而用 ADAMS 软件进行数值迭代计算，就很容易。

此外，ADAMS 软件有很强的二次开发功能，可以根据自己的需要进行合理的二次开发。相对于自己编写程序，利用成熟的商业软件 ADAMS 既减少了编程的工作量，又简化了计算，而且不易出错，大大提高了程序的可靠性和工作效率。图 12.1 和图 12.2 是 ADAMS 图形化设计和结果输出的例子。

图 12.1　液压挖掘机的虚拟样机模型

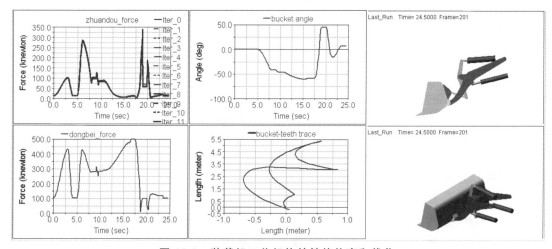

图 12.2　装载机工作机构的性能仿真和优化

12.2　ADAMS 软件的用户界面

　　ADAMS 软件由许多功能不同的模块组成，其中 ADAMS/View 模块是用户界面模块。该模块为用户提供了交互式图形环境，能方便地建立复杂的机械系统模型，还能根据用户需要，自动调用其他功能模块完成系统仿真分析、显示仿真结果、优化设计等任务。

　　ADAMS/View 模块的程序窗口如图 12.3 所示，主要包括工作屏幕区、主工具箱、命令菜单栏和状态栏 4 部分，各部分的主要功能简要介绍如下。

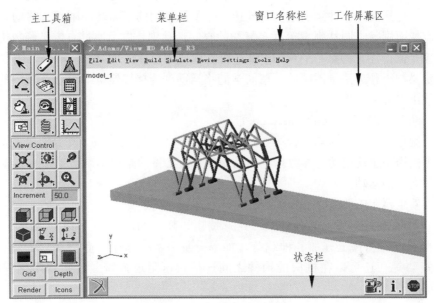

图 12.3　ADAMS 软件界面

12.2.1　工作屏幕区

　　工作屏幕区以三维可视化方式显示虚拟样机模型。在模型建立阶段，实时地显示用户建立的构件几何要素、运动副符号以及所施加的力或运动条件等；当需要对有关对象进行编辑修改时，可以用鼠标直接执行选择、拖放等操作；对机构进行仿真时，工作屏幕区可以播放仿真的三维动画。

12.2.2　主工具箱（Main ToolBox）

　　主工具箱是一个与主窗口分离的窗口，里面放置了常用的工具按钮。各工具按钮采用分级组织管理，如果按钮的右下角有▶标记，鼠标右键单击该按钮会弹出新的子工具箱。整个主工具箱上的工具按钮分为上下两部分，下半部分的视图控制（View Control）用于工作屏幕区显示的各种缩放操作和控制显示视图的方向；上半部分则是常用的建模、仿真命令按钮，可以完成机构建模、分析、设计等大部分工作。这里仅对最常用工具按钮进行简要介绍。

（1）几何建模（Geometric Modeling）。

鼠标右键单击主工具箱第一行第二列 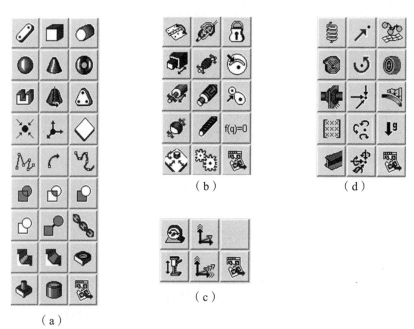按钮，弹出如图12.4（a）所示的几何建模子工具箱，可用于建立具有不同几何形状的构件。基本的几何形状有长方体■、圆柱■、圆球■、圆锥■和圆环■，还有最常用的连杆■和平板■；还可以先建立任意形状的平面图形，通过拉伸和旋转得到拉伸体■和旋转体■；建立基本立体后可以通过布尔操作组合成更复杂的组合体构件。

（2）运动副连接（Joints）。

鼠标右键单击主工具箱第一行第二列■按钮，弹出如图 12.4（b）所示的运动副连接子工具箱，能给任意两个构件添加运动副连接。除了最常用的平面转动副■、移动副■和高副之外，还有球面副■、圆柱副■等许多复杂的空间运动副，以及通过自定义函数定义更复杂的约束关系。值得注意的是，ADAMS将平面高副分为点-线约束高副■和线-线约束高副■两种，其定义与操作方法是不同的。请同学们将运动副连接按钮群与第2章表中的运动副对比分析，找出对应的关系。

（3）运动发生器（Motion Generators）。

鼠标右键单击主工具箱第三行第二列■按钮，弹出如图12.4（c）所示的运动发生器子工具箱，能为机构中主动运动副参数指定运动规律，最常见的是移动副运动■和转动副运动■指定随时间变化的运动。

（4）力发生器（Forces Creator）。

鼠标右键单击主工具箱第四行第二列■按钮，弹出如图 12.4（d）所示的创建驱动力工具按钮群，能在构件上施加各种载荷，如单分量力■、单个分量力矩■、三分量力■、三分量力矩■等，还可以在机构的构件之间连接拉压阻尼弹簧■、扭转阻尼弹簧■等弹性元件。

（a）　　　　　（b）　　　　　（d）

（c）

图 12.4　主工具箱的命令按钮群

此外，单击主工具箱上的仿真按钮▣，可以调用仿真模块并在显示屏幕区播放机构仿真动画；单击绘图按钮㇐，可以调用后处理模块绘制所指定运动参数的变化曲线。

12.2.3　命令菜单栏

主工具箱上的命令按钮是使用频率较高的操作命令，而命令菜单提供了 ADAMS/View 的全部操作命令，它也采用分级组织管理，以便快速寻找定位。

此外，工作屏幕下方的状态栏可以显示操作信息，为使用者提供及时的操作指导。ADAMS 还有坐标窗口、多个实用工具、数目众多的各种对话框，这些都应该在使用过程中逐步熟悉并最终掌握。

12.3　ADAMS 机构分析与设计的一般流程

使用 ADAMS 进行机构的分析和设计一般要经历创建模型（Build）、模型测试（Test）、浏览结果（Review）、优化改进（Improve）4 个阶段。

12.3.1　创建模型

创建模型阶段需要完成三项内容：一是构件（Part）的创建；二是添加运动约束和设置主动运动参数；三是施加各种力和弹性元件连接。

（1）创建构件。

利用 ADAMS 可以创建各种几何形状的刚体构件（Rigid Body）、集中点质量（Point Mass）和柔性构件，ADAMS 将柔性构件统一按照有限元模型进行离散化处理；还可以直接导入其他 CAD 软件建立的几何模型。建立构件的同时系统会自动计算构件的质量、质心位置和转动惯量，这些参数是机构仿真计算的必需参数，一般情况下没有必要对模型的所有的细节都进行详细建模，模型建得越复杂，显示的时候占用的资源就越多，效率就越低，所以对分析的对象进行抽象，抓住主要问题所在，是掌握好虚拟样机技术的能力之一。要重视几何点、线在模型中的作用，其重要性一般超过了几何实体，因为运动副位置指定、构件运动分析点的确定等，都要依靠几何点来精确指定。

（2）添加运动约束和设置主动运动参数。

ADAMS 可以添加的运动约束有运动副和基本运动约束。运动副大家都很熟悉，这里所说的基本运动约束是直接指定构件之间允许的运动方式，如两构件运动过程中要保持平行、垂直、共线等。它不像运动副那样有直接的物理对象与约束对应。

ADAMS 通过运动发生器，来给主动运动参数指定一个随时间变化函数，这些运动参数可以是位移、速度、加速度等。

（3）施加各种力。

ADAMS 除了可以直接在指定构件上指定位置处施加指定方向和大小的力之外，还可以施加各种柔性连接，如阻尼-弹簧、衬垫等。此外，ADAMS 将接触问题也归入这一部分内容，接触问题与普通运动副约束不同，是单方向运动约束，可以脱离接触。此外，还能添加闭环反馈控制环节，使机构的运动更接近实际情况。

12.3.2　模型测试

模型测试阶段要完成两部分内容，首先要定义仿真时需要计算输出哪些运动参数，然后执行仿真运算。

（1）定义输出运动参数。

运行仿真时，ADAMS 将计算出这些定义的运动参数，并保存这些参数的计算结果，以备后处理时使用。这些运动参数可以是构件上任意指定点的位移、速度、加速度，也可以是任意运动副约束的相对运动和受力，还可以是机构上施加的各种力。

（2）执行仿真运算。

ADAMS/View 通过调用求解器模块（ADAMS/Solve）执行仿真运算，仿真的同时在屏幕显示区显示运动动画。可以执行的仿真类型有动力学仿真、静力学仿真和运动学仿真。

12.3.3　仿真结果的浏览和验证

（1）仿真结果的浏览。

仿真完成之后，可以重播仿真动画，重播动画时可以任意改变视图比例和视图方向，并同时动态显示输出运动参数的变化过程曲线。还可以调用处理能力更强的后处理模块（ADAMS/PostProcessor）执行更完善的分析。

（2）仿真结果的验证。

导入物理模型的实际试验结果与仿真结果进行对比分析，来验证所建立的系统模型的正确性。初步仿真验证之后，可以根据需要进一步细化模型添加更复杂的因素，使仿真更接近实际情况，如添加运动副的摩擦、用柔性构件代替刚性构件、添加闭环控制等，然后再进行仿真和验证，直到模型与实际符合程度满意为止。

12.3.4　模型的优化改进

为了比较机构参数取不同数值时机构性能的优劣，应当建立参数化模型，也就是将模型中人们感兴趣的物理量用可变化调节的参数表示。调整这些参数数值再进行仿真，可以考察这些参数变化时机构性能的改变。ADAMS/View 用设计变量（Design Variable）表示这些可变化的参数，它代表各种可改变的物理参数，如点的位置坐标分量、力的大小、弹簧的刚度等。

ADAMS 提供了 3 种参数化分析方法，有设计研究（Design Study）、试验设计（Design of Experiments）和优化分析（Optimization）。其中试验设计是由 ADAMS/Insight 模块来完成，而设计研究和优化分析在 ADAMS/View 模块中完成。

（1）设计研究。

建立好参数化模型后，设计研究用于分析单个设计变量值发生改变时机构性能的改变。在设计研究过程中，设计变量按照一定的规则在一定的范围内改变，进行一系列仿真分析。

在完成设计研究后，输出不同设计变量时机构的仿真分析结果，还能分析有关性能参数对设计变量值的变化的敏感程度。

（2）试验设计。

当分析多个设计变量同时发生变化对虚拟样机的性能影响时，就要用到试验设计了。试验设计包括设计矩阵的建立和试验结果的统计分析等内容。使用 ADAMS 的试验设计可以增加获得结果的可信度，并且在得到结果的速度上比试错法试验或多次设计研究试验更快，同时能有助于用户更好地理解和优化机械系统的性能。

对于简单的设计问题，可以将经验知识、试错法或者施加强力的方法混合使用来探究和优化机械系统的性能。但当设计变量数目较多时，这些方法往往难以奏效，很难得出各因素之间相互影响的信息，试验设计则提供了解决此类问题的有效方法。ADAMS/Insight 模块提供一整套安排试验和分析试验结果的步骤和统计工具，帮助确定相关的数据进行分析，并自动完成整个试验设计过程。

（3）最优化分析。

最优化分析一般有三项内容：① 要指定最优化的目标函数，所谓目标函数是能综合反映机构性能优劣程度的标量函数，如机构结构尺寸或者质量要尽可能小，工作效率尽可能高，等等；② 指定优化的设计变量及其变化范围，这些设计变量常常是机构中构件各运动副的相对位置尺寸等，设计变量改变时目标函数也会随之而变化，故目标函数的自变量就是这些设计变量；③ 运行求解目标函数最大值（或最小值）的程序，求出设计变量取何值时目标函数为最大（或最小），来确定机构结构参数。

ADAMS 将三种参数化分析方法集中在一个评估工具中，可以十分方便地设置分析参数，执行相应的分析操作，并自动生成分析报告。

12.4　ADAMS 软件中机构设计与分析实例

本节通过一个弹簧挂锁设计与分析实例的练习，使大家初步掌握利用 ADAMS 软件进行机构设计和分析的基本方法。

12.4.1　弹簧挂锁设计问题介绍

图 12.5 所示的弹簧挂锁是由美国 North AmericanAviation，Inc.公司的 Earl V. Holman 发明并设计的一个夹紧机构，它能够将运输集装箱的两部分夹紧在一起，在 Apollo 登月计划中，曾被用来夹紧登月舱和指挥服务舱。

该弹簧挂锁的工作过程是这样的，在 D 处下压操作手柄（handle），曲臂（pivot）绕 A 顺时针转动，将锁钩（hook）上的 B 点向后拖动，同时连杆（linker）上的 E 点受压向下运动，将锁紧件（coupling member）与基础件（base）夹紧，当点 E 处于 C 和 F 的连线时，夹紧力达到最大值。点 E 应该移动到 C 和 F 连线的稍下方，直到操作手柄停在锁钩（hook）上部，此时夹紧力接近最大值。需要松开时，只需向上轻用力就可以抬起手柄打开挂锁。

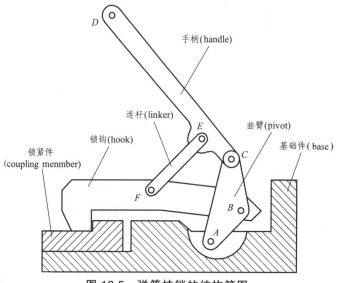

图 12.5 弹簧挂锁的结构简图

该挂锁巧妙地利用机构自锁点附近的力学特性，具有夹紧牢靠、操作驱动力小等优点。该机构的设计要满足以下要求：

（1）能产生至少 800 N 的夹紧力；

（2）手动夹紧，用力不大于 80 N；

（3）手动松开时用力尽量小一些；

（4）在较小的空间内工作，机构尺寸尽量小一些；

（5）有振动时，仍能保持可靠夹紧。

完成该挂锁的性能分析和设计工作，需要通过 4 个步骤进行：建立挂锁的模型；测试挂锁的模型；挂锁仿真的浏览与验证；挂锁的改进优化。

12.4.2 创建挂锁模型

本小节练习 ADAMS/View 的启动、设置以及建立挂锁各构件和运动约束，并施加机构的受力。

（1）创建模型文件。

① 鼠标双击桌面上 ADAMS/View 的快捷图标，ADAMS/View 启动并显示欢迎对话框，如图 12.6 所示。

② 选择创建新模型（Create a new model）多选按钮；在模型名称（Model name）文本框中输入模型文件的名称"Latch"。

③ 鼠标左键单击【OK】按钮，创建该模型。系统显示 ADAMS/View 界面（见图 12.3），屏幕显示区左上角显示有模型的名称。

如果 ADAMS/View 中没有显示主工具箱，请点击工作窗口右下角的 按钮，将主工具箱显示出来。

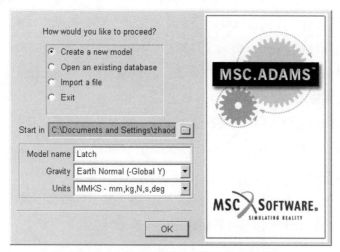

图 12.6　ADAMS/View 的欢迎对话框

（2）设置工作环境。

① 设置模型物理量的单位：在 ADAMS/View 的菜单栏中依次选择设置（Settings）→单位（Units），弹出设置单位对话窗如图 12.7（a）所示；将模型的长度（Length）单位设置为厘米（Centimeter），其他单位保持不变。鼠标左键单击【OK】按钮，完成单位的设置。

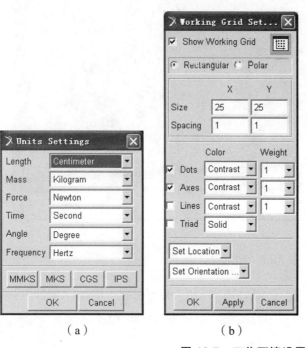

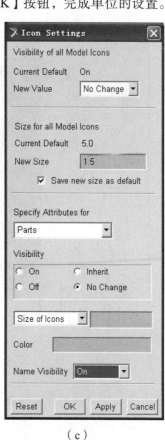

（a）　　　　　　　　　　　（b）　　　　　　　　　　　（c）

图 12.7　工作环境设置

② 设置工作网格：工作网格能够准确定位鼠标点，可提高操作效率。在 ADAMS/View 的菜单栏中依次选择设置（Settings）→工作网格（Work Grid），弹出工作网格对话框如图 12.7（b）所示；设置网格的范围尺寸（Size）为 25，将网格的间距（Spacing）设置为 1，保持其他设置不变，鼠标左键单击【OK】按钮，设置好工作网格。

③ 更改图标尺寸：在 ADAMS/View 的菜单栏中依次选择设置（Settings）→图标（Icons），弹出设置图标对话框如图 12.7（c）所示；在新尺寸（New Size）栏中输入 1.5，按【OK】按钮，完成对图标尺寸的更改。

单击主工具箱中的动态缩放命令按钮，在主屏幕显示区中按下鼠标左键，拖动鼠标调整至适合鼠标操作的显示比例，即可开始建立机构模型的工作。

（3）创建设计点。

首先应创建图 12.5 中的 *A ~ F* 六个点，后面其他要素的创建都要以此为根据。

① 鼠标右键单击工具箱的构件库命令按钮，将弹出如图 12.4 所示的构件库子命令按钮群。

② 再单击创建设计点命令按钮，主工具箱的下部显示出点（Point）的选项，如图 12.8（a）所示。

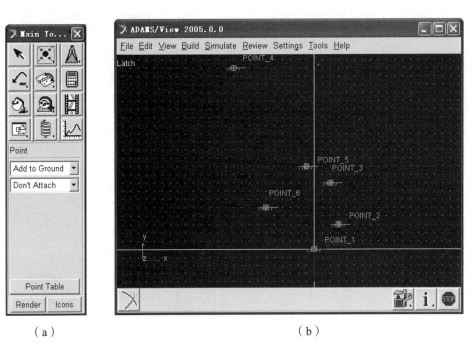

（a）　　　　　　　　　　　　　　　（b）

图 12.8　创建设计点

两下拉框中分别选择添加到机架上（Add to Ground）和不附着（Don't Attach）。

③ 在屏幕显示区中借助工作网格在坐标点上左键单击创建图 12.5 中的 6 个设计点，坐标位置见表 12.1。创建结果如图 12.8（b）所示。

表 12.1 设计点的位置坐标

点	设计点	X 坐标	Y 坐标	Z 坐标
A	POINT_1	0	0	0
B	POINT_2	3	3	0
C	POINT_3	2	8	0
D	POINT_4	-10	22	0
E	POINT_5	-1	10	0
F	POINT_6	-6	5	0

用设计点来标识设计布局，可以通过移动点的位置来改变设计布局，而构件的连接关系保持不变。在后面进行机构试验研究、优化等工作时，ADAMS/View 通过改变设计点的位置分析机构性能的变化，并寻找最佳机构尺寸。

（4）创建构件。

① 创建曲臂：鼠标右键单击打开构件子工具箱，鼠标左键单击平板按钮，主工具箱下部显示平板的选项，下拉框中选择新构件（New Part），设置厚度（Thickness）和半径（Radius）设置均为 1 cm；主工作屏幕中用鼠标左键依次单击 Point_1、Point_2 和 Point_3，单击右键完成创建。

② 创建手柄：鼠标左键单击构件子工具箱中的连杆按钮，主工具箱下部显示连杆的选项，下拉框中选择新构件（New Part）；用鼠标左键点选 Point_3 和 Point_4，点击右键完成创建。

③ 创建连杆：与创建手柄相同，单击 Point_5 和 Point_4，完成连杆创建。

④ 创建锁构：鼠标左键单击构件子工具箱中的拉伸体按钮，主工具箱下部显示拉伸体的选项，选择新构件（New Part）和闭合（Close），设置拉伸长度（Length）为 1；用鼠标左键按顺序点选表 12.2 中所列的 11 个点，点击右键完成创建。

表 12.2 锁构拉伸体上关键点的坐标

点	X 坐标	Y 坐标	Z 坐标	点	X 坐标	Y 坐标	Z 坐标
1	5	3	0	7	-14	1	0
2	3	5	0	8	-12	1	0
3	-6	6	0	9	-12	3	0
4	-14	6	0	10	-5	3	0
5	-15	5	0	11	4	2	0
6	-15	3	0				

⑤ 创建机架：鼠标左键单击构件子工具箱中的长方体（Box）按钮，主工具箱下部显示长方体的选项，改选下拉框内容为在地面（On Ground），在坐标（-2，1，0）处左键按下鼠标，拖到（-20，-1，0）松开，完成创建。全部构件创建完成之后的结果如图 12.9 所示，机架总是默认存在的，因而本步骤也可以省略。

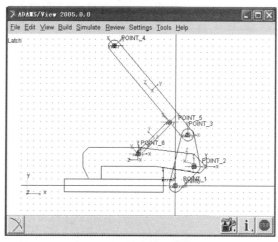

图 12.9　构件的创建结果

（5）创建运动副约束。

① 创建转动副：鼠标右键打开约束库，选择转动副（Revolute Joint）按钮 ，主工具箱下部显示转动副的选项，选择仅指点一个点位置（1 Location）的方式确定转动副位置，选择转动副轴线方向垂直于网格（Normal To Grid）；鼠标左键选择"Point_1"，完成摇臂和大地之间转动副约束的创建，并显示转动副的圆弧形箭头图标和转动副名称"Joint_1"；再一次单击转动副命令按钮，鼠标左键选择"Point_2"，完成摇臂和锁构之间转动副约束的创建；重复以上步骤选择"Point_3""Point_5""Point_6"完成其余三个转动副创建。

② 创建点-面接触约束：点-面接触约束使构件锁构上的指定点只能在限定的水平面内运动。在约束库上鼠标右键点击"Palette"按钮，显示出其他不常用的约束，如图 12.10 所示；鼠标右键点击平面内约束按钮 ，主工具箱下部显示平面内约束的选项，设置选项为"2Bodies-1Location"（两个物体-一个位置）和"Pick Geometry Feature"（通过几何体特征确定约束方向）；鼠标左键首先选择锁构，然后选择机架，再指定锁构上约束点的位置为（−12，1，0），最后指定约束平面的法线方向垂直向上，完成点-面约束的创建，系统显示出点-面约束的符号和名称。

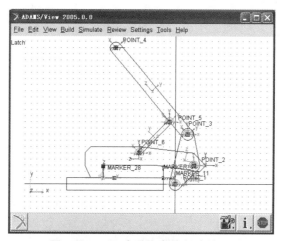

图 12.10　运动副约束的创建结果

（6）施加力和创建弹簧。

① 施加驱动力：鼠标右键单击主工具箱力库按钮，弹出力库工具按钮群，选择力库中的单分量力（Force）按钮，工具箱下部显示力的选项；设置力的方向为与物体固定（Body Fixed）；初始方向为选择特征方向（Pick Feature）；力的大小为常量（Constant），数值为80；用鼠标左键选择手柄为受力的物体，然后选择"Point_4"为力的作用点，鼠标移动到坐标（－18，14，0）点，单击左键确定力的方向，完成力的创建，系统现出所创建力的图标。

② 创建弹簧：为了确定锁构的夹紧力，需要在锁构上连接一个拉压弹簧来测定夹紧力。鼠标左键单击力库中的弹簧（Spring）按钮，设置弹簧的刚度（K）为800，弹簧的阻尼（C）为0.5；用鼠标左键选择位置（－14，1，0）和（－23，1，0），创建锁钩和大地之间的弹簧。

至此，夹紧机构的模型已经成功创建，结果如图12.11所示。点击主工具箱的仿真按钮，主工具箱下部显示仿真选项和按钮；设置仿真终止时间（End time）为0.2，仿真工作步（Steps）为 500，然后点击开始仿真按钮，系统进行仿真，观察模型的运动情况。应当注意，此时的运动情况是机构在驱动力、构件重力和弹簧力共同作用下的运动情况。建议大家在建立模型过程中随时多做模型仿真，以确认模型建立中间过程的正确性。

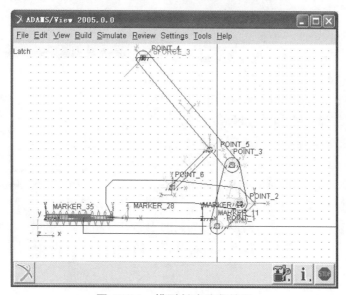

图 12.11　模型创建阶段结果

12.4.3　测试挂锁模型

本小节将通过测量弹簧力的大小测试夹紧机构的夹紧力，通过测量三个点的角度值测试手柄的下压状况，并通过创建一个传感器探测夹紧机构的锁止位置。

（1）测量弹簧力（或者锁构夹紧力）。

① 把光标移放在弹簧上单击右键，系统显示弹出菜单，在弹出菜单上依次选择弹簧_1（SPRING_1）→（Measure），弹出测量对话框，如图12.12（a）所示。

② 将测量对话框中的特性（Characteristic）选项更改为力（force），点击【OK】按钮，关闭测量对话框，出现弹簧测量图和测量曲线，如图12.12（b）所示。

单击主工具箱下部的重新仿真按钮![icon]，可以观察夹紧力的变化过程。

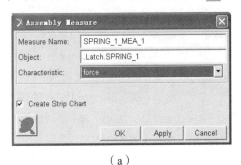
（a）

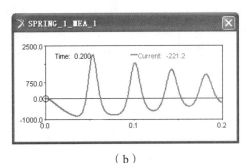
（b）

图 12.12　夹紧力测量曲线

（2）测量角度。

测量角度∠ECF 以反映手柄压下情况，挂锁锁紧时，手柄处于过自锁点位置，从而保证挂锁处于安全状态。E、C、F 三点也就是三个设计点 POINT_5、POINT_3、POINT_6。

① 在主工具箱上鼠标右键单击测量按钮（Measure），弹出测量按钮群，左键单击角度测量按钮![icon]。

② 鼠标移动到 POINT_5 位置，单击鼠标右键，弹出选择对话框，选择任意一个标记点（Marker），左键单击【OK】按钮；鼠标移动到 POINT_3 位置，用同样的方法选择标记点；最后鼠标移动到 POINT_6 位置，也选择标记点；系统弹出测量曲线如图 12.13 所示。

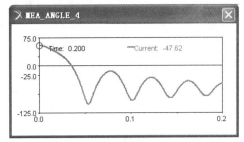

图 12.13　角度测量曲线

应当注意，在选择角度测量点时，不能直接选择 POINT_5、POINT_3 和 POINT_6 三个设计点，因为这三个设计点都是属于机架上的点，在机构的运动过程中保持不变，相应的角度也不会变化，而系统自动创建的各标记点属于不同构件上转动副的中心点，相互连接的转动副中心点又保持重合，不论选择哪一个标记点对于角度测量都是等效的。

（3）创建角度检测传感器。

创建一个传感器，检测∠ECF 什么时候达到负值，这时挂锁也就可靠锁紧了，应当停止仿真过程。

① 主菜单栏上依次选择仿真（Simulate）→传感器（Sensor）→新建（New），弹出建立传感器对话框，如图 12.14（a）所示。

② 修改表达式（Expression）文本框内容为 ".Latch.MEA_ANGLE_4"。其中 "Latch" 为模型的文件名，位于显示屏幕区的左上角；"MEA_ANGLE_4" 测量角度曲线图的名称，位于曲线图的顶部。

③ 点击选择角度值单选按钮（Angular Values），修改下拉框的内容为小于或等于（less than or equal），修改值文本框内容为 0.0，选择多选按钮终结当前仿真（Terminate current simulation...）。

单击【OK】按钮，完成传感器的创建。

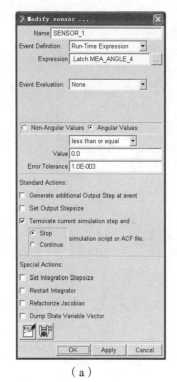

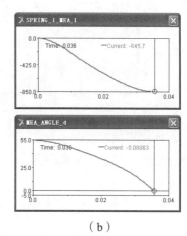

（a）　　　　　　　　　　　　　（b）

图 12.14　传感器设置对话框及仿真结果

（4）模型仿真。

单击主工具箱上部的仿真"Simulation"按钮，设置 0.2 秒和 100 步仿真；单击开始按钮，仿真结束会得到提示信息，由于传感器的作用 ADAMS/View 停止仿真。

用 Reset 回到模型初始状态。

在仿真过程中，机构在∠*DCF* 等于或稍小于 0 的位置停止运动，相应地弹簧力和角度的测量曲线图中也仅仅只截取了前面一部分，如图 12.14（b）所示。

12.4.4　验证测试结果

本节要把仿真模拟数据同物理样机试验数据比较。通过比较，就可以知道所建的模型与实际物理模型的差别，也就可以通过修改模型以消除模型不准确之处。

（1）导入物理样机试验数据。

这里所要导入的物理样机试验数据是实际测量获得的，数据文件为 ADAMS 安装目录下的"\aview\examples\Latch\test_dat.csv"，文件数据是物理模型上测试的机构夹紧力与∠*ECF* 的关系。

① 主菜单栏中选择文件（File）→导入（Import），弹出文件导入对话框，如图 12.15 所示。

② 设置文件类型（File Type）为测试数据（Test Data）；确定创建测量数据（Create Measure）单选按钮被选中，使输入的数据生成测试数据；设置读入文件（File To Read）为"…\aview\examples\Latch\test_dat.csv"；在模型名称（Model Name）文本框中键入.Latch。

单击【OK】按钮，完成文件导入。

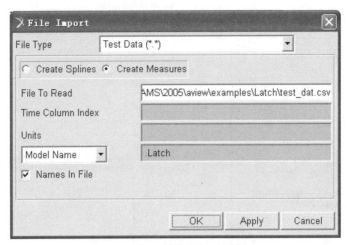

图 12.15　文件导入对话框

（2）用物理样机试验数据建立曲线图。

要用物理样机试验数据生成的两组测量数据在 ADAMS/View 的图表窗口建立比较曲线，操作步骤如下：

① 在浏览菜单（Review）中选择后处理（Postprocessing）菜单项。ADAMS 运行后处理模块，界面如图 12.16 所示。

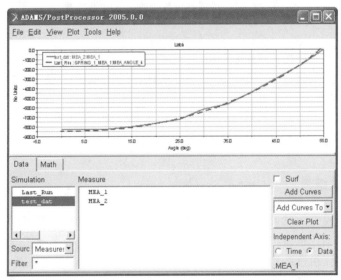

图 12.16　物理样机实测数据与仿真数据比较

② 在窗口右下角鼠标左键单击自变量轴（Independent Axis）的数据（Data）单选按钮，弹出自变量轴（Independent Axis）对话框；在仿真（Simulation）列表框中选择导入的测试数据（test_dat）；在测量（Measures）列表框中选择 MEA_1 作为自变量轴；单击【OK】按钮，指定了 x 轴的实测数据为角度值。

③ 在后处理界面的仿真（Simulation）列表框中选择导入的测试数据（test_dat）；在测量（Measures）列表框中选择 MEA_2。指定了绘图的 y 轴数据为夹紧力。

④ 单击添加曲线按钮（Add Curves），绘图区中绘出了实测数据的曲线图。

⑤ 再次鼠标左键单击自变量轴（Independent Axis）的数据（Data）单选按钮，弹出自变量轴（Independent Axis）对话框；在仿真（Simulation）列表框中选择导入的最终运行的仿真数据（Last_Run）；在测量（Measures）列表框中选择 MEA_ANGLE_4 作为自变量轴；单击【OK】按钮，指定了 x 轴的仿真数据为角度值。

⑥ 在后处理界面的仿真（Simulation）列表框中选择导入的仿真数据（Last_Run）；在测量（Measures）列表框中选择 SPRING_1_MAT_1。指定了绘图的 y 轴仿真数据为夹紧力。

⑦ 单击添加曲线按钮（Add Curves），绘图区中添加了仿真数据的曲线图。

比较实测数据和仿真数据的曲线图，就会发现物理测试数据和模拟测试数据不完全一样，但非常接近，说明虚拟样机模型比较真实地反映了实际机构的工作情况。关闭 ADMAS 后处理模块返回的 ADAMS/View。

12.4.5　细化模型

本小节对模型进行细化处理，将关键设计点的位置参数定义为设计变量，为其后的机构参数变化对机构性能的影响分析和优化做好预备性工作。本小节要完成两项任务：建立设计变量和重新设置设计变量的值。

（1）建立设计变量。

用设计变量替代模型中设计点的坐标，在以后的几节中，要用这些设计变量进行机构参数设计的研究和优化。

① 移动光标到在设计点 POINT_1 上，点击鼠标右键，在弹出菜单上依次选择点（Point：POINT_1）→修改（Modify），弹出表编辑（Table Editor）对话框，如图 12.17 所示。

② 选择 POINT_1 的 Loc_x 单元，在表编辑器顶部的输入栏中，点击鼠标右键，弹出菜单上依次选择参数化（Parameterize）→创建设计变量（Create Design Variable）→实数（Real），创建一名为 DV_1 的设计变量，其标准值为 0。

③ 选择 POINT_1 的 Loc_y 单元，重复步骤②过程创建名为.Latch.DV_2 的设计变量。

④ 重复步骤②、③，将 POINT_2、POINT_3、POINT_5、POINT_6 的 x、y 坐标参数化。结果如图 12.17 所示。

⑤ 点击应用按钮（Apply），使创建结果生效。

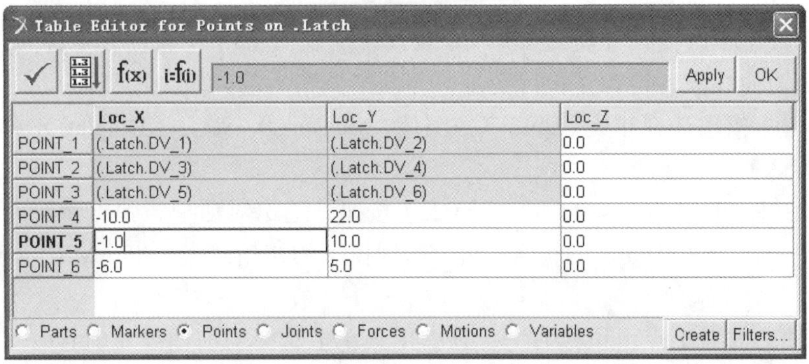

	Loc_X	Loc_Y	Loc_Z
POINT_1	(.Latch.DV_1)	(.Latch.DV_2)	0.0
POINT_2	(.Latch.DV_3)	(.Latch.DV_4)	0.0
POINT_3	(.Latch.DV_5)	(.Latch.DV_6)	0.0
POINT_4	-10.0	22.0	0.0
POINT_5	-1.0	10.0	0.0
POINT_6	-6.0	5.0	0.0

Table Editor for Points on .Latch

-1.0　Apply　OK

Parts　Markers　Points　Joints　Forces　Motions　Variables　　Create　Filters...

图 12.17　点的参数化及设计变量的设置

（2）重新设置设计变量的值。

建立了设计变量后，可以查看系统中各设计变量的标准值和取值的限制范围。ADAMS 自动设置变量取值范围为设计变量标准值的±10%。如果设计变量的值为 0 时，取值范围是绝对变化范围，其为±1。可以根据分析的需要，调整设计变量的标准值和取值范围设置以及数据类型。

① 在表编辑器的下边选择变量单选按钮（Variables），显示全部变量，如图 12.18 所示。

② 左键单击过滤（Filters）按钮，弹出 "Table Editor Filters" 对话框，选择数据类型（Delta Type）多选按钮，可以查看各设计变量范围是绝对值还是相对百分数。

③ 点击【OK】按钮，返回表编辑器。

④ 点击【OK】按钮，关闭表编辑器。

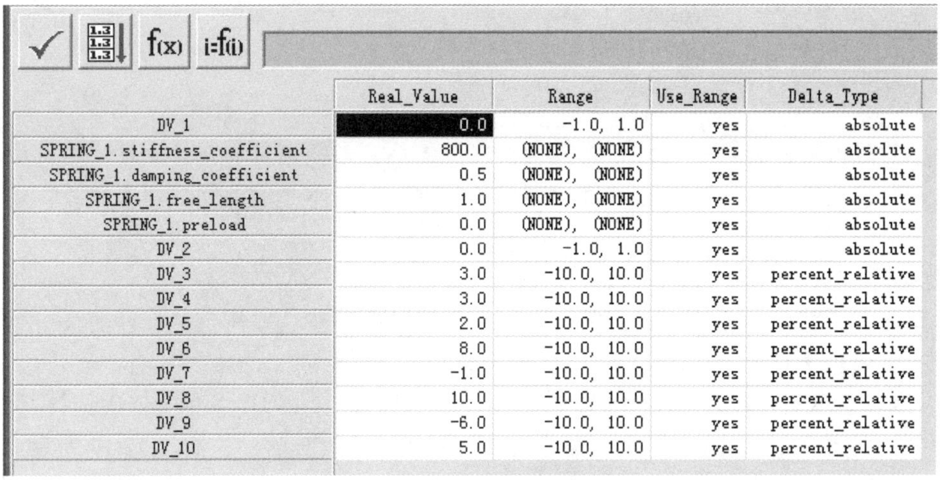

	Real_Value	Range	Use_Range	Delta_Type
DV_1	0.0	-1.0, 1.0	yes	absolute
SPRING_1.stiffness_coefficient	800.0	(NONE), (NONE)	yes	absolute
SPRING_1.damping_coefficient	0.5	(NONE), (NONE)	yes	absolute
SPRING_1.free_length	1.0	(NONE), (NONE)	yes	absolute
SPRING_1.preload	0.0	(NONE), (NONE)	yes	absolute
DV_2	0.0	-1.0, 1.0	yes	absolute
DV_3	3.0	-10.0, 10.0	yes	percent_relative
DV_4	3.0	-10.0, 10.0	yes	percent_relative
DV_5	2.0	-10.0, 10.0	yes	percent_relative
DV_6	8.0	-10.0, 10.0	yes	percent_relative
DV_7	-1.0	-10.0, 10.0	yes	percent_relative
DV_8	10.0	-10.0, 10.0	yes	percent_relative
DV_9	-6.0	-10.0, 10.0	yes	percent_relative
DV_10	5.0	-10.0, 10.0	yes	percent_relative

图 12.18　设计变量设置表

12.4.6　深化设计

现在应着眼于调整弹簧挂锁模型的参数，使它能更好地满足设计要求。在满足手柄过锁死点的条件下，要对一些点进行设计方案研究，从中找到一种方案使夹紧力达到最大值。

在本小节要做的工作是手工改变设计变量分析和检查方案研究结果。

手工改变设计变量分析：

通过简单的手工改变设计变量 DV_1，观察转动副 A 水平位置变化对弹簧力的影响。先重新显示弹簧力曲线图，再调整设计变量，并画出调整后的弹簧力曲线图。

① 主菜单上依次选择建模（Build）→测量（Measure）→显示（Display），弹出 "Database Navigator" 对话框。

② 选择 SPRING_1_MEA_1，单击【OK】按钮，退出对话框，弹出弹簧力曲线图。

③ 进行一次 0.2 秒 100 步的仿真，然后回到模型的初始状态。ADAMS/View 将弹簧测量图表更新。

④ 在弹簧力曲线上点击鼠标右键，在弹出菜单上选择当前曲线（Curve：Current）→保存曲线（Save Curve）。

⑤ 主菜单上依次选择建模（Build）→设计变量（Design Variable）→修改（Modify），弹出"Database Navigator"对话框。

⑥ 双击设计变量 DV_1，弹出设计变量编辑对话框，修改设计变量 DV_1 的标准值改为1.0。单击【OK】按钮，关闭"Database Navigator"对话框。

⑦ 再进行一次 0.2 秒 100 步的仿真。弹簧力曲线图上显示出两种不同情况下弹簧力随时间的变化过程，可以看出移动转动副 A 的位置后弹簧力值有所增加，如图 12.19 所示。

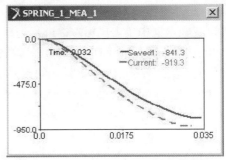

图 12.19　设计变量 DV_1 改变对弹簧力影响

⑧ 按照步骤①的方法，把设计变量 DV_1 的值改回 0.0。

12.4.7　执行研究设计

设计研究可以自动完成上面手工完成的设计变量数值改变和仿真绘图工作，并报告机构性能参数随着设计变量变化的灵敏度，也就是机构性能参数的改变量与设计变量改变量的比值。本例中分析的灵敏度是弹簧力的改变量与转动副 A 水平位置改变量的比值。

① 主菜单上依次选择仿真（Simulate）→设计研究（Design Evaluation）。弹出"Design Evaluation Tools"对话框，如图 12.20（a）所示

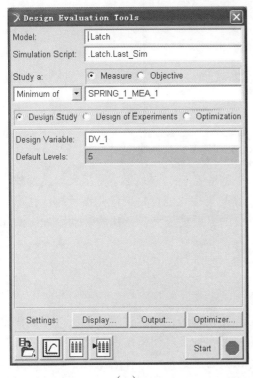

（a）

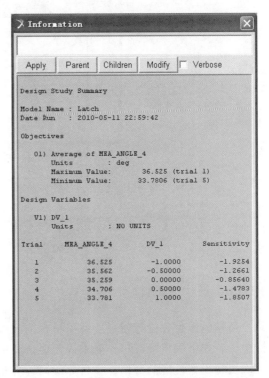

（b）

图 12.20　设计研究设置对话框图和设计研究报告

② 指定所研究的参数为弹簧力的最小值：在对话框中设计研究参数（Study a）选择测量（Measure）单选按钮，下拉框中选择最小值（Minimum of），文本框中输入"SPRING_1_MEA_1"，也可以在文本框中单击鼠标右键进行选择。

③ 选择设计研究（Design Study）单选按钮。

④ 指定设计变量为转动副 *A* 的水平位置：在设计变量（Design Variable）文本框中输入"DV_1"，也可以在文本框中单击鼠标右键进行选择，接受默认水平（Default Levels）文本框中的数值 5，也就是将设计变量的变化范围等分取 5 个数值进行研究。

⑤ 点击"Start"按钮开始仿真。

ADAMS/View 显示出方案研究报告[见图 12.20（b）]和以下的图表：① DV_1 五个不同数值时，弹簧力和角度∠*ECF* 的仿真曲线图；② 设计变量本身的变化规律，如图 12.21 所示。

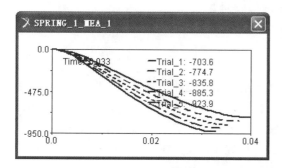
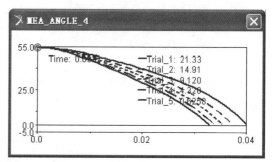

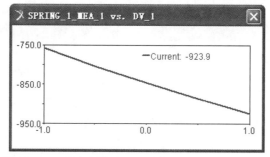

图 12.21　设计变量 DV_1 的变化对弹簧力的影响

对每一个设计变量重复进行上述设计研究，结果整理如表 12.3 所示。这里灵敏度反映了在其他位置固定不变时弹簧力对某个转动副位置改变的灵敏程度，是最优化设计时优化参数选择的重要依据。在本例中，DV_4，DV_6，DV_8 的灵敏度最大，意味着转动副 2、3、4 的 *y* 坐标的改变对挂锁的夹紧力影响最大。

12.4.8　最优化设计

所谓的最优化设计就是要调整机构的尺寸参数，使机构的性能达到最好。所以在优化设计中，首先根据机构的工作要求确定要调整的机构尺寸参数及其调整范围；然后确定一个能反映机构工作性能的数值标量目标函数，并把目标函数看做是机构尺寸的函数，绝大部分情况下目标函数是没有解析表达式的；最后用计算机来计算机构尺寸为何值时目标函数为最大值（或最小值），以此来确定机构的设计尺寸。

表 12.3　设计研究结果

设计变量名	设计点的坐标	初始值	在初始值处敏感	优化值
DV_1	POINT1_x	0	−82	1
DV_2	POINT1_y	0	56	0
DV_3	POINT2_x	3	142	2.7
DV_4	POINT2_y	3	−440	3.3
DV_5	POINT3_x	2	−23	2.2
DV_6	POINT3_y	8	281	7.6
DV_7	POINT4_x	−1	36	−1.1
DV_8	POINT4_y	10	−287	10.5
DV_9	POINT5_x	−6	−61	−5.4
DV_10	POINT5_y	5	104	4.5

　　本例中机构夹紧力的最大值是最优化设计的目标函数；根据设计研究分析的结果选择设计变量 DV_4、DV_6、DV_8 作为调整的尺寸参数，也就是物理模型上 *B*、*C*、*D* 三个转动副中心的 *y* 坐标。ADAMS 提供了方便快捷的最优化设计方法。

　　（1）确定设计变量及其调整范围。

　　根据机构实际结构，我们确定三个设计变量的调整范围如表 12.4 所示。

表 12.4　设计变量取值范围

设计变量名	设计点坐标	最小值	最大值
DV_4	POINT2_y	1	6
DV_6	POINT3_y	6.5	10
DV_8	POINT5_y	9	11

　　① 主菜单栏上依次选择建模（Build）→设计变量（Design Variable）→修改（Modify），弹出"Database Navigator"对话框。

　　② 左键双击 DV_4，弹出修改设计变量对话框（Modify Design Variable），如图 12.22 所示。

　　③ 选择取值范围方式文本框（Value Range by）为绝对最小最大值（Absolute Min and Max Values）；设置最小值（Min. Value）为 1.0 和最大值（Max. Value）为 6.0。单击应用（Apply）按钮完成设置。

　　④ 在 "Name" 文本框中单击右键，弹出菜单中依次选择变量（Variable）→浏览（Browse），再次弹出 "Database Navigator" 对话框；鼠标左键双击 DV_6。

　　⑤ 回到选修改设计变量对话框，按表 12.4 的数值设置

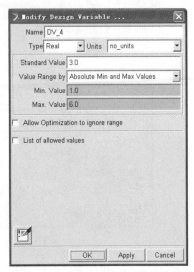

图 12.22　设计变量设置对话框

范围后，左键单击应用（Apply）按钮。

⑥ 重复步骤④和⑥设置 DV_8 的范围；单击【OK】按钮，关闭修改设计变量对话框。

（2）运行最优化设计。

ADAMS 的最优化设计程序可以帮助使用者找到最佳机构尺寸参数。进行优化之前先显示弹簧力和角度的测量窗口，以便观测优化的计算过程。

首先显示弹簧力和角度的测量，操作步骤如下：

① 主菜单栏上依次选择建模（Build）→测量（Measure）→显示（Display），弹出"Database Navigator"对话框。

② 左键双击 SPRING_1_MEA_1，弹出 SPRING_1_MEA_1 曲线图。

③ 重复以上两个步骤，再选择并弹出 MEA_ANGLE_4 曲线图。

然后运行最优化设计，操作步骤如下：

① 主菜单栏上依次择仿真（Simulation）→设计评估工具（Design Evaluation Tools），弹出设计评估对话框，如图 12.23（a）所示。

② 选择最优化单选按钮（Optimization），指定进行最优化运算。

③ 选择研究变量（Study a）下拉框内容为"Minimum of"；鼠标右键单击文本框，弹出菜单依次选择测量（Measure）→浏览（Browse），弹出"Database Navigator"对话框；左键双击"SPRING_1_MEA_1"。设置了最优化目标函数为弹簧力的最小值。

④ 右键单击设计变量列表框（Design Variables），弹出菜单依次选择测量（Variables）→浏览（Browse），弹出"Database Navigator"对话框；左键双击"DV_4"；设置了第一个设计变量。重复操作两次选择设计变量"DV_6"和"DV_8"，完成了最优化设计变量的设置。

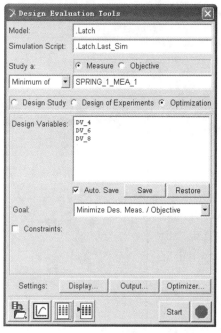

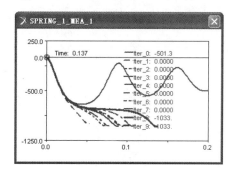

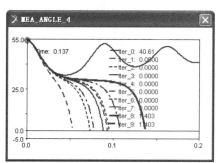

（a）   （b）

图 12.23　最优化参数设置和最优化过程的测量参数变化情况

⑤ 选择目标（Goal）为目标函数最小化（Minimize Des. Meas/Objective）。也就是分析弹簧力最小值为最小时，物理模型上 B、C、D 三设计点的 y 坐标数值。

⑥ 左键单击"Start"按钮开始最优化计算。大约需要数分钟计算，计算的同时显示测量参数的变化过程如图 12.23（b）所示。

在设计评估工具（Design Evaluation Tools）中，左键单击报告按钮▦，弹出设计评估报告表对话框，如图 12.24 所示。报告结果内容说明，共进行了 9 次迭代运算，弹簧夹紧力的最小值由最初的 −704.68 N 减小到最终的 −1 033.07 N，优化了 46.6%；设计变量 DV_4（转动副 B 的 y 坐标）由最初的 3.520 7 cm 改变到最优尺寸 3.557 8 cm；设计变量 DV_6（转动副 C 的 y 坐标）由最初的 8.039 1 cm 改变到最优尺寸 8.275 6 cm；设计变量 DV_8（转动副 D 的 y 坐标）由最初的 9.890 8 cm 改变到最优尺寸 10.08 cm。并以列表形式报告了 9 次迭代运算过程中，机构夹紧力逐步改善过程的中间结果。

接受所有默认设置，左键单击【OK】按钮，关闭对话框，弹出最优化结果报告。

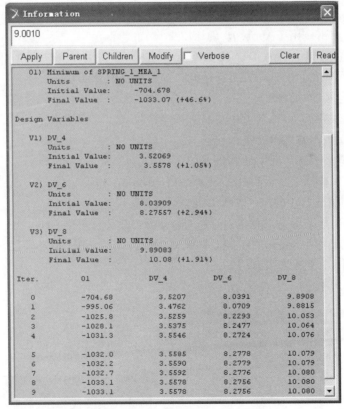

图 12.24　优化设计的评估报告

12.4.9　设计过程自动化

本小节通过设计一个自定义对话框，其上布置若干控件并指定相应的功能，通过操作这些控件以交互方式完成挂锁的最后两项设计要求：手柄操作力不超过 80 N，手动松开时操作力不超过 5.0 N。基本方法是指定随时间变化手动操作力，其变化过程是 0.0 ~ 0.1 s 手动操作力由新建的设计变量 DV_11 指定，0.1～0.2 s 的操作力由新建的设计变量 DV_12 指定。两个设计变量的数值通过自定义对话框上的有关控件来操作调整，并进行仿真计算，同时观察运动过程的动画和夹紧力的变化过程，使其满足机构的有关设计要求。当然，定义随时间变化的驱动力并不是必须使用自定义对话框，这里使用自定义对话框是为了使大家初步了解 ADAMS 的过程自动化功能。

首先建立设计变量，接着制作自定义的对话框，最后调整手动操作力并进行仿真。

（1）建立设计变量。

建立两个新的设计变量 DV_11 和 DV_12。DV_11 指定夹紧时手柄操作力的大小，DV_12 代表松开时手柄操作力的大小。

① 主菜单上依次选择建模（Build）→设计变量（Design Variable）→新建（New）。弹出 "Create Design Variable" 对话框。

② 确认设计变量名（Name）为 DV_11；设置标准值（Standard Value）为 80；选择取值范围方式（Value Range by）为绝对最小最大值（Absolute Min and Max Values）；设置最小值（Min. Value）、最大值（Max. Value）分别为 60 和 90。

③ 鼠标左键单击应用（Apply），确认以上设置。

④ 重复步骤②、③，设置 DV_12 的 Standard Value 为 10，最大值为 20，最小值为 0。

⑤ 左键单击【OK】按钮，关闭对话框，完成建立设计变量。

（2）制作自定义的对话框。

建立一自定义的对话框，其上主要布置两个滑动条，当调整滑动条时，自动改变两个设计变量的数值，间接调整机构夹紧和松开时的手柄操作力。

首先建立自定义的对话框，具体步骤如下：

① 主菜单依次选择工具（Tools）→对话框（Dialog Box）→创建（Create），弹出创建工具对话框（Dialog-Box Builder），如图 12.25 所示。

② 在对话框创建菜单栏上单击对话框（Dialog Box）→新建（New），弹出 "New Dialog Box" 对话框。在名称（Name）文本框中键入 "Force_Control" 指定新建对话框名称，并选中两个多选按钮【OK】和【Close】。

③ 单击【OK】按钮，所创建的新对话框如图 12.26 所示。

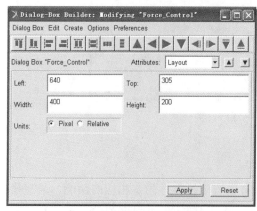

图 12.25　对话框创建工具

图 12.26　制作自定义对话框

然后添加滑动条和标签，具体步骤如下：

① 在对话框创建工具的菜单栏中依次选择创建（Create）→滑动条（Slider）。

② 在新建的对话框内偏上偏右的位置保持鼠标按下，移动鼠标至适当位置松开鼠标，得到适当尺寸的第一个滑动条（Slider_1）。

③ 重复步骤②在第一个滑动条的下方添加第二个滑动条（Slider_2）。

④ 在对话框创建工具的菜单栏中依次选择创建（Create）→标签（Label）。

⑤ 在新建的对话框内第一个滑动条的左边适当位置保持鼠标按下，移动鼠标至适当位置松开鼠标，得到适当尺寸的第一个标签（Label_1）。

⑥ 重复步骤②在第二个滑动条的左边添加第二个标签（Label_2）。

接着要设置标签的属性和滑动条的属性，具体步骤如下：

① 鼠标左键双击第一个标签。在对话框创建工具中的属性（Attributes）下拉框中选择外观（Appearance）。在标签文本（Label Text）文本框中键入显示文本"Down Force Value"。鼠标左键单击应用【Apply】按钮，使设计生效。

② 重复步骤①，使第二个标签的显示文本为"Up Force Value"。

③ 鼠标左键双击第一个滑动条。在对话框创建工具中的属性（Attributes）下拉框中选择数值（Value）。在数值（Value）文本框中输入 80；最小值（Min.Value）文本框中输入 60；最大值（Max.Value）文本框中输入 90；鼠标左键单击应用【Apply】按钮，使设计生效。

④ 在对话框创建工具中的属性（Attributes）下拉框中选择命令（Commands）。在文本框中输入"Variable set variable = .Latch.DV_11 real = $slider_1"。这是一条变量设置命令，将设计变量 DV_11 设置为第一个滑动条的滑动的数值；选中当滑动条滑动时执行命令（Execute Commands While Sliding）多选按钮；鼠标左键单击应用【Apply】按钮，使设置生效。

⑤ 重复步骤③、④，设置第二个滑动条数值为 10，最小值为 0，最大值为 20，执行的命令为"variable set variable = .Latch.DV_12 real = $slider_2"。

最后要测试验证对话框的功能，并保存、重新打开对话框，具体步骤如下：

① 在对话框创建工具的菜单栏中依次选择选项（Options）→测试对话框（Test Box），设计完成的对话框处于测试运行状态，如图 12.27 所示，可以正常地调整滑动条的数值、单击各按钮。双击对话框的背景就又回到编辑状态。

② 在对话框创建工具的菜单栏中依次选择对话框（Dialog Box）→导出（Export）→命令文件（Command File），就将对话框保存为单独的命令文件，可以在其他模型中使用该对话框，如果不保存仅可以在当前模型中使用。

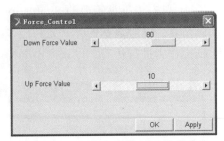

图 12.27　设计完成处于测试状态的自定义对话框

③ 在对话框创建工具的菜单栏中依次选择对话框（Dialog Box）→退出（Exit），关闭退出对话框创建工具；鼠标左键单击所创建对话框的【OK】按钮，完全关闭该对话框。

④ 在 ADAMS/View 的菜单栏中依次选择工具（Tools）→对话框（Dialog Box）→显示（Display），弹出"Database Navigator"对话框；在列表框中找到所创建的"Force_Control"对话框，鼠标左键双击即可重新打开该对话框。

（3）修改手柄操作力。

修改手柄操作力，使其与设计变量 DV_11 和 DV_12 相联系，实现调整对话框的滑动条来改变设计变量的 DV_11 和 DV_12 数值，进而改变夹紧力，然后再进行机构仿真。

① 将鼠标移放在手柄操作力的图标上，单击右键，在弹出菜单上依次选择（Force：FORCE_1）→修改（Modify），弹出力修改（Modify a Force）对话框。

② 在力的定义方式（Define Using）下拉框中选择函数（Function）。在函数（Function）文本框中输入"STEP（time，0.1，（.Latch.DV_11），0.11，0）-STEP（time，0.15，0.0，0.16，（.Latch.DV_12））"。

这里的"STEP"是一个有五个自变量的函数，第一个自变量"time"指定函数的值随时间而变化；第二个自变量指定了一个时间 t_1；第三个自变量指定了一个数值 v_1，在 t_1 之前函数的数值是 v_1；第四个自变量指定了一个时间 t_2；第五个自变量指定了一个数值 v_2，在 t_2 之后函数的值是 v_2。两个 STEP 函数相减，构成了一新函数，在 0.1 s 以前操作力的数值为设计变量 DV_11，0.11~0.15 s 操作力为 0，0.16 s 之后操作力为负的 DV_12。

（4）调整对话框上的滑动条进行仿真：

仿真之前应当先显示弹簧力曲线图和操作力曲线图，以便观察其随时间的变化。

① 在主菜单栏中依次选择建模（Build）→测量（Measure）→显示（Display），弹出"Database Navigator"对话框；列表框中左键双击"SPRING_1_ MEA_1"，弹出弹簧力曲线图，以观测弹簧力的变化。

② 移动鼠标到手柄操作力图标上，单击右键，在弹出菜单上依次选择（Force：FORCE_1）→测量（Measure），弹出力测量对话框；选择分量（Component）单选按钮为模（mag）；单击"OK"按钮，弹出操作力曲线图。

③ 打开所创建的力控制对话框，调整两滑动条的数值为使用者所希望的操作力的数值。

④ 单击主工具箱上的 Simulation 按钮，设置 0.2 s 和 100 步仿真；单击开始按钮，开始动画仿真，同时显示的弹簧力和操作力，典型的曲线图如图 12.28 所示。可以根据需要调整手柄操作力进行仿真，以观测不同操作力情况下机构的运动情况。

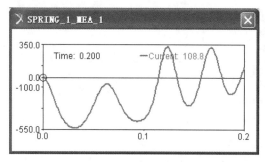 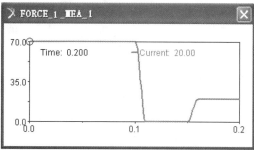

图 12.28　典型的弹簧力曲线图和操作力曲线图

至此已经完成了挂锁的模型创建、测试、细化、最优化等分析，希望学生能自己提出一个机构设计要求并完成设计工作，达到熟练掌握 ADAMS 的基本操作的要求，为进一步学习该软件的高级功能奠定良好的基础。

思 考 题

12-1　ADMAS 的用户界面主要由哪几部分构成？各部分的功能是什么？

12-2　使用 ADMAS 进行机构运动分析的一般步骤是什么？

12-3　ADMAS 中的构件建模工具有哪些？如何建立构建模型？

12-4　ADMAS 中的运动副有哪些？如何建立运动副？

12-5　如何为机构指定主动运动参数？

12-6　如何为机构施加驱动力或阻力？

12-7　ADMAS 有哪些仿真方式？如何进行仿真？

12-8　如何显示参数随时间变化曲线？

12-9　ADMAS 的研究设计和优化设计是怎么一回事？

练 习 题

12-1　题图 12-1 所示为开槽机上用的急回机构。已知 $a = 80$ mm，$b = 200$ mm，$l_{AD} = 100$ mm，$l_{DF} = 400$ mm。杆性构件的截面均为 30 mm×30 mm，滑块尺寸为 50 mm×50 mm×50 mm 正方体。请完成：

（1）原动件为构件 BC，匀速转动，角速度 $\omega = 2\pi$ rad/s，对该机构进行运动仿真。

（2）机构各构件仅受到重力作用，请对机构进行动力仿真。（要求显示滑块的位移、速度、加速度和转动副 C 的约束力大小）

12-2　一尖顶直动从动件盘形凸轮机构，凸轮的形状是半径为 $\phi100$ mm×20 mm 圆柱，旋转中心距离凸轮中心的距离为 60 mm，直动从动件是 $\phi20$ mm×200 mm 的圆柱，尖端是高度为 20 mm 的圆锥，偏心距离为 30 mm。请完成：

（1）凸轮角速度 $\omega = 2\pi$ rad/s，对该机构进行运动仿真。

（2）机构各构件仅受到重力作用，请对机构进行动力仿真。（要求显示从动件的位移、速度、加速度和高副接触的约束力大小）

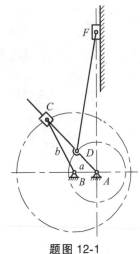

题图 12-1

参 考 文 献

[1]　杨家军. 机械原理[M]. 武汉：华中科技大学出版社，2009.

[2]　高慧琴. 机械原理[M]. 北京：国防工业出版社，2009.

[3]　李琳，李杞仪. 机械原理[M]. 北京：中国轻工业出版社，2009.

[4]　郭维林，刘东星. 机械原理同步辅导及习题全解[M]. 7 版. 北京：中国水利水电出版社，2009.

[5]　陆宁. 机械原理[M]. 北京：清华大学出版社，2008.

[6]　王知行，邓宗全. 机械原理[M]. 2 版. 北京：高等教育出版社，2008.

[7]　岳大鑫. 机械设计基础[M]. 西安：西安电子科技大学出版社，2008.

[8]　魏兵，熊禾根. 机械原理[M]. 武汉：华中科技大学出版社，2007.

[9]　孙桓，陈作模，葛文杰. 机械原理[M]. 7 版. 北京：高等教育出版社，2006.

[10]　孟宪源. 现代机构手册[M]. 北京：机械工业出版社，2006.

[11]　申永胜. 机械原理教程[M]. 北京：清华大学出版社，2005.

[12]　K. 洛克，K. H. 莫德勒著. 机械原理：分析·综合·优化[M]. 孔建益，译. 北京：机械工业出版社，2003.

[13]　李军，邢俊文，覃文洁. ADAMS 实例教程[M]. 北京：北京理工大学出版社，2002.

[14]　申永胜. 机械原理教程[M]. 北京：清华大学出版社，1999.

[15]　郑文纬，吴克坚. 机械原理[M]. 7 版. 北京：高等教育出版社，1997.

[16]　殷鸿梁，朱邦贤. 间歇运动机构设计[M]. 上海：上海科学技术出版社，1996.

[17]　邹慧君. 机械运动方案设计手册[M]. 上海：上海交通大学出版社，1994.

[18]　刘政昆. 间歇运动机构[M]. 大连：大连理工大学出版社，1991.

[19]　徐顾. 机械工程手册[M]. 第 2，4 卷. 北京：机械工业出版社，1991.

[20]　高峰. 机构学研究现状与发展趋势的思考[J]. 机械工程学报，2005，（08）.

[21]　张宪民. 柔顺机构拓扑优化设计[J]. 机械工程学报，2003，（11）.

[22]　李端玲，戴建生，张启先，金国光. 基于构态变换的变胞机构结构综合[J]. 机械工程学报，2002，（07）.

[23]　武丽，回丽. 机械原理[M]. 北京：北京理工大学出版社，2015.

[24]　高志. 机械原理[M]. 上海：华东理工大学出版社，2015.